제2판

Bar Management & Cocktail

바텐더 국가직무능력표준(NCS) 교육과정 기반

주장경영과 칵테일 실무

김의겸 저

백산출판사

1984년 조주기능사 자격제도가 시행된 후 2020년까지 총 150,000여 명이 응시하여 약 60,000여 명이 조주기능사 자격증을 취득하였다.

저자도 1986년 조주기능사자격증을 취득하였으며, 20년간의 특급호텔 실무경험과 2002년부터 대학교수로서의 교육경험은 물론, 한국산업인력공단의 조주기능사 필기시험 출제 및 검토, 실기시험 검정 및 조주기능사 전문위원으로서의 활동경험을 바탕으로 주장(Bar) 종사원은 물론 주장 경영자들의 실무에 실질적인 도움을 주고자 본서를 저술하게 되었다.

우리나라는 2013년에 조주기능사에 대한 국가직무능력표준(NCS : National Competency Standards)이 개발되었으며 2014년에는 조주기능사의 직무능력단위에 대한 학습모듈이 개발되어 2015년부터 본격적인 NCS기반 교육이 실시되고 있다.

이에 따라 본서는 국가직무능력표준에서 확정된 NCS기반 조주기능사의 직무능력단위를 학술적·실무적인 접근방법을 통해 전문적·구체적으로 기술함으로써 직무능력단위를 보다 명확히 이해할 수 있도록 하였다.

그동안의 주류관련 저서들이 조주기능사자격증 취득을 위한 수험서로서의 역할에 치우친 것과 달리, 본서는 국가직무능력표준(NCS)에서 확정된 직무능력단위별로 빠짐없이 기술하였다. 본문은 크게 주장경영, 주류학, 조주기능사 자격시험의 3개 부문으로 구성하였으며 부록은 주장관련 종사원에게 유용한 각종 자료를 수록하였다.

본서가 출간되기까지 많은 도움을 주신 한국소믈리에협회, 사)한국바텐더협회, 사)한국식음료교육협회 및 업계의 선후배와 동료, 백산출판사 진욱상 사장님을 비롯한 임직원 여러분께 감사드리며 본서가 조주기능사 수험생은 물론 주장 종사원과 경영자의 실무에도 도움이 되기를 기대한다.

저자 씀

제6부 ◆ 비알코올성 음료(Non-Alcoholic Beverages)

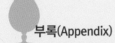
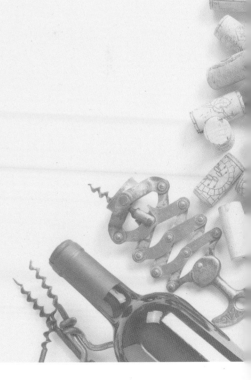

제 1 부

주장경영

Bar Management

제1부

주장경영

제1절_ 주장(Bar)의 개념과 분류

1. Bar의 개념

우리나라는 조선시대부터 여행객에게 잠자리를 제공하고 음식과 술을 판매하던 곳이 있었는데 이곳을 주막이라 하였으며 주사(酒肆), 주가(酒家), 주포(酒舖)라고도 불렀다. 현재는 술을 전문적으로 판매하는 영업장을 주장(酒場) 또는 주점(酒店)이라고 하며 영어로는 Bar라고 한다.

Bar는 프랑스어의 바리에르(Barriere)라는 단어에서 유래되었는데 Barriere는 둘 사이를 갈라놓거나 통행을 막는 장벽을 의미한다. 즉 고객과 바텐더(Bartender) 사이에 놓여 있는 널판을 Barriere라고 하였는데 현재는 일정한 시설을 갖추고 술을 판매하는 영업장을 Bar라고 한다.

Bar는 고객의 사교와 오락 및 유흥에 필요한 각종 시설을 갖추고 바텐더를 비롯한 전문 종사원들이 주류를 중심으로 각종 식음료를 전문적으로 판매하는 허가된 영업장이다. 즉 Bar는 주류를 사서 그 장소에서 마실 수 있는 시설과 서비스가 제공되는 장소를 의미하며 주류 소매점과 같이 주류를 구입하여 그 장소에서 바로 마실 수 없는 곳은 Bar라고 하지 않는다. 또한 주류를 구입하여 마실 수 있더라도 식사에 곁들여 술을 마시는 장소는 Bar라고 하지 않고 식당(레스토랑)이라고 한다.

일반적으로 영업장의 매출액에서 주류 매출액의 비중이 큰 곳을 Bar라고 하나 Pub Bar와 같이 주류 매출액과 식음료 매출액이 비슷한 경우도 많기 때문에 주류 매출액의 비중이 어느 정도가 되어야 Bar에 해당하는지에 대한 규정은 존재하지 않는다. 따라서 Bar는 분류하는 기준과 법규 등에 따라 각 나라별로 다양한 종류와 명칭으로 불리고 있다.

2. Bar의 분류

1) 국내 법규상 분류

(1) 「식품위생법」에 따라

우리나라는 「식품위생법」상 주류를 구입한 장소에서 마실 수 있는 영업이 제한되어 있다. 식품접객업은 휴게음식점영업, 일반음식점영업, 단란주점영업, 유흥주점영업, 위탁급식영업, 제과점영업의 6종이며 이 중 주류를 구입하여 바로 마실 수 있는 곳은 일반음식점영업, 단란주점영업, 유흥주점영업의 3개 업종이다. 이 중 허가를 받아야 영업을 할 수 있는 단란주점업과 유흥주점업은 일반적 의미에서의 주장(Bar)에 해당하나 신고만으로 영업을 할 수 있는 일반음식점은 주장시설을 갖추었을 경우에만 Bar로 인정된다.

① 일반음식점영업

음식류를 조리·판매하는 영업으로서 식사와 함께 부수적으로 음주행위가 허용되는 영업이다. 대부분의 식당(한식당, 일식당, 중식당, 양식당)은 일반음식점이나 카페, 포차, 소주방, 주점, 호프집 등의 명칭으로 영업하는 곳 중 일반음식점으로 신고하고 주로 주류를 판매하는 영업장은 주장(Bar)에 해당한다고 할 수 있다. 일반음식점은 영업장 안에 연주인을 위한 무대시설을 하고 공연을 할 수 있으나 무도행위는 금지된다. 객실 설치도 가능하나 객실에는 잠금장치, 무대장치, 우주볼 등의 특수조명시설, 자막용 영상장치나 자동 반주장치 같은 가라오케시설의 설치 및 유흥접객원의 고용도 금지되어 있다. 또 단란주점이나 유흥주점에 비해 세금이 적기 때문에 서양식 패밀리레스토랑이나 Pub Bar, Casual Bar는 Bar와 공연시설을 하고 일반음식점으로 신고하면 미성년자의 출입도 가능하나 미성년자에게 주류판매는 금지된다.

② 단란주점영업

주로 주류를 조리·판매하는 영업으로서 손님이 노래를 부르는 행위가 허용되는 영업이다. 유흥접객원의 고용이 금지되어 있으며 무도시설의 설치도 금지되어 있다. 학교를 중심으로 반경 50m 이내에는 허가가 되지 않으며 객실 설치 시 투명유리를 사용해야 하고 객실에 잠금장치를 할 수 없으나 연예인에 의한 공연은 가능하다.

단란주점과 유사한 노래연습장영업(노래방)은 「식품위생법」상의 식품접객업이 아니고 "음반, 비디오물 및 게임물에 관한 법률"을 적용받는 곳이다. 연주자를 두지 아니하고 반주에 맞추어 노래를 부를 수 있도록 하는 영상 또는 무영상 반주장치 등의 시설을 갖추고 공중의 이용에 제공하는 영업으로 교육시설 50m 이내에는 허가가 되지 않으며 200m이내에는 해당 교육청 심의를 받아야 한다. 또 단란주점과 같이 유흥접객원의 고용이 금지되어 있으며 무도시설의 설치도 금지되어 있다. 객실 설치 시 투명유리를 사용해야 하고 객실에 잠금장치를 할 수 없다. 단란주점과 달리 주류를 판매할 수 없으며 연예인에 의한 공연도 불가하다. 또 단란주점영업은 미성년자의 출입이 금지되어 있는 반면 노래방은 미성년자의 출입이 허용된다.

③ 유흥주점영업

주로 주류를 조리·판매하는 영업으로서 유흥종사자를 두거나 유흥시설을 설치할 수 있고 손님이 노래를 부르거나 춤을 추는 행위가 허용되는 영업이다.

미성년자의 출입이 금지되며 학교 50m 이내에는 허가가 금지되어 있다. 또 객실 설치 시 투명유리를 사용해야 하며 객실은 잠금장치를 할 수 없다. 모든 유흥주점은 이용 요금에 부가가치세 외에 개별소비세가 부가되는 것이 특징이다.

(2) 「관광진흥법」에 따라

「관광진흥법」에서는 주장(Bar)에 해당하는 영업으로 관광유흥음식점, 관광극장유흥업, 외국인전용유흥음식점업을 규정하고 있다. 이 영업들은 「식품위생법」상 유흥음식점 영업허가를 받은 영업장 중 「관광진흥법」상의 규정을 충족시켰을 경우 추가로 지정받을 수 있는 관광편의시설업이다.

① 관광유흥음식점업

「식품위생법령」에 따른 유흥주점영업의 허가를 받은 자가 관광객이 이용하기 적합한 한국전통분위기의 시설을 갖추어 그 시설을 이용하는 자에게 음식을 제공하고 노래와 춤을 감상하게 하거나 춤을 추게 하는 업이다.

② 관광극장유흥업

「식품위생법령」에 따른 유흥주점영업의 허가를 받은 자가 관광객이 이용하기 적합한 무도시설을 갖추어 그 시설을 이용하는 자에게 음식을 제공하고 노래와 춤을 감상하게 하거나 춤을 추게 하는 업이다.

③ 외국인전용 유흥음식점업

「식품위생법령」에 따른 유흥주점영업의 허가를 받은 자가 외국인이 이용하기 적합한 시설을 갖추어 그 시설을 이용하는 자에게 주류나 그 밖의 음식을 제공하고 노래와 춤을 감상하게 하거나 춤을 추게 하는 업이다.

(3) 한국표준산업분류에 따라

한국표준산업분류에서는 주장(Bar)에 해당하는 것을 주점업으로 분류하고 있으며 주점업은 일반유흥 주점업, 무도유흥 주점업, 기타 주점업으로 구분하고 있다. 이 중 일반유흥 주점업과 무도유흥 주점업은 미성년자의 출입이 금지되며 기타 주점업은 대부분 「식품위생법」상의 일반음식점으로 등록하므로 미성년자의 출입이 허용되는 곳이 많다.

① 일반유흥 주점업

유흥접객종사원을 두고 영업을 하는 주점업으로 룸싸롱, 요정, 바, 비어홀 등이 있다.

> • **룸싸롱** : 독립된 객실에서 고급 주류(양주, 맥주 등)와 그에 따른 안주를 제공하고 접객원으로 하여금 객을 유흥케 하는 고급 주점이다.
> • **요정** : 독립된 객실에서 주류와 그에 따른 안주를 제공하고 접객원으로 하여금 객을 유흥케 하는 유흥음식점이다.
> • **바** : 유흥종사자가 있는 서양식 주점으로 싸롱이 아닌 곳이다.
> • **비어홀** : 주로 맥주를 판매하는 주점으로 유흥종사자가 있는 곳이다.

② 무도유흥 주점업

고객들이 춤을 출 수 있는 시설을 갖춘 주점업으로 디스코클럽(Discotheque), 카바레(Cabaret), 나이트클럽(Night Club), 극장식 식당(클럽), 록 바(Rock Bar) 등이 있다.

> • **디스코클럽(Discotheque)** : 디스크자키가 틀어주는 음악에 따라 입장객이 춤을 출 수 있는 주점업이다.
> • **나이트클럽(Night Club)** : 주로 가수나 악단에 의한 노래나 연주를 감상하며 춤을 출 수 있는 주점업이다.

- **카바레(Cabaret)** : 프랑스어인 카바레(Cabarett)에서 유래된 말로 음악과 춤을 위한 무대와 무도장을 갖춘 서양식 주점이다.
- **극장식 식당(Theater Restaurant)** : 유흥종사자를 두고 주류와 음식물을 제공하며 노래, 연주 및 춤 등을 감상할 수 있는 음식점이다.
- **스탠드바(Stand Bar)** : 독립된 객실과 접객원 없이 양주와 그에 따른 안주를 제공하는 카페 등의 서양식 주점이다.

③ 기타 주점업

기타 주점업은 이전에 간이 주점업의 명칭이 변경된 것으로 소규모의 접객시설을 갖추고 주류를 판매하는 영업으로 대포집(막걸리집), 소주방, 호프집, 민속주점(토속주점) 등 다양한 명칭이 있다. 또 최근에는 일본식 사케바, 이자카야 등도 늘어나고 있다. 일반적으로 기타 주점업은 일반음식점으로 영업신고를 하는 곳이 많으므로 미성년자의 출입이 가능하며 식당인지 주점인지 명확히 구분되지 않는 곳이 많다. 따라서 주로 주류를 판매하고 안주류와 음식을 부수적으로 판매하는 곳을 주점(Bar)이라 할 수 있다.

2) 경영형태에 따른 분류

Bar를 경영할 경우 소유형태를 어떻게 할 것인가가 매우 중요한 문제가 된다. 각 경영형태별로 장단점이 있으므로 원하는 위치, 주력메뉴, 목표고객, 자금상태, 운영 노하우 등 여러 가지 변수를 고려하여 가장 유리한 경영형태를 선정한다.

① 독립경영 Bar(Independent Bar)

가장 일반적인 Bar의 경영형태로 Sole Proprietorship Bar라고도 한다. 소유직영방식의 Bar로 경영의 주체가 직접 투자하고 직접영업을 하는 Bar이다. 영업 전반에 걸쳐 통제와 정책변화가 용이하고 피드백이 용이하며 영업이 정상궤도에 오를 경우 상표이미지(Brand Image)에 의한 홍보효과가 크고 수익성이 높다. 그러나 직접투자로 인한 재무적인 어려움과 위험이 있으며 영업 확장 시 자본과 인력을 직접 조달해야 하므로 직영체인점의 전개속도가 느리다. 종사원의 교육훈련도 주인이 직접 해야 하므로 Bar에 대한 전문적 지식이 요구되며 종사원의 직장만족도와 주인의식이 낮아 높은 이직률에 따른 인력관리와 서비스품질의 유지에 어려움이 있다.

② 동업경영 Bar(Partnership Bar)

2명 이상이 투자하여 공동으로 운영하는 Bar이다. 동업자는 서로 투자한 지분에 따라 권한과 책임을 행사하며 경우에 따라서는 투자와 경영을 분리하여 운영하기도 한다. 동업은 여러 명이 제한된 자본과 인력 및 신용도를 합해 보다 큰 Bar를 운영할 수 있는 장점이 있다. 그러나 영업현황의 해석, 비용의 처리, 이익분배 방법, 경영방법 등에 대한 여러 가지 의견차이가 발생하거나 분쟁이 일어날 소지가 있다. 따라서 Bar의 동업경영은 소규모 Bar에 적당하다.

③ 프랜차이즈 Bar(Franchise Bar)

본부(Franchisor)가 특정한 장소에서 일정기간 동안 약정한 방법으로 독점영업권을 가맹점(Franchisee)에게 부여하여 운영되는 Bar이다. 프랜차이저와 프랜차이지는 상호의존적 관계이나 법적으로는 대등관계이며 프랜차이저는 프랜차이지에게 자기와 동일한 이미지로 영업하는 것을 허용하며 영업에 필요한 자금, 지식과 기술을 포함한 영업방법에 대한 노하우(Know How)를 제공한다. 프랜차이지는 경영에 대한 책임을 지고 프랜차이저의 정책과 이미지를 따라야 하며 이에 대한 대가로 로열티(Royalty)를 지불한다. 프랜차이즈 Bar의 장점은 주장 경영에 미숙한 사람도 영업이 가능하며 본부의 자금지원 시 소자본으로도 창업이 가능하고 본부의 상품공급에 의해 상품구색이 풍부하고 구매원가가 저렴하다는 것이다. 또 본부의 경영지도에 따른 경영위험도 감소되며 인력의 채용도 용이해진다. 반면 가맹 본부의 일방적 계약과 고액의 로열티, 구매 및 경영의사 결정의 부자유, 인테리어 변경 비용의 일방적 강요, 중도 계약해지 및 탈퇴가 곤란한 단점이 있다.

3) 중점 판매 주류에 따른 분류

주로 판매되는 주류를 기준으로 한 분류방법이다.

① 위스키 바(Whisky Bar)

주로 Whisky 등 고급 양주를 판매하는 Bar로 Scottish Bar, 또는 Irish Bar라고도 한다. 여러 개의 Bar가 있는 호텔에서는 그 호텔을 대표하는 Bar이기 때문에 Main Bar라고도 한다. 안락한 소파나 이지체어(Easy Chair) 및 고급 장식물과 인테리어로 격조 높은 분위기를 연출한다. 음악은 피아노 솔로나 현악 등 클래식 또는 세미클래식(Semi Classic) 위주로 연주되며 주류는 주로 병(Bottle) 단위로 판매되고 마시다 남은 술을 보관해 두는 Bottle Keeping Box 제도가 운영된다.

② 펍 바(Pub Bar)

영국에서 일반 대중들이 이용하는 선술집을 Pub이라고 한다. 영국의 북부 스코틀랜드 지방은 스카치를 중심으로 한 위스키문화, 남부 런던을 중심으로 한 지역은 맥주문화가 발달되었다. Pub은 Public Bar의 준말로 현재는 전 세계적으로 생맥주와 병맥주 등 맥주를 중심으로 각종 식음료를 비교적 저렴한 가격에 판매하는 Bar의 대명사로 여겨지고 있다. Pub Bar는 미성년자의 출입이 금지된 곳도 많으나 우리나라에서는 일반음식점 영업신고를 하고 가볍고 편안한 분위기에서 주간과 저녁에는 식사를 판매하고 야간에는 주류를 중심으로 판매하는 Bar도 있다. 비교적 소규모로 간단하고 저렴한 주류와 음식 및 공연이 이루어지는 Pub Bar를 Casual Bar라고도 한다.

③ 와인 바(Wine Bar)

Wine Bar는 'No Liquor, No Beer'를 모토로 와인만을 전문적으로 판매하는 Bar이다. 매우 다양한 와인을 구비해 두고 고객이 와인을 구매하기 전에 시음의 기회도 제공하며 와인과 어울리는 단품메뉴와 안주류를 판매하는 Bar이다.

④ 칵테일 라운지 바(Cocktail Lounge Bar)

라운지는 호텔, 대형 건물, 레스토랑, 공항대합실 등에 위치한 곳으로 휴식과 담소를 위한 공간이다. 칵테일 라운지는 이러한 라운지에서 칵테일을 비롯한 간단한 음료를 판매하는 곳으로 로비에 위치한 Lobby Lounge Bar, 호텔이나 고층건물의 꼭대기에 위치해 전망대 역할을 하는 Sky Lounge Bar가 있다. 또 고급 레스토랑의 입구에 위치해 있어 고객을 기다리며 식전음료를 마시거나 식후에 After Dinner Drink를 마시며 담소와 환송을 하는 Reception Lounge Bar 등이 있다.

4) 오락 및 여흥 시설에 따른 분류

오락시설, 음악연주, 연예인들의 공연, 고객들의 춤 등 다양한 엔터테인먼트(Entertainment)시설과 서비스가 제공되는 Bar이다. 어떤 기능을 강조하는가에 따라 다양한 명칭으로 불린다.

① 뮤직 바(Music Bar)

가수에 의한 노래나 연주인에 의한 생음악(Live Music)이 연주되는 Bar이다. Pub Bar는 주로 2인조 이상의 생음악이 연주되며 특히 재즈(Jazz)음악을 전문적으로 연주하는 바는 재즈바(Jazz Bar)라고 한다.

② 스포츠 바(Sports Bar)

영업장 안에 당구대, 탁구대, 농구대, 스크린 골프장, 다트(Darts)게임 등 스포츠 기구를 갖춘 Bar이다.

③ 댄스 바(Dance Bar)

고객이 음악에 맞추어 춤을 출 수 있는 Bar로 Night Club, Discotheque, Cabaret 등이 해당된다.

5) 이용객 제한 여부에 따른 분류

(1) 개방형 바(Open Bar)

일반인이면 누구나 자유롭게 이용할 수 있는 Bar로 보통 Bar라고 하면 이 Open Bar를 말한다.

(2) 제한형 바(Closed Bar)

Bar의 영업목적에 적합한 특정인들만 이용할 수 있도록 이용객을 제한하는 Bar이다.

① 서비스 바(Service Bar)

양식당, 한식당, 일식당 등 레스토랑에서 고객에게 주류와 각종 음료를 제공하기 위해 별도로 구획된 공간과 연회장 행사 시 임시로 설치하는 연회장 바(Banquet Bar)를 말한다. 일반인이 이용하는 Bar가 아니고 식당이나 연회장을 이용하는 고객에게만 음료를 제공하므로 Service Bar라고도 한다.

② 회원제 바(Membership Bar)

회원제로 운영되는 Bar로 일정금액의 가입비, 연회비를 납부한 회원 및 회원과 동행한 사람만 이용할 수 있는 Bar이다.

③ 여성전용 바(Women's Bar)

여성들에게만 출입이 허용된 Bar이다.

④ 캐시 바(Cash Bar)

디너쇼, 콘서트 등 특별행사 시 행사장에 임시로 설치해 행사에 참가한 사람들을 대상으로 주류와 음료를 판매하는 Bar이다. 현금으로 계산하기 때문에 Cash Bar라고 한다.

제2절_ 주장(Bar)의 조직과 직무

1. Bar의 조직

Bar의 조직은 주어진 조건과 환경에서 목표를 달성하기에 가장 효과적인 구조가 되어야 한다. 또한 가까운 미래의 환경변화에도 대처할 수 있어야 한다.

각 Bar에서는 영업 환경에 효과적으로 대처하고 인적·물적·시스템적 서비스 자원을 최대한 활용하여 생산성을 높이기 위해 다양한 형태로 조직되어 있다. Bar의 조직구조는 대부분 영업의 효율성을 높이기 위해 기능중심의 라인조직으로 이루어져 있다.

비교적 규모가 큰 대형 Bar에서는 지배인이 생산조직과 서비스 조직을 나누어 관리하며 규모가 작은 Bar에서는 헤드바텐더가 생산과 서비스 조직을 모두 관리한다.

🍷 Bar의 조직 구조

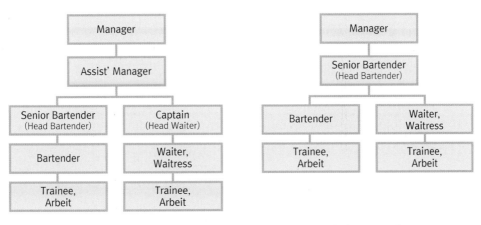

〈대형 Bar의 조직〉   〈소형 Bar의 조직〉

2. Bar 종사원의 직무

1) Bar 지배인(Bar Manager)

Bar의 책임자로서 영업장의 전반적인 운영과 책임을 진다. Bar의 규모에 따라 업무내용도 달라지나 대형 Bar 지배인의 주요 업무는 다음과 같다.

① **업장관리** : 매출관리, 재고관리, 업장 환경정돈, 원가관리, 특별행사 기획, 문서관리
② **고객관리** : 고객대장 관리, 고객불평 처리와 예방, 예약관리
③ **인력관리** : 근태관리, OJT, 인사고과, 교육훈련
④ **재산관리** : 식음자재, 집기, 비품관리
⑤ **접객서비스** : 필요시 대고객 접객서비스

2) 부지배인(Assistant Bar Manager)

Bar의 부책임자로서 지배인을 보좌하고 부재 시 업무를 대행한다.

3) 헤드바텐더(Head Bartender)

Head Bartender는 Bar의 조장으로 Senior Bartender 또는 Bar Captain이라고도 한다. 홀 서비스(Hall Service) 직급으로는 Captain에 해당한다. 헤드바텐더는 Bar 서비스의 실질적 책임자로서 바텐더를 배치하고 판매되는 음료를 점검하며 영업결과를 파악하여 지배인에게 보고한다. 또 바텐더의 교육과 적정재고(Par Stock)를 파악하여 음료를 주문한다. 헤드바텐더의 주요 업무는 다음과 같다.

① Bar 종사원의 근무조를 편성하여 배치한다.
② 영업에 필요한 각종 주류, 와인, 음료 관련 준비사항을 바텐더에게 지시한다.
③ 대고객 서비스의 직접적인 책임자로서 바텐더의 복장 및 용모를 점검한다.
④ 고객의 주문 시 바텐더에게 조주를 지시하거나 바텐더와 함께 직접 조주를 한다.
⑤ 영업종료 후에는 재고조사를 실시하여 재고조사표(Inventory Sheet)를 작성 보고한다.
⑥ 다음날 사용할 음료의 출고전표를 작성하여 지배인에게 결재를 올린다.
⑦ 매월 월간 재고조사를 실시하여 재고조사표(Inventory Sheet)를 작성 보고한다.

⑧ 제빙기(Ice Machine) 등의 장비를 점검하고 파손 시 수리를 요청한다.

⑨ 바텐더의 조주기능 숙련을 위해 OJT교육을 실시한다.

⑩ 각종 음자재의 유통기간 확인 및 내용물과 기물의 위생관리를 철저히 한다.

4) 바텐더(Bartender)

Bartender는 Bar와 Tender의 합성어로 Bar를 부드럽게 하는 사람이란 의미가 있다. Bartender는 Bar의 꽃으로 조주서비스는 물론 고객에게 편안하고 안락한 휴식을 제공하는 종사원이다.

① 영업 전 음료출고전표에 의해 영업에 필요한 주류와 각종 부재료를 수령하여 보관한다.

② 각종 기물과 장비의 상태를 점검하고 칵테일의 부재료 준비 등 서비스 준비를 완료한다.

③ 영업 전 각종 주류와 와인, 맥주, 주스, 청량음료의 재고가 적정한지 확인한다.

④ 칵테일을 서브하기 위한 글라스의 수량과 청결상태를 점검한다.

⑤ Senior Bartender를 보좌하며 칵테일을 조주한다.

⑥ 음료의 유통기간을 확인하여 위생에 주의하며 개인위생과 기물위생도 철저히 한다.

⑦ 영업 종료 후 사용된 모든 장비와 집기류는 청결하게 세척하여 정리정돈한다.

⑧ 모든 주류와 칵테일은 규정과 레시피에 의해 정확히 제공한다.

⑨ 주류를 비롯하여 판매되는 모든 메뉴에 대해 충분한 지식을 숙지한다.

5) 소믈리에(Sommelier)

Wine Waiter 또는 Wine Steward라고도 한다. Wine Bar나 Open Bar가 아닌 양식당에 소속되어 고객의 식사 시 와인서비스를 담당하는 종사원이다.

① Wine List를 작성하고 와인의 구매, 보관, 재고관리를 담당한다.

② 레스토랑에서는 식전음료(Aperitif)의 주문과 서비스를 담당한다.

③ 고객에게 주문받은 와인을 서비스하고 음식과 조화되는 와인을 추천한다.

6) 웨이터, 웨이트리스(Bar Waiter and Waitress)

① 고객이 주문한 식음료를 고객에게 제공하며 사용이 끝난 기물들은 세척장으로 옮긴다.

② 담당구역의 테이블을 세팅하고 정리정돈하며 항상 청결을 유지한다.

③ 고객으로부터 주문을 받아 신속하고 정확히 서비스한다.

④ 대기 시 항상 고객을 주시하여 추가주문이나 요청에 즉시 응대한다.

⑤ 고객 서비스에 필요한 각종 식기와 기물, 글라스, 리넨 등을 보충한다.

제3절_ 주장(Bar)의 영업관리

1. Bar 직원의 서비스 관리

1) Bar 종사원의 기본정신

Bar 종사원은 용모 단정함은 물론 서비스관련 지식과 예절을 갖추어 품위 있는 서비스를 제공해야 한다. 서비스 전문가가 되기 위해서는 업무에 대한 전문지식을 갖추어야 하며 서비스 기능이 숙달되어야 한다. 또 서비스 전문가가 되고자 하는 강한 의지를 가지고 부단히 노력해야 하며 고객만족과 감동을 위한 서비스마인드를 갖추고 실천해야 한다.

> Service Expert = Knowledge × Skill × Will × Service Mind
> 서비스 전문가 = 지식 × 기능 × 의지 × 서비스 정신

(1) 서비스 지식(Knowledge)

Bar 서비스에 관련된 지식은 학습(Study)과 경험(Experience)에 의해 축적된다. 따라서 Bar 종사원은 평소 각종 서적과 시청각자료를 통해 부단히 학습해야 하며 다양한 업무를 수행함으로써 여러 가지 상황에 즉시 대처할 수 있는 능력을 길러야 한다.

(2) 서비스 기능(Skill)

서비스 기능은 부단히 연습을 해야만 숙달된다. 특히 바텐더는 평소 다양한 조주기법에 대해 개인적인 연습을 해야 한다. 특히 칵테일은 국제적으로 공인된 것이 많으므로 국제적 감각의 조주기능을 연마해야 한다.

(3) 의지(Will)

모든 전문가는 수없이 많은 실패와 역경을 강한 의지로 이겨낸 사람들이다. Bar 전문가도 끊임없는 외부환경의 도전과 자신의 갈등을 이기기 위해 평소 강한 의지와 신념을 가져야 한다.

(4) 서비스마인드(Service Mind)

서비스마인드는 서비스 종사원이 기본적으로 갖추어야 할 정신자세이다. 서비스마인드는 다양하게 정의되고 있으며 주요 내용은 다음과 같다.

① 환대성(Courtesy & Hospitality)

'서비스는 곧 환대성이다'라고 할 정도로 고객에 대한 환대성은 매우 중요하다. 밝은 미소를 띤 얼굴로 영접하는 것부터 서비스 도중 및 환송 시까지 따뜻한 배려의 마음과 좋은 인상으로 고객의 마음을 편안하게 하는 것이 중요하다.

② 청결성(Clearness)

Bar 서비스의 청결성은 단순히 겉보기에 깨끗한 차원을 넘어 위생적으로도 청결해야 한다. 청결성은 Bar의 청결성, 글라스와 기물 등의 청결성, 식음료 재료의 청결성 및 Bar 종사원 각 개인의 청결성이 확보되어야 한다.

③ 공평성(Equity)

공평성은 균형성과 중립성을 말한다. Bar 종사원은 서비스를 제공함에 있어 공평성을 잃어서는 안 된다. 흔히 발생할 수 있는 공평성 문제는 다음과 같다.

서비스 종사원의 3대 공평성 원칙

공평성	내용
정치적 공평성	종사원이 고객의 정당 또는 정치적 신념이 자기와 같거나 다르다고 하여 규정된 서비스품질을 임의로 높이거나 낮추어 제공하지 않는 행위
인종적 공평성	종사원이 고객의 인종, 혈연, 지연, 학연이 자기와 같거나 다르다고 하여 규정된 서비스품질을 임의로 높이거나 낮추어 제공하지 않는 행위
종교적 공평성	종사원이 고객의 종교가 자기와 같거나 다르다고 하여 규정된 서비스품질을 임의로 높이거나 낮추어 제공하지 않는 행위

④ 봉사성(Service)

진심에서 우러나오는 서비스를 해야 한다. Service는 일상적으로 사용하는 용어이지만 감동을 주는 서비스를 제공하기는 쉽지 않다. Bar의 시설과 기물이 아무리 좋아도 진심에서 우러나는 봉사성이 없이 기계적인 Service를 한다면 고객만족은 이루어지지 않는다.

⑤ 능률성(Efficiency)

Bar 서비스는 모든 업무가 신속하고 효율적으로 이루어져 Bar의 영업능률이 향상되어야 한다. Bar 서비스는 대부분 기능별로 수행되기 때문에 모든 종사원이 능동적·적극적으로 협조해야 업무의 능률을 올릴 수 있다.

⑥ 경제성(Economy)

Bar의 기물은 고가이고 파손되기 쉬운 것이 많기 때문에 종사원의 절약정신이 매우 필요하다. 테이블, 의자 등 각종 장비의 파손을 줄이고 Chinaware, Glassware, Silverware 등 기물류의 손망실을 줄임으로써 비용절감에 노력해야 한다.

⑦ 정직성(Honesty)

Bar를 이용하는 고객들은 특성상 한번 이용한 Bar를 계속 이용하는 경향이 크다. 따라서 종사원의 정직성을 바탕으로 한 고객과의 신뢰성은 단골고객 확보에 대단히 중요하다.

⑧ 안전성(Safety)

Bar는 매우 다양한 고객들이 이용하며 글라스 같은 기물로 인해 안전사고가 발생할 위험성이 높다. 따라서 고객의 안전과 각종 사고예방을 위해 평소 점검매뉴얼을 만들어 확인함으로써 사고원인을 사전에 제거하는 것이 중요하다. 또 발생한 안전사고에 대한 처리방법도 매뉴얼화하여 신속하고 정확하게 처리함으로써 2차 피해를 최소화해야 한다.

⑨ 의사소통성(Understand & Conversation)

Bar 종사원은 Bar의 각종 Menu를 숙지하여 고객들에게 충분히 설명할 수 있어야 한다. 또 외국인도 많이 이용하므로 외국어로 기본적인 대화를 할 수 있어야 한다.

2) Bar 종사원의 기본자세

(1) 대기자세

① 대기 시 편안히 서서 가슴을 펴고 부드럽고 온화한 얼굴로 대기한다.

② 뒷짐을 지거나 의자, 탁자, 벽, 기둥 등에 기대어 서지 않는다.

③ 항상 고객을 주시하고 보행 시는 정면을 바라본다.

④ 종사원 간에 사담을 피하고 머리나 얼굴 등을 만지지 않는다.

(2) 서비스 대화법

가) 기본 대화법

① 전국 어디에서나 사용되는 표준말을 사용한다.

② 은어, 비어, 속어 등을 사용하지 않고 경어를 사용하며 교양 있게 말한다.

③ 지나친 달변과 장황한 말을 삼가고 간단명료하게 말한다.

④ 발음을 명확히 하고 끝말을 확실히 한다.

⑤ 장난전화에도 감정을 억제하고 의연히 대처한다.

⑥ 부정적이거나 애매한 표현을 하지 않는다.

나) 호칭

① 아는 고객은 성과 직함, 모르는 고객은 '손님', '선생님' 등 경칭을 사용한다.

② 고객에게 자신을 말할 때는 '저, 저희들'을 사용한다.

③ 고객에게 상사를 말할 경우 상사의 직명 뒤에 '님' 등의 경어 경칭을 사용하지 않는다.

④ 최상급자 동석 시 차상급자에게는 '님' 등의 경어 경칭을 사용하지 않는다.

다) 접객용어

말은 의사전달 수단이기도 하지만 감정을 전달하는 수단이기도 하다. 말에 의해 사람의 인격이 평가되며 같은 말이라도 어떻게 하는가에 따라 의미가 달라지므로 예의바른 자세를 갖추어 품위 있는 말을 해야 하며, 접객 언어는 평소에 잘 연습하여 정확히 표현해야 한다.

① **바른 표현법** : 그렇습니다, ~입니다, ~아닙니다, ~입니까? ~해도 되겠습니까?

② **나쁜 표현법** : 그렇죠, ~이죠, ~이네요, ~아니죠, ~아니잖아요? ~예요? ~해도 될까요?

(3) 용모와 복장

① **머리** : 어떤 모양이든 항상 관리된 머리라는 느낌이 들도록 한다.

② **얼굴** : 양치질을 자주 하고 남자는 수염은 깎거나 정돈한다. 또 여자는 화장을 너무 진하지 않게 하며 액세서리는 서비스에 지장이 없도록 착용한다.

③ **손** : 자주 씻고 손톱은 짧게 깎는다.

④ **유니폼** : 항상 깨끗하고 구김이 없게 착용한다.

⑤ **구두 및 양말** : 항상 깨끗하고 청결하게 신는다.

(4) 접객 인사

인사는 감사와 환대의 마음으로 예의를 갖추어 밝고 상냥하게 한다. 또 인사말은 자연스럽고 간단명료하며 바른말을 쓴다. 인사방법은 평소에 연습하여 여러 가지 상황에서도 자연스럽고 정확한 인사를 해야 한다. 호텔이나 고급레스토랑에서의 인사는 '상대방 응시(Eye Contact) → 호칭 및 인사말 → 경례'의 순서로 이루어진다. 인사의 종류와 방법은 나라와 장소 및 상황에 따라 매우 다양하나 기본적인 인사법은 다음과 같이 3가지가 있다.

기본 인사법

구분	반절	보통절	최경례
인사 각도	15도	30도	45도
시선 위치	앞발 4~5m 전방	앞발 2m 전방	앞발 1m 전방
인사 동작	① – 허리 굽힘 ②, ③ – 허리 폄 펼 때는 굽힐 때보다 2배 천천히	① – 허리 굽힘 ② – 정지 ③, ④ – 허리 폄	①, ② – 허리 굽힘 ③ – 정지 ④, ⑤ – 허리 폄
인사 의미	• 가벼운 목례의 개념 • 기본적 예의 표시	• 정중한 인사 • 고객에 대한 정식인사	• 최대의 경의, 감사 표시 • 사과 시
인사 시기	• 고객 이야기를 들을 때 • 고객 질문에 대한 대답 시 • 고객에게 가벼운 부탁 시 • 고객 계산 시 • 하루에 2번 이상 인사 시	• 고객 내점 시 첫인사 • 고객 환송 시 • 감사인사	• VIP의 의전적 인사 시 • 고객에게 사과할 때

 호텔과 외식업체의 기본 인사법

구분	호텔	외식업체
인사법	정중하고 세련된 인사	가볍고 산뜻한 인사
인사 동작	우아함, 부드러움, 완만한 속도	생기발랄함, 자연스러움, 민첩함
인사말	공손하고 격식을 갖춘 인사말	밝고 쾌활하며 친근한 인사말
강조점	인사동작 > 인사말	인사동작 < 인사말

 인사 시 주의사항

① TPO의 구별(Time, Place, Occasion) : 인사는 때와 장소와 상황을 고려해서 어울리는 인사를 해야 한다.

② 망설이는 인사, 분명하지 않은 인사, 말로만 하는 인사, 고개만 까닥이는 인사, 눈을 바라보지 않는 인사, 무릎을 굽히는 인사, 손을 바지주머니에 넣고 하는 인사는 오히려 불쾌감을 준다.

③ 평상시 남자는 왼손을 오른손의 위로, 흉사 시 오른손을 왼손의 위로 모은다(여자는 남자와 반대).

(5) 안내 예절

가) 방향, 장소 안내

① 손가락을 모아 손바닥 전체를 펴서 방향을 가리킨다(손가락 사용 금지).

② 손바닥이 하늘을 향하게 하고 손등을 보이지 않게 한다.

③ 가까운 곳은 반팔, 먼 곳은 팔을 완전히 펴서 가리킨다.

④ 시선은 고객의 눈 → 가리키는 대상, 방향 → 고객의 눈(확인)

⑤ 왼쪽 방향은 왼손, 오른쪽 방향은 오른손을 사용한다.

⑥ 두 곳 이상을 가리킬 때는 가리키는 곳마다 ④번의 행동을 반복한다(확인).

나) 동행안내

① 방향 안내를 손으로 하기 어려운 곳은 직접 동행하여 안내한다.

② 동행안내 시 고객의 왼쪽 1m 전방에 위치한다(필요시 우측 무방).

③ 안내 도중 다른 고객과 마주칠 때는 고객의 행동반경을 피해 가볍게 머리 숙여 인사한다.

④ 계단을 오를 때 치마 차림의 종사원은 고객의 뒤에 위치한다.

⑤ 당기는 문은 종사원이 열고 고객을 먼저 입장시킨 후 따라 들어간다.

⑥ 미는 문은 종사원이 먼저 들어간 후 안쪽에서 맞이한다.

(6) 전화 예절

가) 전화 응대의 중요성

① 전화는 업무의 기본이며 고객 접점의 최일선이다.

② 전화 응대자의 말씨와 음성만으로 그 회사의 이미지가 결정된다.

③ 전화 응대 시에는 회사를 대표한다는 마음을 갖는다.

나) 전화를 받는 기본 방법

① 고객을 대면하는 마음으로 벨이 3번 울리기 전에 수화기를 왼손으로 들고 먼저 인사말을 한 후 자기 소속과 이름을 밝힌다.

② 고객의 입장에서 상대방의 말을 충분히 경청하면서 필요한 내용은 반드시 메모를

하고 답변은 정확하고 명료하며 친절하게 하며 끝인사 후 고객보다 늦게 전화를 끊는다.

③ 이해하기 어렵거나 잘 알아듣지 못했을 경우는 다시 정중히 물어보고 메모를 한 후 복창 확인한다. 특히 날짜는 일자와 함께 요일을 반드시 기록해야 한다.

④ 검토에 시간이 걸리는 응답은 언제까지 답변하겠다는 약속을 한다.

다) 전화를 바꾸어줄 때

① 전화받을 종사원을 확인한 후 송화구를 막고 전화받을 종사원에게 알린다.

② 부서로 전화를 돌려줄 경우는 연결이 안 될 것에 대비해 타 부서의 전화번호를 알려준 다음 돌려준다.

③ 전화받을 종사원이 부재중일 때는 부재중인 이유와 일정을 알리고 용건을 물어 자기가 처리 가능하면 친절히 응답한다.

라) 문의전화를 받을 때

① 문의 내용을 정확히 파악한 후 성실하게 답변한다.

② 자기 담당업무가 아닌 경우에도 끝까지 경청하여 냉담하게 응대하지 않는다.

③ 담당자가 부재중일 때에도 아는 데까지 정중하게 답변하며 자기 이름을 알려주고 담당자가 돌아오면 대화내용을 알려 담당자와 고객 간의 일이 중단되는 일이 없도록 한다.

마) 휴대폰 사용

① 영업 중이거나 공공장소에서는 휴대폰을 매너모드로 돌려놓는다.

② 고객과의 대화 또는 서비스 도중 전화를 받으면 최선을 다하지 않는다는 인상을 주므로 서비스를 마친 후 자리를 옮겨 통화한다.

③ 근무 중의 사적인 전화는 적극적으로 제한하여 고객의 불편을 최소화한다.

④ 사적인 전화는 무의식 중에 자세를 흐트러지게 하여 서비스 분위기를 흐트러지게 한다.

⑤ 사적인 전화가 꼭 필요한 경우에는 간단명료하게 용건만 조용히 말한다.

3) Bar 종사원의 서비스 기법

(1) 영접 서비스

① Bar의 전 종사원은 영업시간 전에 모든 준비를 끝내고 담당업무 및 구역에 따라 정위치(Stand-by)한다.

② 영접 담당자는 단정한 자세로 대기하고 고객이 도착하면 미소 띤 얼굴과 친절한 자세로 고객을 정중히 영접한다.

③ 고객이 외투나 대형가방 등을 소지하였을 경우 Cloak Room에 보관하도록 하며 고객이 보관을 원하지 않을 경우 분실이나 서비스에 지장이 없는 장소에 놓아드린다.

④ 영접 담당자는 고객이 친밀감을 갖도록 테이블까지 안내한다.

⑤ 착석이 끝나면 테이블 담당자에게 인계하고 즐거운 시간이 되기를 바란다는 정중한 인사를 한 후 돌아온다.

⑥ 영업장의 온도, 방송 및 음향기기의 상태를 수시로 점검하고 귀중품 보관, 도난사고 등에 대비한다.

(2) 주문받기(Order Taking)

Bar에서의 Menu와 부대상품들은 종사원들의 추천에 의해 매출을 늘릴 수 있는 기회가 많으므로 상품추천에 필요한 충분한 지식과 세련된 판매기법을 습득하여 효과적이고 적극적인 판매활동을 해야 한다.

가) 판매자의 필수조건

① 고객에게 상품(주류, 요리)을 판매하기 전에 자신을 판매한다.

② 항상 미소 띤 얼굴로써 서비스와 친절을 판매한다.

③ 가격을 판매하는 것이 아니라 가치를 판매한다.

④ 메뉴와 분위기를 함께 판매해야 한다.

나) 주문받는 요령

① 메뉴는 가능한 고객의 우측에서 드리고, 주문받을 때는 고객의 좌측에서 받는다.

② 항상 메모지와 펜을 지참하여 즉시 주문을 적고 계산 시 문제가 발생하지 않도록 주문받은 후 반드시 주문내용을 복창하여 재확인한다.

③ 주문받을 때는 허리를 15° 정도 숙이고 고객의 얼굴을 주시하며 공손한 자세로 임한다.

④ 주문받는 순서는 시계방향으로 여자, 남자, Hostess, Host 순으로 받는다. (단체고객 또는 인원이 많은 경우 Host에게 일괄적으로 주문받을 수도 있다.)

⑤ 특별한 주문이 있을 경우 Bar에 연락하여 가능여부를 확인한 후 주문을 결정한다.

⑥ 주문받은 후 주문사항을 제공할 때까지 걸리는 시간을 고객에게 알린다.

⑦ 주문이 끝나면 정중하게 감사인사를 드린 후 물러난다.

다) Menu 추천 요령

① Menu를 추천하기 전에 고객의 유형을 신속히 파악하여 고객이 구매의욕을 최대한 유발시킬 수 있도록 자신의 추천능력을 최대한 발휘해야 한다.

② 추천하기로 결정한 상품을 집중적이고 효과적으로 설명하여 매출증대에 기여해야 한다.

③ 고가상품을 강매해서는 안 되므로 고객의 입장과 Bar의 매출에 유의하여 합리적인 주문이 이루어지도록 추천한다.

④ 오늘의 특별메뉴(Daily Special Menu), 특별행사 메뉴를 적극 추천한다.

⑤ Bar에서는 안주류와 추가 주문이 매출증진에 많은 기여를 하므로 적극적으로 추천한다.

(3) 환송서비스(Farewell Service) 및 Bar 정리정돈

① 영업종료 15분 전쯤에 마지막 주문시간(Last Call)임을 전 고객에게 알린다.

② 영업 종료 후 환송 담당자는 Bar 입구에서 환송인사를 드린다.

③ 주차권과 보관된 물품을 미리 준비하여 제공한다.

④ 영업종료 후 Bar의 화재예방, 쓰레기 처리 및 청소 등 정리상태를 최종 확인한다.

⑤ 각종 집기류, 장비 등의 상태를 점검하고 보관상태를 확인한다.

⑥ 고객의 분실물 신고가 있을 때는 지배인에게 보고하고 분실시간, 장소, 상황 등을 구체적으로 확인하여 기록한다.

⑦ 분실물 발견 시 지배인에게 보고하고 고객에게 바로 알려 전달하고, 고객과의 연락이 불가능할 때는 습득물 대장에 습득한 시간, 장소, 발견자 성명 등을 정확히 기록

하고 지정 장소에 보관하며 고객이 찾아갈 때 확인 대조하여 차후 불미스러운 일이 발생되지 않도록 한다.

(4) 고객의 불평(Complain) 처리방법

최상의 서비스 제공을 위해 노력해도 고객의 불평은 수시로 발생한다. 특히 Bar에서는 음주로 인한 각종 불평이 제기되는 경우가 많다. 불평이 발생했을 경우, 항상 긍정적인 자세로 고객의 입장에서 정확한 원인을 파악하고, 불평에 대한 해결방안을 신속하게 강구하여 고객이 이해하고 만족하도록 조치해야 한다. 고객의 불평에 대한 대처방법에 따라 Bar의 이미지와 신뢰감을 더 높일 수도 있으며 고객이 재방문하거나 긍정적인 구전을 하는 효과도 기대할 수 있다.

① 불만고객은 가능한 다른 고객들이 없는 곳으로 안내하여 고객의 언성이 격해지지 않도록 한다.

② 본인이 해결하기 힘든 사항은 지배인 또는 상급자에게 신속히 보고하여 조치한다.

③ 고객의 불평이 확대되지 않도록 신속히 대응하며, 성실히 경청하는 인상을 준다.

④ 고객이 불만사항에 대한 말을 마칠 때까지 예의 바른 자세로 경청하고 메모하여 문제를 적극 해결하려는 자세를 보인다.

⑤ 불만사항을 경청하는 동안 원인을 파악·분석한다.

⑥ 불만사항 중 일부가 고객의 오해에서 비롯되었더라도 말 중간에 변명하거나 고객의 잘못을 지적하지 않는다.

⑦ 고객의 불평을 회피하거나 불만사항을 과소평가하거나 성급히 해결하려는 인상을 주지 않는다.

⑧ 무조건 잘못을 인정하거나 무책임을 주장해서는 안 되며 요구하는 바가 무엇인지 신속하고 정확하게 판단하여 가급적이면 고객의 뜻에 따른다.

⑨ 불평사항은 적극적으로 수용하고 가능한 빠르게 조치 결과를 고객에게 알린다.

⑩ 개인적인 감정과 입장에서 문제에 접근해서는 안 되며 회사를 대표한다는 입장에서 처리한다.

⑪ 동일한 실수 및 불평이 발생되지 않도록 개선점을 기록하여 지속적인 사례교육을 통해 고객 불평을 감소시킨다.

2. Bar 식음료 자재관리

식음료 자재관리는 영업에 필요한 식음료 자재의 구매, 검수, 저장, 출고(판매)에 대한 계획과 관리업무이다. 자재관리 업무는 크게 구매계획 업무, 구매업무, 보관업무로 구분된다. 구매업무에는 검수업무가 포함되며 보관업무에는 재고관리 및 출고업무가 포함된다.

1) 식음자재의 구매관리

Bar에서는 매우 다양한 식음료가 판매되기 때문에 Bar의 창고에 적정재고(Par Stock)를 보유하는 것이 매우 중요하다. 식음자재의 구매 시 다음 사항에 유의해야 한다.

① 영업에 필요한 품목을 구매해야 한다.
② 영업에 필요한 시간에 구매해야 한다.
③ 영업에 필요한 품질을 구매해야 한다.
④ 영업에 필요한 수량을 구매해야 한다.
⑤ 영업에 필요한 적정한 가격으로 구입해야 한다.

2) 검수관리

검수관리는 구매명세서에 의해 입고된 식음자재가 주문내용과 일치하는지를 조사하는 관리활동이다. 효과적인 검수를 위해서는 다음 사항에 유의해야 한다.

① 각 품목별로 공정한 검수기준이 설정되어 있어야 한다.
② 검수방법은 구매한 품목에 따라 적합한 방법으로 검수되어야 한다(전수검수법, 샘플검수법 등).
③ 검수는 배달 또는 수령 즉시 이루어져야 한다.
④ 검수자는 검수결과에 대한 내용을 반드시 기록하고 확인해야 한다.

3) 재고관리

재고관리의 주목적은 수요에 대비해 상품의 최적 재고수준을 결정하고 유지시키는 것이다. 즉 식음료 수요를 파악하여 적시적량의 재고수준을 유지하기 위해 주문시기와 주문량을 결정하는 관리활동이다. 재고관리에서는 적정재고를 보유함으로써 얻을 수 있는 이익과 보유함으로써 발생하는 관리비용 및 보유하지 않음으로써 발생하는 비용, 즉 기회비용을 분석하여 균형 있는 재고상태를 유지하는 것이 중요하다. 재고관리는 원가관리를 위한 기본적인 수단일 뿐만 아니라 영업 효율성을 증대시키는 중요한 업무로 주요 목적은 다음과 같다.

① 적정 재고를 보유함으로써 경제적이고 효과적인 판매를 할 수 있다.
② 고객의 수요량 변화에 대응할 수 있다.
③ 구매품목의 입고 시기와 가격변동과 같은 불확실성에 대비해 안정적 판매를 할 수 있다.
④ 경제적인 주문량을 파악할 수 있다.

Bar의 식음자재는 종류별로 서비스에 적합한 온도로 맞추어 보관해야 한다. 특히 식음재료는 부패하기 쉽고 유통기간이 있는 것이 많아 판매 시 먼저 입고한 재료를 먼저 판매하는 선입선출법(FIFO)을 철저히 준수해야 한다.

3. Bar 원가관리

1) 재고조사(Inventory)

음료의 재고조사(Inventory)는 일일재고조사(Daily Inventory)와 월말재고조사(Monthly Inventory)가 있다. 영업 종료 후 그날 사용된 음료와 재고량을 파악해 다음날 영업준비를 위한 음료청구서를 작성한다. 일일재고조사(Daily Inventory)는 적정재고량의 확보를 위해 매일 영업종료 후 재고량을 파악하는 것이다. 비수기나 판매량이 적은 소규모 Bar에서 매일 재고조사를 하는 것은 인력낭비이므로 주간 단위로 재고조사를 하기도 한다.

월말재고조사는 1개월간 사용된 음료의 양이 정확히 매출액으로 입금되었는지 확인하고 월간 매출원가를 산정하기 위해 실시된다. 따라서 월말재고조사는 원가관리부서에서 매월 말일 영업종료 후 Bar에 실사를 나와 기말재고량을 일일이 확인한다. 호텔정보시스템이 발달한 최근에는 원가계산이 컴퓨터에 의해 자동 계산되므로 월말재고조사를 생략하고 필요시에만 재고조사를 하기도 한다.

월말재고조사를 하면 입금되어야 하는 매출액과 실제 입금된 매출액의 차이를 발견할 수 있다. 재고조사에서 장부보다 재고량보다 많을 경우에는 잉여재고리스트(Overage List)를 작성하여 Bar 지배인의 결재를 거쳐 원가관리부서에 보고한다. 원가관리부서는 Overage List의 구입원가만큼 Bar의 재료비금액을 낮추어 원가율을 낮춘다. 또 Bar에서는 Overage List의 양을 다음 달의 기초재고량에 포함시켜 판매한다.

기말 재고량이 장부보다 적을 경우에는 음료관리에 문제가 있을 수 있으므로 그 원인을 파악한다. 부족량이 허용오차 이내에 있는 경우는 문제가 없지만 허용오차를 넘는 부족분은 파손이나 도난 또는 계산누락 등 다양한 원인이 있으므로 조사하여 재발방지를 위해 노력한다.

> - 금월 사용량 = 전월 이월량 + 금월 수령량 − 기말 재고량
> - 금월 매출액 = 금월 사용량 × 기준판매가
> - 매출액 오차 = 금월 매출액 − 실 입금액

2) 원가계산

기말재고조사에 의해 판매량과 재고량이 파악되면 매출액과 재료비를 계산해 총이익을 계산한다.

> - 매출총이익 = 총매출액 − 매출원가
> - 매출원가 = 기초재고액 + 당기 순매입액 − 기말재고액

매출원가를 계산하기 위한 기말재고액을 평가하는 방법은 다음과 같은 기준들이 적용되나 부패되기 쉽고 유통기간이 짧은 식음재료를 사용하는 Bar에서는 선입선출법을 적용한다.

① **선입선출법(FIFO : First In First Out)** : 먼저 입고된 재료를 먼저 판매하였다고 가정하고 원가를 계산하는 방법이다.

② **후입선출법(LIFO : Late In First Out)** : 나중에 입고된 재료를 먼저 판매하였다고 가정하고 원가를 계산하는 방법이다.

③ **최종매입원가법**(LPCM : Last Purchased Cost Method) : 최종 매입한 재료의 원가를 재고품의 원가로 계산하는 방법이다. 이 방법은 원가계산보다는 재고의 현재가치를 평가하기 위해 주로 사용된다.

④ **이동평균법**(MAM : Moving Average Method) : 매입 시마다 그 금액을 잔액에 가산하여 새로운 평균단가를 산정하고 이것을 출고단가로 적용하는 방법이다. 재고자산가액이 평균화되어 재료비의 변동이 적어지나 계산이 복잡한 단점이 있다.

⑤ **총평균법**(TAM : Total Average Method) : 일정기간의 총 매입액을 그 기간의 총 수량으로 나누어 개별 원가를 계산하는 방법이다. 계산방법이 간편하므로 가격변동이 적은 재료의 원가산출에 많이 이용한다.

3) 원가분석

매출원가가 확정되면 합리적으로 관리되고 있는지 분석해야 한다. 원가분석 방법은 매우 다양하며 주요 방법은 다음과 같다.

(1) 비율에 의한 원가관리제도(Percentage Control System)

각종 지표의 비율을 통해 원가관리의 합리성을 분석하는 방법이다. 이 비율이 100%가 넘는 것 중 허용치 이상의 비율이 발견되면 중점 확인해야 한다.

- 예산가격비율 : 구입가격 / 예산가격 × 100
- 표준가격비율 : 구입가격 / 표준가격 × 100
- 전기구입가격비율 : 당기구입가격 / 전기구입가격 × 100
- 시장가격비율 : 구입가격 / 시장가격 × 100
- 최저가격비율 : 구입가격 / 최저가격 × 100

(2) 표준원가관리제도

이 제도는 효율적인 원가관리를 목적으로 각 관리대상 항목별로 표준원가를 정해두고 표준원가와의 차이를 분석하는 것이다.

① 표준원가관리 대상

- 표준구매량(Standard Purchase Specifications)
- 표준양목표(Standard Recipes)
- 표준산출량(Standard Yield)
- 표준크기(Standard Portion Sizes)
- 표준단위원가(Standard Portion Costs)

② 표준원가의 차이분석

표준원가의 차이분석은 표준원가(Standard Cost)와 실제원가(Actual Cost)의 차이를 분석함으로써 효과적인 원가관리(Cost Control)를 하려는 데 목적이 있다. 재료비의 차이에는 크게 가격차이와 수량차이가 있다. 가격차이가 발생하는 요인은 시장가격의 변동, 긴급 구입으로 인한 불리한 가격으로의 구입 등이 있다. 또 수량차이의 원인은 재료의 품질불량, 주류의 파손, 조주의 실패 등이 있다.

(3) 손익분기점(BEP : Break Even Point) 분석

일정 기간 동안의 매출액과 총비용이 같은 점으로 매출액이 그 이하로 내려가면 손실이 발생하고 그 이상으로 올라가면 이익이 발생하는 기점을 말한다. 손익분기점 분석은 일반적으로 비용은 고정비와 변동비로 구분하며, 매출액은 판매수량과 판매단가로 계산하므로 영업결과를 측정하는 유용한 도구가 된다.

손익분기점 분석에서는 다음의 공식이 주로 이용된다.

가) 손익분기점(채산점)을 산출하는 공식

$$\text{손익분기점 매출액} = \text{고정비} \div \left(1 - \frac{\text{변동비}}{\text{매출액}}\right)$$

나) 일정한 매출액 시점에서 손익액을 산출하는 공식

$$\text{손익액} = \text{매출액} \times \left(1 - \frac{\text{변동비}}{\text{매출액}}\right) - \text{고정비}$$

다) 목표이익을 얻기 위한 매출액을 산출하는 공식

$$\text{필요매출액} = (\text{고정비} + \text{목표이익}) \div \left(1 - \frac{\text{변동비}}{\text{매출액}}\right)$$

4) 음료의 표준용량

표준원가를 산정하기 위해서 모든 음료는 각 음료 1잔당 제공하는 표준(기준)용량을 반드시 정해 두어야 한다. 기준용량은 재고조사의 기초단위로서도 중요하지만 음료판매에 대한 고객과의 신뢰차원에서도 매우 중요하다.

 음료별 기준용량

구분	적용 대상	1병당 잔 수	1잔당 기준량
증류주(Spirits)	Whisky, Gin, Vodka, Rum, Tequila, Brandy, Aquavit 등	25	1oz
혼성주(Liqueur)	각종 리큐르	25	1oz
강화와인(Fortified Wine)	Sherry, Port, Madeira	8~12	2~3oz
테이블와인(Table Wine)	White, Red, Rosé Wine	6	4oz
발포성와인(Sparkling Wine)	Champagne, Spumante, Sekt	6	4oz
생맥주(Draft Beer)	Draft Beer	−	8oz
주스(Juice)류	−	−	6oz

※ 1병은 750mL, 1oz = 30mL
　증류주는 병의 용량을 30mL로 나누어 잔수를 계산(500mL ÷ 30mL = 16.6 = 16잔)

5) 조주의 표준계량단위

조주 시 사용하는 계량의 단위는 국제적으로 인정되는 기준을 따라야 한다. 현재 각 나라에서 사용되는 액량의 기준에는 약간의 차이가 있으며 Bar에서 사용하는 기준용량을 정확한 미터법 용량으로 소수점 아래까지 적용하는 것은 비효율적이므로 소수점 아래는 절삭하거나 절상하여 계산과 관리가 편하게 사용한다.

표준계량단위

단위	Ounce	mL
1 Dash(1/6tsp)	1/32oz	–
1 Tea Spoon(tsp)	1/8oz	–
1 Table Spoon(tbsp)	3/8oz	–
1 Pony(1 Shot, I Finger)	1oz	30mL
1 Jigger	1.5oz	45mL
1 Wine Glass	4oz	120mL
1 Split	6oz	180mL
1 Cup	8oz	240mL
1 Tenth	12oz	375mL
1 Pint	16oz	480mL
1 Fifth(1 Bottle, 3/4 Quart)	25oz	750mL
1 Quart	32oz	1,000mL
1 Magnum	50oz	1,500mL
1 Jeroboam	100oz	3,000mL
1 Gallon	128oz	3,840mL

6) 영업장 간 음료의 양도양수(Inter Bar Transfer)

영업 도중 음료의 재고가 떨어지면 다른 레스토랑이나 Bar에서 음료를 빌려와 판매하는 경우가 생긴다. 각 영업장 간 음료의 양도양수(Transfer)는 원가관리 차원에서 확실하게 기록되어야 하고 월말재고조사에 반영되어야 한다. 영업장 간 음료의 이동 시에는 반드시 양도전표(Inter Bar Transfer)를 작성하여 서로 보관해야 한다.

4. Bar 위생 및 안전 관리

1) Bar 위생관리

Bar를 비롯한 식음료 영업은 무엇보다도 위생과 안전을 전제조건으로 한다. 아무리 훌륭한 식음료 서비스를 제공하더라도 위생과 안전에 문제가 발생되면 식음료로서의 가치가 전혀 없을 뿐만 아니라 오히려 영업에 막대한 지장을 초래하는 요인이 된다. 따라서 Bar 영업도 일반 식음료 영업과 같이 위생관리가 매우 중요하며 위생관리의 주요 대상은 공중위생, 환경위생, 식품위생, 기물위생, 개인위생 등이다.

(1) 공중위생

Winslow는 공중위생의 개념을 "조직된 지역사회의 노력을 통하여 질병을 예방하고 수명을 연장하며 건강과 효율을 증진시키는 기술이며 과학이다."라고 정의하고 있다. 공중위생은 개인이 아닌 지역사회와 지역사회의 주민을 대상으로 하나 Bar 영업장도 어떤 지역사회에 속해 있는 것이기 때문에 공중위생에 유의하여야 한다.

공중위생의 중요한 영역은 다음과 같다.

> • **환경관리 분야** : 환경위생, 식품위생, 환경오염, 산업보건 등
> • **질병관리 분야** : 전염병관리, 기생충관리, 비전염성 질환관리 등
> • **보건관리 분야** : 보건교육, 의료보장제도, 보건영양, 사고관리 등

(2) 환경위생

세계보건기구(WHO)는 환경위생을 "인간의 신체발육, 건강 및 생존에 유해한 영향을 미치거나 미칠 가능성이 있는 인간의 물리적 생활환경에 있어서의 모든 요소를 통제하는 것"이라 정의하고 있다. Bar에서는 다음과 같은 환경위생에 유의해야 한다.

① **환기** : 실내 공기가 항상 신선하여야 한다.

② **적정실내온도** : 적정 실내온도의 개념은 18±2℃이나 에너지 정책상 권장되는 적정온도에 유의해야 한다. 냉방 시 실내외 온도차는 5~7℃이다.

③ **조도** : 객석 및 객실의 경우는 30룩스 이상(유흥주점의 경우 10룩스 이상), 조리장은 50룩스 이상을 준수해야 한다.

④ **구충·구서** : 발생 원인을 파악하고 서식처를 제거해야 하며 발생 초기에 구충·구서를 실시해야 한다. 또 주변지역과 함께 동시에 광범위하게 실시해야 한다.

⑤ **해충의 피해** : 벌레에 물리거나 쏘이면 외상이 발생하고 2차 감염이 일어날 수 있으며 체내에 기생하거나 독성물질 주입으로 인하여 신체적·정신적·경제적 피해가

발생한다.

⑥ **소독** : 영업장은 주기적으로 소독을 실시하여 해충이나 병원균에 의해 피해가 발생하지 않도록 한다.

(3) 식품위생

① 식품위생의 개념

세계보건기구(WHO)는 식품위생의 개념을 "식품의 생육, 생산 또는 제조에서 최종적으로 사람에게 섭취될 때까지의 모든 단계에 있어서 안전성·완전성 및 건전성을 확보하기 위한 모든 수단을 의미한다"라고 정의하고 있다. 우리나라는 「식품위생법」에서 "식품, 첨가물, 기구 또는 용기·포장을 대상으로 하는 음식에 관한 위생을 말한다"라고 정의하고 있다. 「식품위생법」은 "식중독이란 식품 섭취로 인하여 인체에 유해한 미생물 또는 유독물질에 의하여 발생하였거나 발생한 것으로 판단되는 감염성 질환 또는 독소형 질환을 말한다"라고 정의하고 있다. 즉 식중독은 자연독이나 유해물질이 함유된 식품을 섭취함으로써 생기는 급성 또는 만성 질환으로 발열, 구토, 복통, 설사와 같은 증상이 나타난다. 주요 식중독의 원인은 다음과 같다.

🍷 식중독의 원인

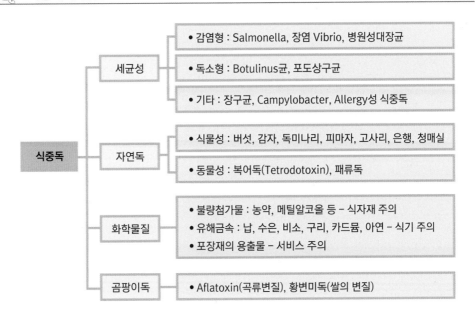

② HACCP

HACCP(해썹)은 Hazard Analysis Critical Control Point의 약자로 '위해요소 중점관리기준'이라고 한다. HACCP는 어떤 위해요소를 미리 예측하여 사전에 파악하는 위해요소 분석과 필수적으로 관리해야 할 항목인 중점관리점의 설정을 통하여 위해를 방지하려는 예방적 식품안전 관리체계이다.

HACCP은 전 세계 공통으로 준비단계인 5절차와 본단계인 7원칙을 합해 총 12단계의 절차에 의해 수행되며 식품을 만드는 과정에서 생물학적·화학적·물리적 위해요소들이 발생할 수 있는 상황을 과학적으로 분석하여 이러한 요인들의 발생 여건들을 사전에 차단함으로써 안전하고 깨끗한 식품을 공급하기 위한 시스템적인 규정이다.

HACCP은 1960년대 미항공우주국(NASA)에서 안전한 우주식품을 만들기 위해 개발한 식품위생관리방법으로 1993년 국제식품규격위원회(CODEX)가 채택한 이후 전 세계적으로 가정 안전하고 효과적인 식품안전 관리체계로 인정받고 있다. 우리나라는 1995년에 도입하였으며 미국, 일본, 유럽연합(EU), 세계보건기구(WHO), 국제연합식량농업기구(FAO)와 같은 국제기구에서도 모든 식품에 HACCP을 적용할 것을 권장하고 있다.

HACCP은 식품의 원재료부터 제조, 가공, 보존, 유통, 조리단계는 물론 최종 소비자가 섭취할 때까지 각 단계에서 발생할 우려가 있는 위해요소를 규명하고 이를 중점적으로 관리하기 위한 중요관리점(기준)을 결정하여 자율적이고 체계적이며 과학적으로 관리하는 식품위생을 위한 안전관리체계이다.

③ 식품의 보존

식음료 자재는 부패의 위험에 항상 노출되어 있으므로 식음료 자재를 잘 보존함으로써 위생문제를 방지할 뿐만 아니라 영업장의 원가를 낮추고 부패한 자재의 재구매에 따른 제반 경비를 절감함으로써 영업효율성을 높여준다. 식음자재를 보존하는 주요한 방법은 다음 표와 같다.

식품의 보존방법

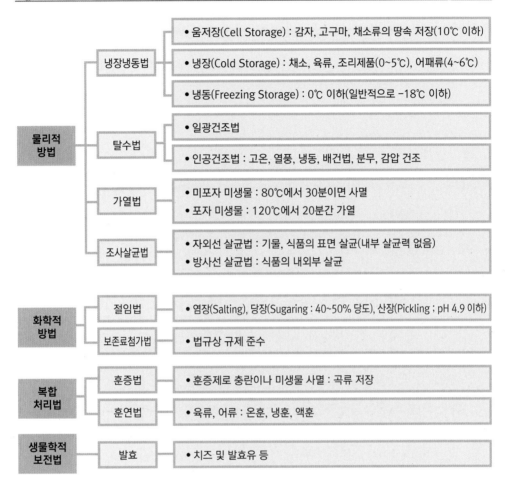

물리적 방법

- 냉장냉동법
  - 움저장(Cell Storage) : 감자, 고구마, 채소류의 땅속 저장(10℃ 이하)
  - 냉장(Cold Storage) : 채소, 육류, 조리제품(0~5℃), 어패류(4~6℃)
  - 냉동(Freezing Storage) : 0℃ 이하(일반적으로 −18℃ 이하)
- 탈수법
  - 일광건조법
  - 인공건조법 : 고온, 열풍, 냉동, 배건법, 분무, 감압 건조
- 가열법
  - 미포자 미생물 : 80℃에서 30분이면 사멸
  - 포자 미생물 : 120℃에서 20분간 가열
- 조사살균법
  - 자외선 살균법 : 기물, 식품의 표면 살균(내부 살균력 없음)
  - 방사선 살균법 : 식품의 내외부 살균

화학적 방법

- 절임법
  - 염장(Salting), 당장(Sugaring : 40~50% 당도), 산장(Pickling ; pH 4.9 이하)
- 보존료첨가법
  - 법규상 규제 준수

복합 처리법

- 훈증법
  - 훈증제로 충란이나 미생물 사멸 : 곡류 저장
- 훈연법
  - 육류, 어류 : 온훈, 냉훈, 액훈

생물학적 보전법

- 발효
  - 치즈 및 발효유 등

(4) 기물위생

기물위생은 식음료 상품을 만들거나 제공할 때 사용되는 각종 기물의 위생관리를 말한다. 주장(Bar)에서 사용되는 기물은 주방에서 사용되는 조리용 기물, Bar에서 사용되는 칵테일 조주용 기물, 식음료를 제공하는 데 사용되는 접시류, 포크나이프, 글라스류 등으로 매우 다양하며 이 중 한 가지라도 위생을 소홀히 할 경우 위생에 큰 문제가 야기될 수 있다. 철저한 기물위생을 위해서는 다음과 같은 사항에 유의해야 한다.

① 모든 기물은 사용 전, 후에 철저히 세척해야 한다.

② 모든 기물은 허용된 세제 및 약품으로 세척해야 하며 세척 후 철저히 헹구어야 한다.

③ 깨지거나 금이 간 기물은 사용하지 않으며 손망실 규정에 의해 폐기한다.

④ 납이나 중금속 또는 환경호르몬이 용출되는 기물을 사용해서는 안 된다.

⑤ 자외선 소독기는 표면만 소독되므로 고체 기물의 소독에만 사용한다.

(5) 개인위생

Bar의 종사원은 영업장 서비스의 주체이지만 개인위생을 소홀히 할 경우 질병전파의 심각한 매체가 될 수 있다. 따라서 Bar 종사원은 자신은 물론 고객과 회사를 위해 개인위생을 철저히 준수해야 한다.

가) 식품접객영업 불가자

우리나라는 「식품위생법 시행규칙」 제50조에서 "영업에 종사하지 못하는 질병의 종류"를 규정하여 이 질병에 걸린 사람은 영업에 종사할 수 없도록 하고 있다.

① 「감염병의 예방 및 관리에 관한 법률」에 따른 제1군 감염병(마시는 물 또는 식품을 매개로 발생하고 집단 발생의 우려가 커서 발생 또는 유행 즉시 방역대책을 수립하여야 하는 감염병으로 장티푸스, 콜레라, 파라티푸스, 세균성이질, 장출혈성 대장균감염증, A형간염이 해당한다.)

② 「감염병의 예방 및 관리에 관한 법률」에 따른 결핵(비감염성인 경우는 제외한다.)

③ 피부병 또는 그 밖의 화농성(化膿性)질환(한센병 등 세균성 피부질환을 말한다.)

④ 후천성면역결핍증(유흥음식점업 취업이 금지된다.)

또 「감염병의 예방 및 관리에 관한 법률」에서는 식품접객업과 집단급식소 종사원이 제1군 감염병에 걸리면 일시적으로 업무 종사의 제한을 받도록 하고 있으며 그 제한기간은 증상 및 감염력이 소멸되는 날까지로 하고 있다.

나) 건강진단 대상자

「식품위생법 시행령」 제49조에서는 건강진단 대상자를 다음과 같이 규정하고 있다.

① 식품 또는 식품첨가물(화학적 합성품 또는 기구 등의 살균·소독제는 제외한다)을 채취·제조·가공·조리·저장·운반 또는 판매하는 일에 직접 종사하는 영업자 및 종업원으로 한다. 다만, 완전 포장된 식품 또는 식품첨가물을 운반하거나 판매하는 일에 종사하는 사람은 제외한다.

② 제1항에 따라 건강진단을 받아야 하는 영업자 및 그 종업원은 영업 시작 전 또는 영업에 종사하기 전에 미리 건강진단을 받아야 한다.

이에 따라 Bar 종사원을 포함하여 「식품위생법」상 식품접객영업장의 근무자는 보건복지부령 "위생분야 종사자 등의 건강진단 규칙"에 따라 아래의 질병에 대하여 연 1회 건강진단결과서(구-보건증)를 발급받아야 한다.

① 장티푸스
② 폐결핵
③ 전염성 피부질환(한센병 등 세균성 피부질환을 말한다.)

2) Bar 안전관리

Bar에서는 연중 다양한 행사가 계속되고 많은 인원이 이용하며 취객발생과 파손되기 쉬운 유리잔 사용 등 여러 가지 안전상의 문제가 발생된다. 따라서 Bar에서는 모든 종사원들에게 주기적이고 체계적인 안전관리 교육을 실시하여 각종 사고를 방지하여야 한다.

(1) 개인 안전관리

① Bar의 무거운 장비나 기물을 다룰 때에는 면장갑을 착용하여 다치지 않도록 한다.
② Bar의 모든 장비는 사전에 사용수칙을 교육하여 모든 종사원이 숙지하도록 한다.
③ 기물을 사용할 경우 무리한 힘을 가하여 파손되지 않도록 한다.
④ 깨진 접시나 유리잔을 치울 경우 절대 맨손으로 잡지 않는다.
⑤ Cart류를 이동시킬 때 턱이 있는 경우는 반드시 앞에서 잡고 끌어야 한다.
⑥ 식음료 서비스 중에는 아무리 바빠도 뛰어다니지 않는다.
⑦ 테이블 세팅 또는 서비스 시 기물이나 식음료를 너무 무겁게 들고 다니지 않는다.

(2) 시설물 안전관리

① 장비류를 Bar에 비치할 경우 벽과 30cm 이상 띄워 벽이 긁히지 않도록 한다.

② 양면테이프, 스카치테이프, 압핀 등을 벽에 사용하여 흠이나 얼룩지지 않도록 한다.

③ 화환, 화분, 장식물을 고객이 다니는 출입문 앞에 세워서는 안 된다.

④ 무거운 테이블과 의자, 화분 등을 옮길 경우 전용 Cart를 사용하거나 반드시 들어서 옮겨 바닥이나 카펫이 손상되지 않도록 한다.

⑤ 카펫에 식음료를 흘렸을 경우 바로 세척하여 썩지 않도록 한다.

⑥ 모든 전기기구는 적정 전기를 사용한다.

⑦ 영업장에 설치되어 있는 각종 조명 및 음향 기기는 임의로 이동하지 않는다.

⑧ 조명기구 부착용 바텐을 임의로 철거 또는 변형시키지 않는다.

(3) 화재 예방

① 알코올, 성냥, 양초, 부탄가스 등 인화성 물질은 반드시 별도의 지정된 보관함에만 보관한다.

② 알코올을 사용하는 뷔페는 행사장에 반드시 소화기, 석면포를 비치한다.

③ 담배꽁초는 꺼진 것이라도 반드시 분리수거한다.

④ 전기장비는 장기계획 및 예산을 편성하여 주기적으로 점검, 보완, 보수, 교체한다.

⑤ 비상시 안내방송, 대피 등 예상되는 상황별로 대책을 수립하고 훈련을 실시한다.

⑥ 단전에 대비하여 손전등 같은 비상용품을 확보하고 비치장소를 숙지한다.

⑦ 불을 이용한 플레어 칵테일을 연출할 경우 반드시 소화기를 비치한 후에 연출한다.

⑧ 화재 발생에 대비하여 소화전과 소화기의 위치를 숙지하고 평소 사용방법을 숙지한다.

⑨ 화재, 안전사고 발생에 대비한 비상연락망과 고객의 안전한 대피, 환자 발생 시 응급조치 및 병원으로의 긴급 후송체계를 확립한다.

제4절_ 주장(Bar)의 메뉴(Menu)기획 및 관리

1. 메뉴의 의의

Menu는 Bar 경영에서 가장 핵심이 되는 도구로 메뉴가 결정되어야 Bar의 입지, 시설 및 인테리어, 식음자재, 집기 및 비품, 인력, 서비스방법 등 다양한 영업 콘셉트가 결정된다.

메뉴는 크게 두 가지 기능을 하고 있다. 하나는 식음료 상품을 고객들에게 제공하기 위한 제반 업무를 제시해 주며 다른 한편으로는 영업활동을 조정하고 통제하는 기능을 한다. 이러한 기능을 위해 Menu는 아래와 같은 요소를 내포하고 있어야 한다.

① **시장성** : 고객의 특성과 시장환경을 반영한 메뉴
② **경제성** : 최소의 원가로 최대의 이익을 얻을 수 있는 메뉴
③ **우수성** : 우수한 맛과 품질을 유지할 수 있는 메뉴
④ **진실성** : 제시된 내용과 실제 제공된 메뉴의 품질이 일치하는 메뉴
⑤ **경쟁성** : 품목과 가격 및 모양에 있어서 고객에게 매력을 줄 수 있는 메뉴

2. 메뉴기획

1) 메뉴기획의 개요

메뉴기획은 Menu와 관련한 전략적 활동 전체를 의미하며 메뉴계획(Menu Plan), 메뉴작성(Menu Making), 메뉴개발(Menu Development), 메뉴관리(Menu Management) 등으로 다양하게 표현되고 있다. 메뉴기획자는 변화하는 고객의 요구와 욕구를 파악하여 영업장과 고객 모두에게 최대의 만족을 줄 수 있도록 메뉴를 기획하여야 한다. 즉 경영적 측면에서는 수익성 제고와 영업의 목적, 목표, 예산, 식음자재 공급, 시장환경을 고려해야 하며, 고객 측면에서는 만족과 영양 및 위생 등을 고려해야 한다. 성공적인 메뉴는 다음과 같은 목적을 만족시켜야 한다.

① 메뉴는 Bar의 영업 콘셉트와 일치해야 한다.
② 메뉴는 Bar에 대한 고객들의 지각된 이미지 확립에 기여해야 한다.

③ 메뉴는 고객의 욕구를 충족시키거나 증진시킬 수 있어야 한다.

④ 메뉴는 경쟁환경 속에서 이익을 창출하는 수단이 되어야 한다.

2) 메뉴의 종류

주장(Bar)에서 판매되는 메뉴는 여러 가지 기준으로 분류할 수 있으나 크게 2가지로 분류할 수 있다.

(1) 메뉴의 생산자에 따른 분류

① **주방 생산 메뉴** : 주방에서 조리사에 의해 생산되는 각종 음식과 안주류이다.

② **Bar 생산 메뉴** : Bar에서 바텐더에 의해 생산되거나 제공되는 각종 주류, 칵테일, 음료 등이다.

(2) 판매기간에 따른 분류

① **주력 메뉴(Main Menu)** : 대개 6개월~1년간 가격변동 없이 사용되는 메뉴로 고정메뉴(Fixed Menu)라고도 한다. Bar의 영업 콘셉트에 맞는 상품으로 구성되고 메뉴판으로 만들어져 고객에게 제공된다.

② **특별 메뉴(Special Menu)** : 주메뉴의 보조메뉴로 일정기간 동안 판촉을 위해 활용된다.

- **오늘의 특별메뉴(Daily Special Menu)** : 바텐더에 의한 1일 추천 메뉴로 Bartender's Recommendation Menu라고도 한다. 주로 바텐더의 창작 칵테일이 제공된다.

- **계절메뉴(Seasonal Menu)** : 계절을 반영한 메뉴로 계절칵테일(Seasonal Cocktail)이 대표적이다. 봄철의 딸기칵테일, 여름철의 트로피컬 칵테일, 가을철의 과일칵테일, 겨울철의 한방칵테일 등이 있다. 바텐더의 창작성과 예술성이 돋보이는 칵테일이다.

- **특별행사 메뉴(Promotion Menu)** : 주류회사와 공동행사로 판매되는 프로모션 메뉴이다. 각종 위스키와 코냑 등 증류주 프로모션, 다양한 맥주 프로모션 메뉴 등이 있다.

3) 메뉴기획 절차

Bar의 메뉴기획자는 Bar에 대한 풍부한 지식과 경험, 주류의 맛과 기능, 품질과 등급, 자재 관리, 부재료(Garnish), 조주방법, 경제적인 구매처, 원가조절 능력, 창작칵테일 조주기능 등의 능력이 있어야 한다. 또한 주류시장 동향, 주력상품의 시장성 및 주기성, 인기주류 등도 파악하여 기획해야 한다. 프랜차이즈 주장(Bar)의 메뉴는 본부에서 지도해 주므로 큰 어려움이 없으나 개인 주장(Bar)을 운영할 경우 메뉴기획은 매우 중요하고도 어려운 사항이다. 개인 주장(Bar)에서 메뉴기획의 과정은 메뉴품목의 순서를 정하고, 각 메뉴 간의 균형을 유지시키고, 메뉴에 어울리는 안주류를 정함으로써 이루어진다.

① **메뉴수집** : 영업 콘셉트에 맞는 타 영업장의 메뉴를 최대한 수집한다.
② **메뉴분석** : 영업 콘셉트에 맞는 메뉴를 선정하고 Bar의 규모에 맞는 주류와 칵테일 및 안주류의 품목 수를 결정한다.
③ **주력메뉴 결정** : 주력메뉴는 콘셉트 확정단계에 이미 결정되어 있는 것이지만 Bar의 규모와 이미지, 고객선호도 등을 고려하여 사업성이 우수한 메뉴를 압축하여 선정한다.
④ **레시피(Recipe) 결정** : 주류의 판매단위와 칵테일의 조주방법을 매뉴얼로 만들어 효율적인 원가관리를 하여야 한다.
⑤ **시음(Tasting)** : Recipe에 의해 만들어진 칵테일을 실제로 조주·서비스하고 시음함으로써 판매 시 발생하는 각종 문제점을 발견하여 사전에 개선한다.

4) 메뉴기획 시 고려사항

메뉴기획자는 모방, 신메뉴 개발, 개조, 혁신과 같은 방법을 통하여 메뉴를 개발한다. 이러한 메뉴개발에는 많은 요인이 영향을 주게 되는데 Bar 메뉴를 기획함에 있어서 고려할 사항은 다음과 같다.

(1) 고객관련 사항
① 고객의 기호도(메뉴의 유행성)
② 개인고객과 단체고객
③ 고객의 성, 연령, 종교 등

④ 객단가

⑤ 서비스 형태

⑥ 영업시간

(2) 시설관련 사항

① 영업 콘셉트에 맞는 익스테리어(Exterior)와 인테리어(Interior)

② 영업장 규모에 적합한 Bar의 규모와 시설, 창고 등

③ 영업장 수준에 어울리는 조주 기물 및 서비스 용품

(3) 인력관련 사항

① 바텐더와 조리사의 기술

② 칵테일의 조주기법과 절차의 난이도

③ 서비스 종사원의 서비스 기능과 수준

(4) 식음자재관련 사항

① 구입의 용이성

② 재료비의 변동성

③ 식자재의 계절성, 신선도, 저장성

④ 재료 활용의 다양성

(5) 경영관련 사항

① 업종과 업태의 선정(일반음식점, 유흥음식점 등)

② 업종과 업태의 유행성

③ 정부나 지자체의 규제관계

④ 장기적 목표에서 수익성

⑤ 표적시장(목표고객)의 명확성

⑥ 원가관리의 용이성

5) Menu의 교체

(1) Menu 교체의 필요성

Menu는 외부적 또는 내부적 요인에 의해 교체되지 않으면 매출에 큰 영향을 미치게 된다.

외부적 요인에는 고객의 요구 변화, 경제상황, 경쟁관계, 자재조달 및 주류업계의 동향 등이 있다. 고객의 맛과 취향은 지속적으로 변하기 때문에 고객의 요구변화는 Menu 교체의 가장 중요한 요인이 되고 있다. 또 원가상승과 수익성 감소에 의한 경제적 여건, 경쟁에서 탈피할 수 있는 신상품 개발, 주류 수입의 가변성에 따른 품귀현상, 계절상품 제공, 재고 주류의 활용 필요 등에 따라 메뉴 교체가 계속되어야 한다. 다만 주장(Bar)의 메뉴는 외식업에 비해 주력메뉴의 교체 필요성이 크지 않기 때문에 주력메뉴는 그대로 두고 특별메뉴를 변경함으로써 영업 콘셉트를 유지하면서도 Bar 영업에 활력과 변동성을 주는 것이 좋다.

내부적 요인은 고객의 음주형태, 영업 콘셉트 및 운영방법 변경 등이 주요 Menu 교체 요인이다. 바텐더의 능력 또한 메뉴 교체의 주요한 원인이 된다.

(2) 메뉴 교체시기

Bar 영업에서 주력메뉴는 가능한 교체하지 않는 것이 바람직하다. Bar의 주력메뉴는 영업 콘셉트를 결정하면서 인테리어, 가구, 집기, 비품 등과 하나의 상품으로 구성된 것이기 때문에 Bar의 주력메뉴를 바꾸는 것은 영업 콘셉트 전체를 바꾸어야 함을 의미한다. 따라서 Bar 영업에서는 일반 외식업과 달리 함부로 주력메뉴를 바꾸어 영업 정체성을 잃어서는 안 된다.

Bar의 개업 시 Menu는 시장과 고객에 대한 실제 이용결과를 반영한 것이 아니기 때문에 개업 후에는 메뉴의 교체 및 변경이 필요할 수 있다. Menu의 교체시기는 영업결과가 확인되는 시점에서 즉시 실시하며 일반적으로 개업 후 6개월이 지나면 판매동향이 파악된다. 판매동향에 따라 주력메뉴를 변경할 것인지, 아니면 특별메뉴만 변경할 것인지, 판매방법을 변경할 것인지를 분석해야 하며 바텐더를 비롯한 서비스 종사원의 인적 서비스 품질도 분석해야 한다.

3. 메뉴분석

1) ABC분석

일정기간 판매된 Menu를 ABC의 세 그룹으로 나누고, 그중 최상위 A그룹에 속하는 메뉴를 중점적으로 관리하는 기법이다. 각종 상품의 재고관리, 품질관리, 단골거래선 관리 등에 널리 사용되는 기법으로 영업장에 비치된 POS에 주문을 입력하면 자동으로 분석되므로 메뉴분석기법으로도 널리 활용되고 있다. 이탈리아 경제사회학자 V. 파레토의 "소수 요인에 따라 대세는 좌우된다."는 사회현상법칙을 기초로 하고 있기 때문에, 파레토분석이라고도 한다. 이 기법은 모든 메뉴에 똑같은 관리노력을 하는 것은 비효과적이므로 매출액 비중이 높은 A그룹을 집중적으로 관리하는 효과적인 방법이다. ABC분석을 하면 영업장의 메뉴구성이 주로 아래의 3가지로 나타나며 Bar의 영업형태에 따라 30 : 70 원칙, 또는 20 : 80의 원칙 등 적합한 비율을 적용할 수 있다.

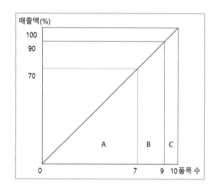

(1) 분산형

- 45%의 대각선으로 누계비율의 꺾임선이 신장하는 메뉴구성을 보인다.
- 각 메뉴 간에 매출액 차이가 거의 없다.
- 중점 메뉴가 없다.
- 현실적으로는 존재하지 않는다.

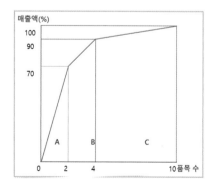

(2) 초집중형

- 분산형과 반대되는 유형으로 주력메뉴(또는 돌출메뉴)가 매출을 좌우한다.
- 한두 개의 주력메뉴가 매출액 누계의 70%를 넘는 메뉴구성을 보인다.
- 중점관리하기에는 좋지만, 주력메뉴의 판매가 부진할 때 영업 전체가 위험해진다.

(3) 이상형

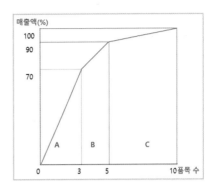

- 가장 이상적인 메뉴판매 형태이다.
- A그룹의 메뉴가 전체 메뉴품목의 약 30%를 차지한다.
- 30 : 70의 원칙(전체의 3할 메뉴가 매출액의 70%를 차지)에 부합한다.

2) 메뉴 수명주기(Menu Life Cycle)분석

메뉴의 수명주기를 도입기(개발단계), 성장기, 성숙기, 쇠퇴기의 4단계로 구분하고 각 단계에 적합한 생산, 품질, 마케팅 관리를 해야 한다는 이론이다. 도입기에는 시장이 불확실하고 소비자들의 기호를 정확히 평가할 수 없으므로 경험과 마케팅 기술에 매출을 의지하게 된다. 시장진출이 성공하여 고객이 증대되면 상권의 범위가 점점 확대되는 성장기를 거쳐 매출증대와 이익증대가 최대가 되는 성숙단계를 맞게 된다. 영업이 잘되면 경쟁업소가 생기는 것이 일반적이며 이때부터 경쟁에 의한 매출감소, 고객기호의 변화 및 광고비 증가 등의 비용증가로 수익성이 떨어지게 되는데 이 단계를 쇠퇴기라 한다. 쇠퇴기에는 메뉴의 신규개발, 마케팅 수단의 변경, 시설개보수 등 전략적 의사결정을 해야 하며 최악의 경우 업종변경까지 고려해야 한다. 일반적으로 Bar의 상품 특히 주류상품은 메뉴의 수명주기가 공산품처럼 짧지 않고 일부 메뉴는 아예 수명주기가 없는 메뉴도 있다.

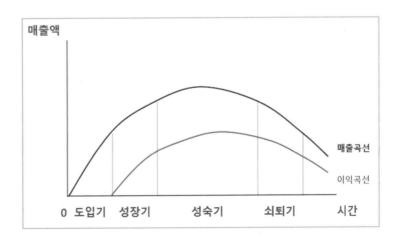

3) Miller의 메뉴분석

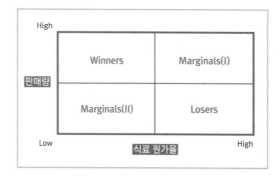

일정기간 동안 판매된 모든 메뉴의 판매량과 원가율의 2가지 변수를 전체 품목에서 차지하는 비율로 산정하여 4개의 사분면에 배치한 후 각 사분면에 대한 분석을 하여 마케팅에 활용하는 방법이다. 이 분석은 판매한 메뉴의 매출액과 원가율을 잘 파악할 수 있어 주력메뉴 관리에 도움을 준다. 그러나 계절메뉴 등 고객의 메뉴수요는 다양하므로 매출액이 낮고 원가율이 높다는 이유만으로 메뉴를 삭제해서는 안 된다.

4) Michael L. Kasavana and Donald I. Smith의 메뉴분석

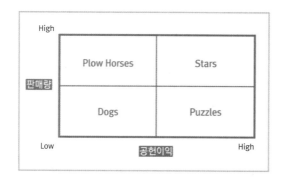

Miller의 메뉴분석 방법과 비슷하나 분석 변수가 판매량과 공헌이익률인 점이 다르다. 공헌이익은 정확히 '매출액-변동원가'이지만 '메뉴가격-메뉴 재료비'를 적용하여 계산하면 이해가 쉽다.

① Stars : 선호도 및 공헌이익이 높은 메뉴이다. Menu판의 Eye Point에 배치하여 집중 판매한다. 수요가 공급을 초과하는 경우에는 가격인상을 고려하는 것도 좋다.

② Plow Horses : 선호도는 높으나 공헌이익이 낮은 메뉴이다. 영업장에서 가장 많이 팔리는 메뉴로 영업장의 주력메뉴가 해당된다. 대부분 중저가 메뉴가 이에 해당한다.

③ Dogs : 선호도와 공헌이익이 낮은 문제 메뉴로 장기 판매결과에서 이런 결과가 나타나면 삭제하거나 이름 및 가격변경을 고려해야 한다.

④ Puzzles : 선호도는 낮으나 공헌이익이 매우 높은 메뉴이다. 고가의 위스키나 코냑 등 명품주류가 이러한 특성을 보인다. 신규메뉴의 경우 홍보부족에 따른 낮은 인지도에 의해 이런 결과가 나타날 수도 있으므로 판촉을 강화하거나 메뉴판의 Eye Point에 재배치하거나 판매가격을 분석하여 적정가격으로 조정할 필요가 있다.

제5절_ 주장(Bar)의 마케팅(Marketing)

1. Bar 마케팅의 의의와 콘셉트(Concept)

1) Bar 마케팅의 의의

미국 마케팅학회(AMA)는 "마케팅이란 개인적이거나 조직적인 목표를 충족시키기 위한 교환을 창출하기 위해 아이디어, 제품, 그리고 서비스의 정립, 가격결정, 촉진, 그리고 유통을 계획하고 집행하는 과정이다"라고 정의하고 있다. 즉 마케팅이란 재화나 서비스를 생산하여 소비자에게 전달하는 과정에서 필요로 하는 경영활동, 즉 구매·교환·유통 등을 포함한 모든 활동이라고 할 수 있다.

Bar의 마케팅 활동은 각 개인의 기호성이 매우 강한 주류를 마케팅 대상으로 하기 때문에 고객의 소비자 주권을 존중하면서 고객의 욕구충족을 통한 기업이윤 창출에 기여하는 마케팅 활동이 중요하다.

2) Bar의 마케팅 콘셉트

Bar의 마케팅 콘셉트는 마케팅 활동을 할 때 그 기준으로 삼는 행동이념을 의미한다. 이러한 마케팅 콘셉트는 생산지향적 콘셉트, 판매지향적 콘셉트, 마케팅지향적 콘셉트, 사회지향적 마케팅 콘셉트로 구분된다.

(1) 생산지향적 콘셉트(Product Oriented Concept)

Bar에서 메뉴를 만들면 팔린다는 관점에서 시행되는 마케팅이다. 이러한 콘셉트는 수요가 공급을 초과하는 경우에 적용되며 메뉴생산이 마케팅 활동의 대상이 된다. 따라서 영업의 방향은 고급 제품을 공급하는 제품지향적 성격을 띠게 된다. 이러한 마케팅이념은 가격경쟁력이 있는 경쟁 Bar의 출현에 매우 취약해진다. 고가의 명품주류, 한정생산 주류의 판매에 이용되는 마케팅이다.

(2) 판매지향적 콘셉트(Sale Oriented Concept)

판촉활동 등 상당한 노력을 하지 않는 한 고객이 오지 않는다는 관점에서 시행되는 마케팅 콘셉트이다. 경쟁시장 환경에서 '제품은 판매되는 것'이라는 사고로 판매에만 주력하는 마케팅이다. 따라서 매출증대를 위한 판매기법 개발, 대인판매, 판촉전화, 고객방문, 광고 등의 마케팅 수단이 동원된다. 주류상품은 메뉴의 차별화가 어렵기 때문에 현실적으로 많이 사용되는 마케팅 콘셉트이다.

(3) 마케팅지향적 콘셉트(Marketing Oriented Concept)

공급이 수요를 초과하는 시장상황에서 나타나는 콘셉트로 '팔릴 수 있는 상품을 만든다'는 사고로 경쟁시장에서 다양한 고객의 요구와 욕구를 파악하여 고객이 만족하는 메뉴와 서비스, 그리고 분위기를 경쟁자보다 더 효율적으로 제공하려는 고객지향적 콘셉트이다. Bar 영업에서는 현실적으로 주류상품의 차별화가 어렵기 때문에 인적 서비스와 시설, 분위기 같은 상품의 제공에 치중하게 된다.

(4) 사회지향적 마케팅 콘셉트(Societal Marketing Oriented Concept)

목표시장의 욕구와 요구 및 이익을 결정하고 경쟁자보다 효과적으로 고객만족을 제공하되, 고객과 사회의 복리를 향상시키는 방향으로 실시되는 마케팅 이념이다. 주류문화 발전을 위한 칵테일 경진대회, 전통주 품평회, 각 나라별 문화공연을 곁들인 주류 프로모션 및 세미나 개최 등 사회적 기여 관점에서 시행되는 마케팅 콘셉트이다.

3) 디마케팅(Demarketing)과 카운터마케팅(Counter-Marketing)

일반적으로 마케팅 활동은 상품과 서비스의 수요 또는 판매증진에 목적을 두고 있다. 그러나 일부 상품과 서비스는 소비자들에게 신체적·정신적·문화적 해를 줄 수도 있기 때문에 소비수요나 판매를 감소시키거나 금지시키는 마케팅 활동이 일어나기도 한다. 이러한 마케팅에는 디마케팅과 카운터마케팅이 있다.

(1) 디마케팅

상품의 공급자가 상품에 대한 소비를 축소시키는 마케팅 전략이다. 공급이 수요를 따라가지 못하는 경우나 개인 또는 사회에 해를 끼칠 수 있다고 생각하는 상품의 경우 그 수요를 감소시키는 마케팅 활동이다. 디마케팅의 목적은 수요를 완전히 없애는 것이 아니라 일시적 또는 영구적으로 수요를 낮추는 것이다. 주류산업은 알코올 중독과 과다음주에 의한 각종 문제발생으로 종종 공급자가 아닌 외부조직에 의해 사회적 디마케팅 운동의 대상되는 경우가 많다. 디마케팅의 주요 원인은 다음과 같다.

① 상품의 공급이 수요를 따라가지 못하는 경우
② 특정한 시장 또는 시간대에 수요가 폭증하는 경우
③ 이산화탄소를 줄이기 위한 석유제품의 사용을 줄이고자 할 경우
④ 개인이나 사회에 해를 끼칠 수 있는 상품을 판매할 경우

(2) 카운터마케팅

카운터마케팅은 디마케팅과 달리 외부조직이나 개인에 의해 상품의 수요를 완전히 없애는 것이 목적인 마케팅으로 역마케팅이라고도 한다. 금연 캠페인, 마약근절 캠페인 등 주로 공공성이 강한 마케팅으로 사회적 악영향이라는 개념이 보는 사람이나 관점에 따라 주관적이기 때문에 모든 나라나 지역에서 동일한 수준으로 일어나지는 않는다. 주류산업은 일반적으로 디마케팅의 대상이지만 특정지역, 특정단체나 개인에 의해 금주운동과 같은 카운터마케팅의 대상이 되기도 한다. Bar의 영업이 카운터마케팅의 대상이 되지 않기 위해서는 미성년자의 유흥음식점 출입금지, 일반음식점의 미성년자 주류판매 금지, 취객에 대한 주류판매 금지 및 안전조치, 음주운전 금지와 같은 활동을 적극적으로 실시할 필요가 있다.

2. Bar 마케팅 관리

1) 마케팅의 기능

Bar의 마케팅은 다음과 같은 주된 기능이 있다.

① 장기목적과 단기목표의 수립

② 상품과 경쟁업체에 대한 분석

③ 고객의 기호도 및 습관

④ 예산 수립

⑤ 신규시장의 발견

⑥ 비수기의 판촉방법 개발

⑦ 현재의 판촉현황에 대한 결과분석

⑧ 신규 매출증대요인 파악

⑨ 객단가 증대방안

⑩ 추정매출액 계산

2) 마케팅의 절차

마케팅은 상품, 고객, 판촉의 세 가지 부문에 대해 반복적이고 미래지향적으로 계획되어야 하며, 수행된 마케팅 활동에 대한 평가·분석을 통해 지속적인 피드백이 필요하다.

① Bar의 영업형태 결정

② **Bar의 영업환경 분석** : 거시환경, 소비자, 경쟁업소, 상권, 입지, 사업성 등

③ 사업목표 설정

④ 포지셔닝과 목표시장 결정

⑤ 마케팅믹스 결정

⑥ 마케팅 전략 결정

⑦ 마케팅 예산 결정

⑧ 마케팅 실시

⑨ 마케팅 활동 점검, 평가 및 Feed Back

3. Bar 마케팅믹스(Marketing Mix) 전략

마케팅믹스(Marketing Mix)는 기업이 목표시장에서 그 목적을 달성하기 위해 사용하는 통제 가능한 마케팅 변수(상품, 가격, 장소, 촉진)를 자기의 영업상황에 맞도록 조합한 것이다.

1) 가격(Price)전략

가격이란 메뉴나 서비스에 대한 대가이므로 가격수준에 따라 수요는 물론 다른 마케팅 믹스의 변수에도 영향을 받는다. 가격은 매출의 근본요소이므로 합리적으로 결정해야 한다. Bar에서는 각 메뉴별로 가격을 설정하는 것이 기본이만 특별행사를 통해 Set Menu로 가격을 결정하여 매출액을 증진시키는 것도 중요하다.

(1) 가격결정 요소
① 영업형태
② 주력메뉴 및 특별메뉴
③ 판매량
④ 원가(Cost) 및 이익
⑤ 고객 기호도
⑥ 경쟁업소
⑦ 물류 및 마케팅 비용
⑧ 법적 규제

(2) 가격결정 방법
가격결정 방법은 매우 다양하나 Bar 영업과 관련된 주요 방법은 다음과 같다.

가) 원가중심 가격결정법
① **원가가산 가격결정법** : 메뉴 생산에 들어간 원가에 일정비율의 목표수익률을 가산하여 가격을 결정하는 방법

② **목표이익 가격결정법** : 목표이익을 정해두고 이를 기준으로 가격을 결정하는 방법

나) 수요중심 가격결정법

① **지각가치 가격결정법** : '생맥주 1잔의 가격'과 같이 소비자에게 널리 지각된 메뉴의 가격을 결정하는 방법이다. 판매가격과 지각된 가격의 차이가 크면 구매저항이 발생한다.

② **수요차별 가격결정법** : 메뉴에 대한 수요가 공급보다 많으면 가격을 인상하고 적으면 가격을 인하하는 방법이다.

다) 경쟁중심 가격결정법

시장대응 가격결정법으로 시장에서 가격 선도자의 가격을 따르거나 경쟁업소의 가격을 반영하여 가격을 결정하는 방법이다.

라) 심리적 가격결정법

① **단수가격 결정법** : 메뉴의 가격 책정 시 10,000원으로 하지 않고 9,985원과 같이 가격의 끝수를 줄여 구매자에게 합리적으로 가격이 책정된 것 같은 느낌을 주거나 싸게 느껴지도록 가격을 결정하는 방법이다. 또 고가의 메뉴는 500,000원에 1,500원에 불과한 가격을 더해 501,500원으로 책정함으로써 가격이 매우 합리적으로 결정된 것 같은 느낌을 주는 역단수 가격결정 방법을 사용하기도 한다.

② **가격 단계화** : 메뉴의 가격에 일정수준 이상의 차이가 있어야 구매저항이 생기는 가격차이를 인식하는 소비자의 심리를 이용한 가격결정 방법이다. 일반적으로 소비자는 가격대가 높아질수록 계단의 차이가 커야 구매저항이 생기는 가격차이를 느낀다(5,500원, 6,000원, 6,500원, …10,000원, 11,000원, 12,000원… 50,000원, 55,000원 등).

③ **긍지가격 결정법** : 명성가격 결정법이라고도 하며 희소성과 높은 가격으로 인해 다른 사람이 구입(소비)하지 못하는 상품을 구입(소비)한다는 긍지에서 비싼 가격을 지불하는 심리를 이용한 가격결정 방법으로 고가의 주류나 명품의 마케팅에 이용된다.

④ **촉진가격 결정법** : 고객을 유치하기 위해 특정메뉴나 상품의 가격을 원가 이하로 책정하는 방법이다.

마) 할인 가격결정법

① **수량할인 가격** : 동일 메뉴의 대량 구매 시에 적용하는 할인 가격결정방법이다.

② **현금할인 가격** : 현금계산 시에 적용하는 할인 가격결정방법이다.

③ **거래할인 가격** : 단골고객이나 회사에게 적용하는 할인 가격결정방법이다.

④ **계절할인 가격** : 비수기에 영업 활성화를 위해 적용하는 할인 가격결정방법이다.

⑤ **판매촉진할인 가격** : Happy Hour, 특별 프로모션 등 판촉행사 시에 적용하는 할인 가격결정방법이다.

2) 상품(Product)전략

상품은 목적과 기준에 따라 매우 다양하게 분류된다. 이러한 상품의 분류방법 중 Bar 영업에 적합한 분류방법을 정하고 이를 마케팅에 이용하는 것이 중요하다.

(1) 상품의 종류

가) 서비스 형태에 따라

① **인적 서비스 상품** : Bar 종사원에 의한 인적 서비스이다.

② **물적 서비스 상품** : 메뉴, 시설, 인테리어, 가구, 집기 및 비품, 음악 등이다.

③ **시스템적 서비스 상품** : 주문의 편리성, Bottle Keeping 제도, 마일리지제도, 할인제도, 신용카드 사용제도, 주차서비스 등 고객의 편익을 증진시켜 주는 각종 시스템적 상품이다.

특히 Bar의 영업은 메뉴 그 자체보다 인적 서비스와 시설, 분위기, 음악 같은 요소가 더 중요한 상품이 되는 경우도 많다. 따라서 Bar의 운영자는 영업 콘셉트에 맞는 상품의 품질관리에 유의해야 한다.

나) 상품의 형태에 따라

① **유형상품(Tangible Product)** : 고객이 값을 지불하고 구매하는 유형의 실체적 상품으로 Bar에서는 각종 주류, 칵테일, 안주 등의 메뉴 상품이다.

② **무형상품(Intangible Product)** : 유형상품의 판매에 필요하거나 기여하는 인적 서비스, 시설, 집기, 비품 등과 같은 서비스 상품이다.

다) 상품의 구성요소에 따라

Bar의 상품은 제공된 메뉴, 가치, 혜택, 편익이 총체적으로 어우러진 복합체이다. 상품은 크게 핵심상품, 실체상품, 증폭상품으로 구성된다. 칵테일 Gin&Tonic을 예로 설명하면 다음과 같다.

① **핵심상품(Core Product)** : 소비자가 상품을 소비함으로써 얻을 수 있는 핵심적인 효용으로 진토닉의 알코올, 맛, 향, 멋이 해당된다.

② **실체상품(Actual Product)** : 소비자가 보고, 향을 맡고, 맛을 볼 수 있도록 만들어진 물리적 실체의 유형상품으로 보통 상품이라고 하면 이 실체상품을 말한다. 즉 칵테일로 제공된 Gin&Tonic 그 자체이다.

③ **증폭상품(Augmented Product)** : 실체상품에 추가하여 제공되는 서비스나 편익으로 확장상품이라고도 한다. Gin&Tonic을 마시는 Bar의 분위기, 바텐더의 조주 퍼포먼스, 사용한 칵테일글라스의 모양, 레몬 장식의 모양, 머들러(Muddler)의 모양, 잔받침(Coaster), 서비스 자세, 애프터서비스 등 이다.

라) 메뉴의 종류에 따라

Bar의 메뉴는 크게 식료메뉴(Food Menu)와 음료메뉴(Beverages)로 구분된다.

① **식료메뉴**

Bar에서 판매되는 식료메뉴는 주로 안주류이나 식사를 하지 않은 고객을 위한 식사메뉴도 준비해야 한다. 특히 Bar에서는 고객이용률이 낮은 초저녁 시간대의 영업활성화를 위해 다양한 식사메뉴를 준비함으로써 적극적인 식사고객 유치가 필요하다. 또 일반 음식점으로 허가받아 낮에도 영업을 하는 펍바(Pub Bar)에서는 식료매출액 비율이 음료매출액 비율보다 더 크기 때문에 식료메뉴 판매에 대한 더 큰 노력이 필요하다.

② **음료메뉴**

음료메뉴는 Bar의 주력상품이다. 따라서 Bar의 영업 콘셉트에 맞는 음료메뉴와 시중에서 인기 있는 주류의 구비 및 주류 소비패턴의 변화를 반영한 메뉴의 교체도 매우 중요하다.

• Wine Bar : 와인바는 비교적 고객의 욕구가 다양하고 전문지식을 가진 고객이 많다. 따라서 산지별·종류별·등급별로 각종 와인을 구비해야 한다. 특히 매년 발표되는 세계 각국의 와인시장 동향을 파악하고 세계 유명 와인경진대회 수상 와인, 저명한 와인전문가들의 추천와인은 물론 국내외의 인기와인을 구비해 고객의 욕구를 충족시켜야 한다. 다만 와인의 종류가 대단히 많으므로 재고비용을 고려해 팔릴 수 있는 와인을 선별하여 구매하는 것이 중요하다.

Bar의 음료상품

Alcoholic Beverages (주류)	Fermented Beverages (양조주)	와인	Table Wine, Dessert Wine, Sparkling Wine, Fortified Wine, Vermouth	
		맥주	각 나라별 Premium, Regular Beer, 생맥주	
		전통주	주요 전통주(탁주, 약주, 청주)	
		사케(Sake)	일본 각 지역의 유명 사케	
	Distilled Beverages (증류주)	위스키 (Whisky)	각국별	Scotch, American, Canadian, Irish, Japanese
			품질별	Premium, Regular Whisky
			원료별	Malt Whisky, Blended Whisky
		진(Gin)	주요 브랜드별 Gin	
		보드카(Vodka)	주요 브랜드별 Vodka	
		럼(Rum)	주요 브랜드별 Light Rum, Dark Rum	
		테킬라(Tequila)	주요 브랜드별·등급별 Tequila	
		브랜디(Brandy)	Grape	Cognac, Armagnac, Grappa
			Apple	Calvados
			Cherry	Kirsch…
		소주 및 전통주	희석식 소주, 증류식 소주, 증류식 전통주 등	
	Compounded Beverages (혼성주)	리큐르(Liqueurs)	주요 인기 리큐르	
		비터(Bitters)	Campari, Angostura Bitter, Jägermeister 등	
		칵테일	클래식 칵테일, 창작 칵테일, 계절 칵테일, 플레어(Flair) 칵테일 등	
Non-Alcoholic Beverages (비주류)	Soft Drink (청량음료)	탄산음료	무향탄산음료	천연광천수, 인공광천수, Soda Water
			착향탄산음료	Cola, Cider, Ginger Ale
		무탄산음료	생수, 각종 Mineral Water	
	Nutritious (영양음료)	주스류(Juice)	각종 주스류	
		곡류음료	두유 등 곡류음료	
		발효음료류	유산균음료, 효모음료	
	Fancy Taste(기호음료)		Coffee, Tea, Cocoa 등	
	Healthy Drinks(기능성 음료)		각종 Sports음료, 인삼 Drinks 등	

(2) Bar의 상품믹스(Product Mix)

Bar에서 판매하는 상품은 메뉴가 대부분이므로 메뉴믹스(Menu Mix), 또는 메뉴구색을 의미한다. Menu Mix는 다시 메뉴의 넓이, 길이, 깊이로 구분된다.

Bar에서 Menu Mix의 넓이는 성격이 다른 메뉴계열의 수로 크게 주류, 음료류, 식사와 안주류의 3가지 계열로 구분할 수 있다. 메뉴의 길이는 각 메뉴계열에서 동종상품의 수를 의미하며 위스키, 진, 보드카 등 다양하게 구분할 수 있다. 또 메뉴의 깊이는 위스키 브랜드의 수, 진 브랜드의 수, 보드카 브랜드의 수와 같이 각 주종별 품목 수를 의미한다. 이와 같은 구분은 절대적인 것은 아니고 각 Bar의 영업 콘셉트에 적합하도록 구분하여 메뉴를 구비해야 한다. 위스키를 예로 들어 메뉴믹스를 설명하면 다음과 같다.

🍷 메뉴믹스

Menu Mix	Bar의 Menu Mix(Whisky의 예)
메뉴 넓이	주류, 음료류, 식사 및 안주류
메뉴 길이	위스키, 진, 보드카, 럼, 테킬라, 브랜디, 리큐르, 와인, 맥주, 칵테일…
메뉴 깊이	Ballantine's 17 Years, Chivas Regal, Glenfiddich, Jim Beam…

3) 유통(Place)전략

제조업은 상품의 생산자와 소비자 사이에 장소적 불일치가 발생하므로 이를 해결해 주는 마케팅 활동이 수반되어야 하는데 이를 유통전략 또는 물적 유통(Physical Distribution)이라 한다. Bar는 고객이 방문하여 이용하므로 생산과 소비의 동시성으로 인해 장소적 불일치의 문제가 없으나 체인점, 분점형태의 Bar에서는 대량구매 또는 공동구매에 의한 원가절감 효과가 크기 때문에 유통전략도 매우 중요하다.

4) 촉진(Promotion)전략

(1) 촉진의 의의

촉진전략이란 고객이 될 수 있는 사람들에게 적절한 정보를 제공·설득하고, 영향력을 행사함으로써 수요 욕구를 일으키고자 하는 모든 활동과 관련된 전략이다. Bar의 고객은 특정 브랜드의 주류에 대한 애호도가 높은 경우가 많으므로 신규상품에 대해서는 무관심하거나 구매저항(Purchase Resistance)을 나타내기도 한다. 촉진전략에는 4가지의 촉진믹스(Promotion Mix)가 있다.

① 광고(Advertising)
② 인적 판매(Personal Selling)
③ 판매촉진(Sales Promotion)
④ 홍보와 선전(Public Relation and Publicity)

가) 광고(Advertising)

① 광고의 개념

광고란 광고주가 신문, 방송과 같은 유상의 매체를 통해 유료로 시행하는 비인적 형식의 정보전달활동이다. 광고는 다른 촉진믹스에 비해 그 선택된 대상자가 가장 많으며 공공성이 크다. 또한 광고주에게는 반복가능성, 소비자에게는 비교가능성이 있으나 소비자에 대한 소구력은 상대적으로 낮다.

② 광고전략

Bar의 광고는 Bar의 위치와 특징 등을 알리는 회사광고와 특별행사나 신규메뉴 등을 알리는 메뉴광고가 있다.

광고전략은 광고의 목적, 예산, 내용, 매체, 시기 등을 고려해서 결정해야 한다.

우리나라의 경우 주류의 광고는 TV와 라디오에서 금지되어 있으므로 주류의 광고는 인쇄매체를 이용하는 것이 효과적이다. 또 Bar의 위치와 영업관련 광고는 광범위한 지역을 대상으로 하는 신문이나 잡지보다 고객의 접근성이 용이한 상권 안에 보내는 DM이 더 효과적이다.

인쇄매체 광고는 신문, 잡지, DM 등이 있으며 주요 장단점은 다음과 같다.

인쇄매체 광고의 장단점

구 분	장 점	단 점
신문	• 설득력이 강하고 신뢰도가 높다. • 대중에게 동시에 대량광고를 할 수 있다.	• 광고수명이 짧다. • 광고크기에 따른 효과의 차이가 크다. • 경쟁사보다 많은 광고회수가 강조된다. • 조·석간과 지방신문, 지면에 따른 효과의 차이가 크다.
잡지	• 독자층이 명확하여 효율성이 높다. • 회독률이 높으며 시각소구에 적당하다. • 수명이 길다.	• 인쇄규격 및 구독지역이 좁다. • 광고를 자주 할 수 없다. • 적시, 적소광고가 힘들다. • 주간, 월간, 계간 및 지면에 따른 효과의 차이가 크다.
DM	• 개성적·주관적인 매체이다. • 표적고객에게만 전달할 수 있다. • 규격, 형태, 문안, 색상 등 원하는 형태로 제작이 용이하다. • 인간적인 접촉효과가 크다. • 광고효과 측정이 용이하다.	• 수신인의 주소 입수가 어렵다. • 고객의 변동사항 파악이 어렵다. • 단위당 광고비용이 비싸다. • 고객의 흥미를 유발하는 오락성이 부족하다.

P.O.P는 Point of Purchase의 약자로 구매시점에서의 광고를 말한다. 상품이 구매 또는 소비되는 장소에서의 모든 광고형태를 말하는데 Bar에서의 P.O.P광고는 매우 큰 효과를 나타낸다. 일반적으로 P.O.P는 포스터, 현수막과 같이 판매장소에 비치되거나 게시된 유형의 광고물을 의미한다.

나) 인적 판매(Personal Selling)

인적 판매란 고객 또는 예상고객과의 직접 대화를 통해 자사의 제품이나 서비스를 구매하도록 설득하는 활동이다. Bar 사업은 인적 서비스 의존성이 매우 높은 사업이므로 인적 판매가 매출에 미치는 영향은 매우 크다.

인적 판매는 고객의 욕구를 가장 잘 파악할 수 있는 수단으로 고객이 적을 때, 경쟁업체가 많을 때, 고가의 상품일 때, 고객특성이 다양할 때, 메뉴에 대한 전문적인 설명이 필요할 때 특히 큰 효과를 나타낸다. 따라서 인적 판매의 효율성을 높이기 위해서는 급여, 상여금, 조직 분위기, 포상 등 판매동기 유발 제도의 시행이 중요하다.

다) 판매촉진(Sales Promotion)

판매촉진(Sales Promotion)은 단기적인 전술적 판매증진 수단으로 궁극적인 목적은 매출의 극대화에 있다. 즉 기업의 제품이나 서비스를 고객들이 구매하도록 유도하는 행위로 상품과 서비스에 대한 정보를 제공하거나 설득하여 판매를 증가시키는 모든 활동을 말한다. Bar에서의 중요한 판촉수단은 각종 특별행사, 경품 및 기념품 제공, 고객 콘테스트, 시음주류 제공, 마일리지카드, 무료 또는 할인권, P.O.P, 현수막, 깃발, 전단지, 인기 연예인 공연 등이 있다. Bar의 주요 판촉행사는 다음과 같다.

 Bar의 주요 판촉행사

행사 구분		주요 행사
계절행사	봄	Strawberry Cocktail 축제
	여름	Tropical Cocktail 축제
	가을	Oktoberfest, Beaujolais Nouveau Festival
	겨울	X-Mas, New Years Eve, Alcoholic Coffee축제 등
주종별 행사	Wine	Wine Makers Promotion, Champagne Gala Dinner
	Whisky	각종 Whisky Promotion
	Brandy	각종 Cognac Promotion
	기타 주류	각종 Gin, Vodka, Rum, Tequila, 사케 Promotion
	전통주	각종 전통주 프로모션
	맥주	각종 맥주, 생맥주 페스티벌
기념일 행사	발렌타인데이	발렌타인데이 프로모션
	화이트데이	화이트데이 프로모션
	생일	생일기념 고객 할인
	결혼식	결혼식 기념 고객 할인
	성년의 날	성년의 날 기념 고객 할인
	핼러윈데이	핼러윈데이와 호러 축제
	Open기념일	Bar 오픈기념일 행사
특별할인행사		Happy Hour 할인, Bottle Sales 할인, 여성고객할인, 월드컵 이벤트 등
고객참가행사		Dance, 가라오케, Best Dresser 경진대회 등

라) 홍보와 선전(Public Relation and Publicity)

홍보(Public Relation)는 회사에 대한 일반인의 인식이나 신뢰감을 높여 회사에 대한 좋은 이미지를 형성함으로써 우호적인 태도와 애호도(Loyalty)를 증진시키는 활동이다.

판촉은 1차적 목적이 판매증진에 있지만 홍보는 1차적 목적이 판매증진이 아니고 회사에 대한 우호적 이미지와 신뢰감 조성이다. Bar에서의 주요한 홍보 내용은 다음과 같다.

① **메뉴 이미지** : 맛, 양, 차림새, 구색

② **가격 이미지** : 고가격, 저가격

③ **판매촉진 이미지** : 광고, 전단, 캠페인, 간판

④ **영업장 이미지** : Bar 명칭, 소재지, 규모, 인테리어, 익스테리어, 입지, 위생

⑤ **종사원 이미지** : 접객태도 및 기술, 복장

⑥ **커뮤니케이션 이미지** : 평판에 의한 이미지, 지역과의 PR활동 이미지

선전(Publicity)은 홍보와 유사하지만 비용을 지불하지 않으면서도 광고매체에 사업적 목적의 뉴스를 제공하여 보도하게 하는 활동이다. 외형상 사실보도라는 형식을 취함으로써 판매의도를 나타내지 않으면서도 영업장이나 상품에 대한 신뢰도를 증진시키는 효과가 있다. 따라서 평소 신문사, 잡지사, TV, 라디오의 관계자들과 유대관계를 형성하는 것이 중요하다. 중요한 선전수단은 다음과 같다.

① 금일의 주요 뉴스와 연결시킨다.

② 유명인사를 영업장으로 초대하여 인터뷰한다.

③ 주류산업의 전망에 대한 분석자료를 제공한다.

④ 규모가 큰 주류관련 대회를 유치하거나 참가하도록 한다.

⑤ 명절과 각종 기념일에 특별행사를 갖거나 참가한다.

⑥ 무료시식권이나 상품 등을 제공한다.

⑦ 공공성이 강한 특별 쇼를 주최한다.

제2부

음료총론

Beverages in General

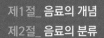

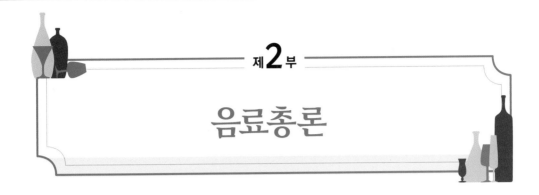

제**2**부

음료총론

제1절_ 음료의 개념

식음료란 일반적으로 우리가 먹고 마시는 것을 말한다. 이 중에서 먹는 것을 식료(食料)라 하고 마시는 것을 음료(飲料)라 한다. 전 세계적으로 식료와 음료를 구분하는 통일된 개념은 없다. 우리나라 「식품위생법」에서는 "식품이란 모든 음식물(의약으로 섭취하는 것은 제외한다)을 말한다"라고 정의하여 식료와 음료의 구별을 하지 않고 있다.

국어사전에서는 "음료란 사람이 마실 수 있도록 만든 액체를 통틀어 이르는 말"이라 정의하고 있으며 웹스터사전에서는 "음료란 물 이외의 액체상태의 마시는 것"으로 정의하고 있다. 식료와 음료의 구분은 명확하지 않지만 주목적이 에너지를 얻기 위해 먹거나 마시는 것을 식료(食料)라 하고, 에너지 섭취가 주목적이 아닌 마시는 것을 음료(飲料)라고 한다. 따라서 우유나 맑은 수프같이 에너지를 얻기 위해 마시는 것들은 액체라도 식료로 구분된다. 또 질병의 예방 및 치료를 위해 먹고 마시는 의약품은 식음료의 개념에 속하지 않는다.

우리나라 식품의약품안전처(식약처)의 식품공전 18항에서는 "음료류라 함은 과일·채소류음료, 탄산음료류, 두유류, 발효음료류, 인삼·홍삼음료, 기타 음료 등 음용을 목적으로 하는 식품(다만, 주류, 다류, 무지유고형성분이 3% 이상인 음료는 제외)을 말한다"고 정의함으로써 다류, 커피, 주류는 음료류의 개념에서 제외하고 있다. 이렇듯 학술적인 개념에서는 다류, 커피, 주류를 모두 음료로 취급하지만 법률적인 구분은 나라에 따라 다르다.

음료는 영어로 'Beverages'라고 한다. 또 'Drinks'라는 용어도 음료를 지칭하지만 알코올성 음료(Alcoholic Beverages)의 의미가 더 크다. 서구에는 우리나라의 '술'과 같은 개념의 용어는 없으며 'Drinks, Wine, Liquor, Alcoholic Beverage, Alcohol' 등의 용어를 사용한다. 'Wine'은 포도주를 의미하나 학술적으로는 모든 과실 발효주를 말하며 또 단순히 '술'을 의미하기도 한다. 이는 'Beer'가 맥주를 지칭하나 일부 국가에서는 '술'이라는 의미로 사용되는 것과 같다. 또 'Liquor'는 증류주를 의미하나 '술'이라는 의미로도 사용된다. 따라서 명확한 구분을 위해 알코올성 음료는 'Alcoholic Beverages, Hard Drinks', 비알코올성 음료는 'Non-Alcoholic Beverages, Soft Drinks'로 표시한다. 또 증류주를 지칭할 경우에는 'Hard Liquor', 또는 'Spirits'라고 표시하여 뜻을 명확히 하기로 한다.

제2절_ 음료의 분류

1. 학술적 분류

음료의 분류는 재료, 제조과정, 용도, 주된 특성 등을 기준으로 현존하는 제품뿐만 아니라 장래에 출현할 수 있는 상품까지도 포함시킬 수 있는 포괄성과 한 제품이 분류체계의 2곳 이상에 속해서는 안 되는 단일 분류성, 또 국제적으로 통일된 용어를 사용하여 모든 이용자가 이해할 수 있도록 용어의 객관성이 있어야 한다.

음료의 분류는 기준에 따라 다양하지만 대표적인 분류방법으로는 2가지가 있다.

1) Sylvia Meyer의 음료 분류

Sylvia Meyer, Edy Schmid, Cristel Spühle는 최종 상품이 바로 마실 수 있는 액체상태인가를 기준으로 완성음료(Ready to Drink Beverages)와 미완성음료(Prepared Drinks)로 구분하고 이를 다시 알코올성 음료와 비알코올성 음료로 구분하였다. 즉 완성음료는 바로 마실 수 있는 상태로 만들어진 음료를 말하고, 미완성음료는 마시기 위해 특별한 내용물을 더하거나 별도의 준비가 필요한 음료를 말한다. 미완성음료 중 Coffee, Cocoa, Tea 등은 고형상태로 되었을 때 음료가 아닌 식품으로 취급되는 경우가 많으며 우리나라도 다류, 커피는 음료류와 별도로 분류하여 식품으로 취급하고 있다.

Sylvia Meyer의 음료 분류

Beverages	Ready to Drink Beverages	Alcoholic	Wines, Beers, Spirits, Liqueurs, Aperitif
		Non-Alcoholic	Mineral Water, Juice, Soda Pops
	Prepared Drinks	Alcoholic	Cocktails, Mulled Wines
		Non-Alcoholic	Coffee, Tea, Cocoa, Squeezed Juice

2) Grossman의 음료 분류

Grossman은 음료를 알코올성 음료(Alcoholic Beverages)와 비알코올성 음료(Non-Alcoholic Beverages)로 나누고 알코올성 음료는 다시 양조주(Fermented), 증류주(Distilled), 혼성주(Compounded)로 세분한 후 이들을 원료 및 특성, 산지 등의 기준으로 다시 분류하고 있다. 이러한 분류는 대단히 과학적이고 체계적인 분류여서 많이 이용되고 있다. 특히 Grossman은 Gin을 혼성주(Compounded Beverages)로 분류하고 있다. 이는 Gin의 제조 시 Juniper Berry를 넣어 혼성주 제조방법의 하나인 증류법으로 착향하는 과정이 있기 때문이다. 그러나 일반적으로는 Gin을 전통적인 6대 증류주(Whisky, Gin, Vodka, Rum, Tequila, Brandy)의 하나로 분류하고 있다.

2. 산업적 분류

현재 산업계에서 일반적으로 사용되는 음료의 분류체계로 Grossman의 주류분류체계에 비알코올성 음료체계를 합한 분류방식이다. Grossman의 분류체계에서는 Gin을 혼성주로 분류하고 있으나 산업계에서는 Gin을 전통적인 증류주로 취급하고 있다. 또 방향성 와인(Aromatized Wine, Vermouth)이 Wine에 속하는지, 혼성주에 속하는지에 대한 논란도 많으나 산업계에서는 일반적으로 Wine으로 분류하고 있다. 우유가 음료인지 식료인지에 대한 구분도 명확하지 않아 우유를 음료에 포함시키는 경우도 있으나 우유를 마시는 주목적이 영양분의 섭취이므로 식료(Food)로 분류하고 우유를 발효시킨 요구르트는 영양분 섭취가 주목적이 아니므로 음료로 분류한다. 또 다량의 영양분을 함유하고 있는 주스(Juice)도 영양분 섭취가 주목적이 아니므로 음료로 분류한다.

Grossman의 음료 분류 : Alcoholic Beverages

Alcoholic Beverages	Fermented Beverages	Grapes	Aperitif Wines, Table Wines, Dessert Wines, Sparkling Wines, Vermouth		
		Other Fruits	Cider, Perry, Citrus, Others		
		Grain	Ale, Beer, Porter, Sake, Others		
		Miscellaneous	Rice, Pulque, Palm, Others		
	Distilled Beverages	Grain	Whiskies	American	Bottled in Bond Straight Whisky Whisky Blends
				Imported	Scotch, Canadian Irish, Japanese
				Neutral Spirits	Spirits Blends
			Vodka		
			Neutral Spirits		
		Sugarcane by Products	Rum	Light	Cuba, Puerto Rico, Virgin Islands, Haiti
				Heavy	Barbados, Guyana, Jamaica, Demerara, Martinique
				Aromatic	Batavia Arak
			Neutral Spirits		
		Plants and Roots	Agave	Tequila	
			Ti-Roots	Okolehao	
		Fruit	Brandy	Grape	Cognac, Armagnac, Marc, Others
				Apple	Calvados, Applejack
				Cherry	Kirsch
				Pear	Pore
				Plum	Quetsch, Mirabelle, Slivovitz
				Raspberry	Framboise
		Miscellaneous			
	Compounded or Redistilled Beverages	Gin	London Dry, Holland, Flavored		
		Liqueurs	Flowers, Fruits, Plants, Others		
		Bitters	Aromatic, Fruits		
		Miscellaneous	Aquavit, Anise, Prepared Cocktails		

🍷 산업적 음료의 분류

Alcoholic Beverages	Fermented Beverages (양조주)	Grapes	Table Wine, Dessert Wine, Sparkling Wine, Fortified Wine, Vermouth		
		Other Fruits	Apple(Cider), Pear(Perry), Citrus, Others		
		Grain	Beer, Sake, 청주, 탁주, 약주, 기타		
		Miscellaneous	Pulque, Palm, Others		
	Distilled Beverages (증류주)	Grain	Whiskies : Scotch, American, Canadian, Irish, Japanese		
			Gin : London Dry, Holland		
			Vodka		
			Neutral Spirits		
		Sugarcane by Products	Rum	Light	Cuba, Puerto Rico, Virgin Islands, Haiti
				Heavy	Barbados, Guyana, Jamaica, Demerara, Martinique
				Aromatic	Batavia Arak
			Neutral Spirits		
		Agave	Tequila		
		Ti-Roots	Okolehao		
		Fruit	Brandy	Grape	Cognac, Armagnac, Marc, Others
				Apple	Calvados, Applejack
				Cherry	Kirsch
				Pear	Pore
				Plum	Quetsch, Mirabelle, Slivovitz
				Raspberry	Framboise
		Miscellaneous	소주		
	Compounded Beverages (혼성주)	Liqueurs	Fruits, Plants, Anise, Others		
		Bitters	Aromatic, Fruits		
		Miscellaneous	Prepared Cocktails		
Non-Alcoholic Beverages	Soft Drink (청량음료)	Carbonated	무향탄산음료	천연광천수, 인공광천수, Soda Water	
			착향탄산음료	Cola, Cider, Ginger Ale	
		Noncarbonated		Mineral Water	
	Nutritious (영양음료)	과실·채소음료	과·채주스	천연 과·채즙 95% 이상	
			과·채음료	천연 과·채즙 10~95% 미만	
			혼합음료	천연 과·채즙 10% 미만	
		두유류		두유, 기타 두유	
		발효음료류		유산균음료, 효모음료	
	Fancy Taste(기호음료)			Coffee, Tea, Cocoa	
	Healthy Drinks(기능성 음료)			각종 Sports음료, 인삼 Drinks	
	Others			기타 혼합음료	

3. 법률적 분류

우리나라에서 알코올성 음료(주류)는 「주세법」에서, 비알코올성 음료는 「식품위생법」에서 분류하여 관리하고 있다. 「주세법」 제3조에서 "주류라 함은 주정과 알코올분 1도 이상의 음료를 말하며 약사법에 의한 의약품으로서 알코올분 6도 미만의 것을 제외한다"고 정의하고 있다. 주류의 알코올 도수 표기는 각 나라별로 허용오차 범위가 다르며 우리나라는 「주세법」에서 ±0.5도를 허용하고 있다. 다만 살균하지 않은 탁주 및 약주는 (−0.5) ~ (+1)도를 허용하고 있다.

1) 주류의 분류

(1) 주류의 종류

주류의 종류는 「주세법」 제4조에서 아래와 같이 총 12가지로 분류하고 있다.

- 주정(酒精)
- 발효주류 : 탁주, 약주, 청주, 맥주, 과실주
- 증류주류 : 소주, 위스키, 브랜디, 일반증류주, 리큐르
- 기타 주류

(2) 주류의 정의

우리나라 「주세법」과 식약처의 식품공전에 의한 각종 주류의 정의를 요약하면 다음과 같다.

① 주정

「주세법」에서 주정은 알코올분 95도 이상으로 하되 곡물로 만든 주정은 알코올분이 85도 이상 90도 이하로 증류한 것.

② 탁주

녹말이 포함된 재료(발아시킨 곡류는 제외)와 국(麴) 및 물을 원료로 하여(당분, 과실, 채소류 등을 첨가할 수 있음) 발효시킨 술덧을 여과하지 아니하고 혼탁하게 제성한 것.

③ 약주

녹말이 포함된 재료(발아시킨 곡류는 제외)와 국(麴) 및 물을 원료로 하여(당분, 과실, 채소류 등을 첨가할 수 있음) 발효시킨 술덧을 여과하여 제성한 것.

④ 청주

곡류 중 쌀(찹쌀 포함), 국(麴) 및 물을 원료로 하여 발효시킨 술덧을 여과하여 제성한 것 또는 그 발효·제성과정에 대통령령으로 정하는 재료를 첨가한 것.

⑤ 맥주

엿기름(맥아) 또는 맥아와 전분질원료(밀·쌀·보리·옥수수·수수·감자·녹말·당분·캐러멜), 호프 및 물을 원료로 하여 발효시켜 여과한 뒤 인공적으로 탄산가스가 포함되게 제성한 것.

⑥ 과실주

과실 또는 과실과 물을 원료로 하여(당분, 과실, 과실즙, 주류 등을 첨가할 수 있음) 발효시킨 술덧을 여과하여 제성하거나 나무통에 넣어 저장한 것.

⑦ 소주

증류식 소주와 희석식 소주로 구분해 왔으나 2013년 개정된 「주세법」에서 '소주'로 명칭을 통일하였음.

> • **증류식 소주** : 녹말이 포함된 재료, 국(麴)과 물을 원료로 하여 발효시켜 연속식 증류 외의 방법으로 증류한 것. 다만 발아시킨 곡류를 원료로 사용하거나 자작나무숯 등으로 여과한 것은 제외하며 나무통에 넣어 저장시킬 수 있음.
> • **희석식 소주** : 주정을 물로 희석한 것으로 대통령령으로 정하는 재료를 첨가하거나 나무통에 넣어 저장할 수 있음.

⑧ 위스키

발아된 곡류와 물을 원료로 하여 발효시킨 술덧을 증류해서 나무통에 넣어 저장한 것과 저장된 것을 혼합한 것.

⑨ 브랜디

과실(과즙 포함) 또는 이에 당질을 넣어 발효시킨 술덧이나 과실주를 증류하여 나무 통에 넣어 저장한 것. 또는 이에 주류 등을 첨가한 것.

⑩ 일반증류주

전분질 또는 당분질을 주원료로 하여 발효·증류한 것 또는 증류주를 혼합한 것으로 주정, 소주, 위스키, 브랜디 이외의 주류.

> • **고량주** : 수수 또는 옥수수, 그 밖에 녹말이 포함된 재료와 국(麴)을 원료로 하여 물을 뿌려 섞은 것을 밀봉하여 발효시켜 증류한 것.
> • **럼** : 사탕수수, 사탕무, 설탕(원당 포함) 또는 당밀 중 하나 이상의 재료를 주된 원료로 하여 물과 함께 발효시킨 술덧을 증류한 것.
> • **진** : 술덧이나 그 밖에 알코올분이 포함된 재료를 증류한 주류에 노간주나무 열매 및 식물을 첨가하여 증류한 것.
> • **보드카** : 주정이나 그 밖에 알코올분이 포함된 재료를 증류한 주류를 자작나 무숯으로 여과하여 무색·투명하게 제성한 것.

⑪ 리큐르

증류주에 인삼, 과실(포도 등 발효시킬 수 있는 과실 제외) 등을 침출시킨 것이나 발효, 증류, 제성과정에 인삼, 과실(포도 등 발효시킬 수 있는 과실 제외)의 추출액을 첨가한 것, 또는 주정, 소주, 일반증류주의 발효, 증류, 제성과정에 「주세법」에서 정한 물료를 첨가한 것.

※ 학술적으로 리큐르는 혼성주에 속하지만 우리나라 「주세법」에서는 증류주로 구분하고 있음.

⑫ 기타 주류

기준 및 규격이 따로 제정되지 아니한 주류로서 용해하여 알코올분 1도 이상의 음료로 할 수 있는 가루상태인 것을 포함함.

(3) 주류의 알코올 도수 표시방법

① 용량분율 방법(% by Volume)

섭씨 15°C에서 술의 전체 용량 중 에틸알코올이 차지하는 용량(Alcohol Percentage by Volume)을 표시하는 방법이다. 프랑스의 게이뤼삭(Gay Lussac)이 고안한 방법으로 전 세계적으로 가장 많이 사용하는 방법이다. 알코올 도수를 표시하는 방법은 '43% Vol', '43% Alc/Vol', '43% by Volume', '43%' 등으로 다양하다. 우리나라에서는 '43도', '43°'라고도 표시한다.

② 미국식 표시방법

60°F(15.6°C)에서의 순수한 물을 0 Proof, 순수 에틸알코올을 200 Proof로 표시하는 방 법이다. 즉 '% by Volume'의 도수에 2를 곱한 것이 Proof 도수로 '40% = 80Proof'이다.

③ 독일식 표시방법(% by Weight)

독일의 Windich가 개발한 중량비율 표시방법이다. 즉 100g의 술에 들어 있는 알코올 의 무게(g)로 도수를 표시한다. 술 100g 중 알코올이 40g 들어 있으면 40%/Weight라고 표시한다.

④ 영국식 표시방법(Syke's Proof)

영국식 표시방법은 사이크(Syke)가 고안한 알코올 비중계에 의한 사이크 푸르프 (Syke Proof)로 표시한다. 51°F에서 같은 용적 증류수의 12/13의 무게가 있는 술을 'Proof Spirit'라고 한다. 이 'Proof Spirit'를 100으로 하고 물을 0, 순수 에틸알코올은 175로 하여 'Proof Spirit'가 100이 넘는 술을 Over Proof(O·P), 100이 넘지 않는 술을 Under Proof(U·P)로 표시한다. 이 방법에 의하면 물은 U·P100°C, 순수한 알코올은 O·P75°C 로 표시된다. 이 방법은 계산이 매우 복잡하고 쉽게 이해할 수 없어 현재는 거의 사용되 지 않는다.

⑤ 칵테일의 알코올 도수 계산방법

칵테일의 알코올 도수는 사용하는 음료의 알코올 도수와 사용량을 이용하여 계산할 수 있다.

$$\frac{(A재료\ 알코올\ 도수 \times 사용량) + (B재료\ 알코올\ 도수 \times 사용량) + \cdots}{(A재료의\ 양 + B재료의\ 양 + \cdots)} = 칵테일의\ 도수$$

예) Gin Tonic : Gin(40%) 1oz(30mL), Tonic Water 4oz(120mL)

　　　(40×30) + (0 ×120) /(30 +120) = 8.0%

※ 얼음을 넣을 경우 녹은 얼음의 양에 의해 도수가 더 낮아진다.

2) 비주류의 분류

식품의약품안전처의 식품공전에서는 음료에 해당하는 비주류를 다류(茶類)와 커피, 음료류로 분류하고 있다.

(1) 다류(茶類)

다류는 식물성 원료를 주원료로 하여 제조·가공한 기호성 식품으로서 식품유형에 따라 침출차, 액상차, 고형차로 구분한다.

① **침출차** : 식물의 어린 싹이나 잎, 꽃, 줄기, 뿌리, 열매 또는 곡류 등을 주원료로 하여 가공한 것으로서 물에 침출하여 그 여액을 음용하는 기호성 식품을 말한다.

② **액상차** : 식물성 원료를 주원료로 하여 추출 등의 방법으로 가공한 것(추출액, 농축액 또는 분말)이거나 이에 식품 또는 식품첨가물을 가한 시럽상 또는 액상의 기호성 식품을 말한다.

③ **고형차** : 식물성 원료를 주원료로 하여 가공한 것으로 분말 등 고형의 기호성 식품을 말한다.

(2) 커피

커피는 커피원두를 가공한 것이거나 또는 이에 식품 또는 식품첨가물을 가한 것으로서 볶은 커피(커피원두를 볶은 것 또는 이를 분쇄한 것), 인스턴트커피(볶은 커피의 가용성 추출액을 건조한 것), 조제커피, 액상커피로 구분한다.

(3) 음료류

음료류는 과일·채소류 음료, 탄산음료류, 두유류, 발효음료류, 인삼·홍삼음료, 기타 음료 등 음용을 목적으로 하는 식품을 말하며 유형에 따라 다음과 같이 분류된다.

가) 과일·채소류 음료

과일 또는 채소를 주원료로 하여 가공한 것으로서 직접 또는 희석하여 음용하는 것으로 농축과·채즙, 과·채주스, 과·채음료를 말한다.

① **농축과·채즙** : 과일즙, 채소즙 또는 이들을 혼합하여 50% 이하로 농축한 것 또는 이 것을 분말화한 것.

② **과·채주스** : 과일 또는 채소를 압착, 분쇄, 착즙 등 물리적으로 가공하여 얻은 과·채 즙 또는 이에 식품 또는 식품첨가물을 가한 것으로 과·채즙 95% 이상인 것.

③ **과·채음료** : 농축과·채즙 또는 과·채주스 등을 원료로 하여 가공한 것으로 과·채 즙 10% 이상 95% 미만인 것.

④ **혼합음료** : 과·채즙이 10% 미만인 것

나) 탄산음료류

탄산음료류라 함은 탄산가스를 함유한 탄산음료, 탄산수를 말한다.

① **탄산음료** : 먹는 물에 식품 또는 식품첨가물과 탄산가스를 혼합한 것이거나 탄산수 에 식품 또는 식품첨가물을 가한 것으로 탄산가스압(kg/㎠)이 0.5 이상인 것.

② **탄산수** : 천연적으로 탄산가스를 함유하고 있는 물이거나 먹는 물에 탄산가스를 가 한 것으로 탄산가스압(kg/㎠)이 1.0 이상인 것.

다) 두유류

두유류라 함은 대두 및 대두가공품의 추출물이거나 이에 다른 식품이나 식품첨가물을 가하여 제조·가공한 것으로 두유액, 두유, 분말두유, 기타 두유 등을 말한다.

① **두유액** : 대두로부터 추출한 유액으로 대두고형분 7% 이상인 것.

② **두유** : 두유액이나 대두가공품의 추출액에 식품 또는 식품첨가물을 가한 것으로 대

두고형분 4% 이상인 것.

③ **분말두유** : 두유 또는 조제두유를 건조하여 분말화한 제품으로 대두고형분 50% 이상인 것.

④ **기타 두유** : 두유에 과일·채소즙(과실퓨레 포함) 또는 유, 유가공품, 곡류분말 등을 가한 액상, 호상, 겔상의 것으로 대두고형분 1.4% 이상인 것.

라) 발효음료류

발효음료류라 함은 유가공품 또는 식물성 원료를 유산균, 효모 또는 미생물로 발효시켜 가공한 것을 말한다.

① **유산균음료** : 유가공품 또는 식물성 원료를 유산균으로 발효시켜 가공한 것.
② **효모음료** : 유가공품 또는 식물성 원료를 효모로 발효시켜 가공한 것.
③ **기타 발효음료** : 유가공품 또는 식물성 원료를 미생물 등으로 발효시켜 가공한 것.

마) 인삼·홍삼음료

인삼·홍삼음료는 인삼, 홍삼 또는 가용성 인삼·홍삼성분에 식품 또는 식품첨가물 등을 가하여 제조한 것으로 직접 음용할 수 있는 것을 말한다.

양조주

Fermented Beverages

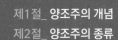

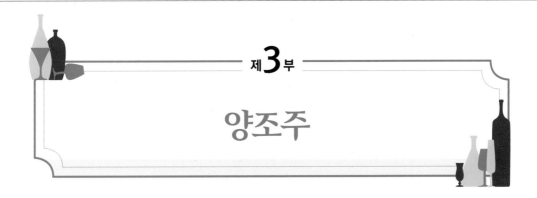

제3부

양조주

제1절_ 양조주의 개념

양조주는 전분(탄수화물)을 함유하는 곡물 및 구근류, 당분을 함유하는 과실 및 식물 등의 원료를 발효시켜 만든 주류이다. 따라서 양조주는 발효주라고도 한다. 대표적인 것으로는 곡물 등 전분을 함유한 원료로 만들어지는 맥주와 우리나라의 청주, 일본의 사케(Sake)가 있고, 과실 등 당분을 함유하는 원료로 만들어지는 와인, 사이더(Cider-Apple Wine)와 아가베(Agave)를 원료로 만들어지는 풀케(Pulque) 등이 있다.

이러한 양조주는 술의 제조방법으로 보아 인류가 가장 오래전부터 마셔온 종류이며 알코올의 함유량은 3~18% 정도이다.

주류의 원료

구 분	종 류
곡물(Grain)	쌀(Rice), 보리(Barley), 밀(Wheat), 호밀(Rye), 옥수수(Corn), 수수(고량; Sorghum), 조(Chinese Corn)…
과일(Fruits)	포도(Grape), 사과(Apple), 배(Pear), 버찌(Cherry), 감귤류(Citrus)…
구근(Roots)	감자(Potato), 고구마(Sweet Potato), 카사바(Cassava)…
식물(Plants)	아가베(Agave), 사탕수수(Sugarcane), 사탕무(Beet)…

1. 발효(Fermentation)

발효는 '불타오르다. 끓어오르다. 거품이 일다'라는 뜻의 라틴어인 Fervere에서 유래된 말이다.

어떤 유기물질이 산화, 환원, 분해 등 화학적 변화로 사람에게 이로운 다른 유기물질로 변했을 때 발효(Fermentation)라 하고, 해로울 때는 부패라 한다.

발효의 종류에는 여러 가지가 있으나 술과 관련된 것으로는 알코올발효(혐기적 발효)와 초산발효(호기적 발효), 유산(젖산)발효가 중요하다.

1) 알코올발효(Alcohol Fermentation)

알코올발효를 일으킬 수 있는 당분을 발효성 당(Zymo Hexose)이라고 한다. 단당류 중 포도당(Glucose)과 과당(Fructose)은 알코올발효가 쉽게 일어나지만 갈락토오스(Galactose)는 발효되기 어렵다. 또 이당류인 설탕(Sucrose), 엿당(맥아당-Maltose)은 바로 발효되지만 젖당(Lactose)은 특수효모를 이용해야 하므로 발효가 쉽지 않다. 따라서 실제로 알코올발효에 이용되는 당분은 단당류인 포도당과 과당, 이당류인 설탕과 맥아당이다. 이렇게 직접 발효시킬 수 있는 4종의 당을 발효성 당(Zymo Hexose)이라 한다.

🍷 당분의 종류

탄수화물	다당류	전분(Starch), 글리코겐(Glycogen), 이눌린(Inulin)
	이당류	설탕(Sucrose), 맥아당(Maltose), 젖당(Lactose)
	단당류	포도당(Glucose), 과당(Fructose), 갈락토오스(Galactose)

효모는 다당류에는 직접 작용하지 못하기 때문에 발효성 당으로 분해하는 해당과정(당화과정)이 필요하다. 발효방법에는 원료가 과실의 당분같이 발효성 당으로 되어 있어 주스를 짜 바로 발효시키는 단발효방식과 곡물이나 구근처럼 다당류로 되어 있어 당화와 발효의 과정을 거쳐야 하는 복발효방식이 있다. 복발효방식은 다시 맥주같이 먼저 전분을 당화한 뒤에 다음 공정에서 발효시키는 단행복발효방식과 청주 및 탁주, 약주 등과 같이 당화와 발효를 동시에 진행시키는 병행복발효방식이 있다.

🍷 발효의 방식

발효의 방식	단발효방식		와인
	복발효방식	단행복발효방식	맥주
		병행복발효방식	청주, 탁주, 약주

당분이 효모에 의해 알코올로 변하는 알코올발효식은 다음과 같다.

$$C_6H_{12}O_6 \xrightarrow[\text{(Zymase)}]{\text{효모}} 2C_2H_5OH + 2CO_2 + 48Kcal$$

(당분)   (알코올) (이산화탄소) (열)

전통적으로 발효는 효모(Yeast)에 의해 이루어졌으나 2004년부터 우리나라에서 상황버섯균사체를 이용한 발효방법을 개발함으로써 새로운 양조시대를 열게 되었다.

2) 초산발효(Acetic Acid Fermentation)

초산발효는 초산균이 알코올에 산소를 결합시켜 초산으로 변화시키는 발효로 와인이나 탁주같이 알코올 도수가 낮은 양조주를 시어지게 하는 가장 큰 원인이 된다. 초산균은 일반세균과 달리 알코올 도수 18도 정도에서도 살 수 있기 때문에 장기보관을 위해서는 살균하거나 초산균이 살 수 없는 알코올 20도 이상의 술을 만들어야 하나 효모의 특성상 20도가 넘는 양조주를 만들기는 어렵다.

$$C_2H_5OH + O_2 \xrightarrow{\text{초산균}} CH_3COOH + H_2O + 115Kcal$$

(알코올) (산소)   (초산)   (물)   (열)

2. 효모(Yeast)

효모는 분류학상 진균식물에 속하며 진균식물의 자낭균 식물강에 속하는 것과 담자균 식물강에 속하는 것이 있다. 효모의 종류는 대단히 많아서 J. Lodder는 *The Yeast A Taxonomic Study*라는 저서에서 총 350가지로 분류하고 있다.

전통적으로 발효에 이용되는 효모는 과피나 나무의 수액, 꽃가루, 토양, 담수 및 해수 등에 널리 분포되어 있는 야생효모를 사용해 왔으나 과학의 발전으로 많은 배양효모가 개발되어 현재 상업적인 주류의 제조에는 대부분 배양효모가 이용되고 있다.

효모의 크기는 야생효모는 3μm로 작고 배양효모는 5~8μm로 크고 발효능력이 우수하다.

배양효모는 1881년 덴마크의 Carlsberg맥주공장에서 Hansen에 의해 개발되어 사용되기 시작했다.

발효는 효모가 생성해 내는 효소인 치마아제(Zymase)에 의해서 일어난다. 발효작용에 관한 연구는 Louis Pasteur(1822~1895)에 의해 아래와 같이 체계화되었다. L. Pasteur는 와인의 부패가 효모 이외의 세균에 의해서 일어나는 것을 알아내고 발효가 끝난 후 와인을 60°C 정도로 가열하여 살균하는 방법을 개발했는데 이것이 저온살균법(Pasteurization)의 시초이다. 중요한 이론은 다음과 같다.

- 발효는 효모의 생활기능에 의하고 생효모가 없으면 알코올발효는 일어나지 않는다.
- 효모는 하등식물이며 영양으로 다른 식물같이 질소, 탄소, 무기물 등을 필요로 한다.
- 발효 시 당의 94~95%는 알코올과 이산화탄소가 되고 4~5%는 글리세린(Glycerin)과 호박산으로 되며 1% 정도는 효모의 영양분으로 소비된다.
- 당분이 없어지면 효모는 자기소화를 일으킨다.
- 산소가 결핍되면 발효가 왕성해지나 산소가 풍부하면 발효가 약해진다.

제2절_ 양조주의 종류

1. 맥주(Beers)

1) 맥주의 원료

맥주는 BC 4000년경 수메르인(Sumerian)들이 보리를 재배하기 시작한 때부터 만들어졌으며 BC 3000년경에는 이집트, BC 2000년경에는 인도와 중국으로 전파되었다. BC 3000년경 수메르인은 보리를 주원료로 각종 과실과 향료를 넣은 매우 걸쭉하고 영양분이 많은 맥주를 만들었다. 맥주의 원료는 보리(Malt), 호프(Hop), 효모(Yeast), 물로 각 나라별·산지별로 다양한 맥주가 만들어지고 있다.

(1) 보리(Malt)

맥주는 양조용 보리인 대맥(Barley)을 원료로 만들어진다. 대맥의 품종은 매우 다양하며 식용보리보다 크고 전분의 함유량이 많으며 단백질이나 지방 및 비타민 등 맥주의 품질을 떨어뜨리는 성분이 매우 적다.

식용보리의 낱알이 6열이며 양조용 보리는 2열로 열리기 때문에 2조

양조용 Green Malt(2조맥)

맥이라고도 한다. 맥주는 주로 2조맥을 사용하나 6조맥을 사용하는 경우도 있다. 현재 우리나라는 대부분의 양조용 보리를 수입해 사용하고 있다. 맥주는 100% 보리로만 만들기도 하나 옥수수, 밀, 쌀, 호밀 등을 섞어 만들기도 한다. 부원료의 사용량은 각 나라별로 규제하고 있으며 우리나라도 부원료를 사용할 수 있다. 그러나 독일은 주원료인 보리, 물, 효모, 호프만을 사용하도록 법에 의해 규제하고 있다.

(2) 호프(Hop)

호프(Hop)는 뽕나무과의 덩굴식물로 자웅이주이며 암컷에 열리는 솔방울모양의 수정되지 아니한 녹색 꽃을 말려 원형 또는 분쇄하여 일정한 모양으로 만들어 사용한다.

호프는 워트의 단백질 및 질소화합물과 쉽게 결합하여 침전되므로 맥주의 정제에 사용된다. 또 맥주 특유의 쌉쌀한 맛과 향이 나게 하며 거품과 색깔의 생성을 돕는다.

호프(Hop)

(3) 효모(Yeast)

맥주는 만드는 방법에 따라 저온(7~10℃ 정도)에서 발효해 만드는 저온발효맥주와 고온(10~20℃ 정도)에서 발효해 만드는 고온발효맥주로 분류된다. 저온발효 효모는 발효탱크의 하부에서 주로 활동하고 고온발효 효모는 발효탱크의 상부에서 활동한다. 따라서 저온발효맥주를 하면발효맥주라고도 하고 고온발효맥주를 상면발효맥주라고도 한다.

저온발효맥주는 발효기간이 7~10일로 비교적 길다. 알코올은 3~5%이고 주질이 좋아 전 세계 맥주의 대부분은 이 저온발효맥주이다. 고온발효맥주는 영국이 유명한데 발효기간이 3~4일로 비교적 짧고 알코올 도수가 5~10%로 높으며 색이 진하고 쓴맛과 단맛이 높은 것이 특징이다.

(4) 물

완성된 맥주는 85~90%의 물, 3~8%의 알코올, 3~6%의 당분, 0.3~0.5%의 단백질 및 기타 여러 가지 무기물질로 구성된다. 따라서 맥주의 맛은 물맛이라고 할 정도로 맥주에 사용되는 물의 수질이 매우 중요하다. 맥주에 사용되는 물은 무색투명한 연수가 좋다. 맥주의 원료 및 상품의 수송에 많은 비용이 들어도 맥주공장들이 좋은 물을 찾아 산속에 세워지는 이유가 바로 이 때문이다.

2) 맥주의 분류

맥주는 발효에 이용되는 효모의 특성에 따라 상면발효맥주와 하면발효맥주로 구분된다. 상면발효맥주는 고온발효맥주라고도 하며 영국의 스타우트(Stout), 에일(Ale), 포터(Porter) 등 흑맥주가 이 방법으로 제조된다. 이와 달리 하면발효맥주는 저온발효맥주라고도 하며 대부분의 라거비어가 이에 속한다.

맥주는 발효 후 효모의 살균여부에 따라 살균맥주인 병맥주(Lager Beer)와 미살균맥주인 생맥주(Draft Beer)로 구분된다. Lager Beer는 맥주를 병입해 60℃ 정도에서 약 30분간 저온살균한 것이다. 이에 비해 비열처리 맥주는 마이크로필터로 효모를 걸러낸 맥주로 생맥주와 달리 발효나 변질의 위험이 낮고 맛이 우수하여 1990년대 이후 많이 보급된 방법이다. 생맥주는 효모를 살균하지 않은 상태이므로 잔당에 의한 발효가 계속된다. 따라서 온도를 2~3℃로 낮추어 발효를 억제해도 일주일 정도면 시어져 상품성을 잃게 된다. 최근에는 마이크로필터로 효모를 걸러내 통(Keg)에 넣은 생맥주가 보급되면서 생맥주의 보존기간이 많이 길어지고 있다. 맥주는 또 알코올 농도에 따라 고알코올맥주(Strong Beer)와 저알코올맥주(Light Beer)로 구분된다. 당도에 따라서는 무감미맥주(Dry Beer)와 감미맥주(Sweet Beer)로 분류되며 품질에 따라 고급맥주(Premium Beer)와 보통맥주(Regular Beer)로 구분된다. 또 색깔에 따라서는 흑맥주(Dark Beer)와 담색맥주(Brown Beer)로 구분된다.

🍷 맥주의 분류

만드는 방법에 따라 (사용 효모에 따라)	상면발효(고온발효)맥주	하면발효(저온발효)맥주
효모의 살균에 따라	생맥주(Draft Beer)	병맥주(Lager Beer)
알코올 농도에 따라	고알코올 맥주(Strong Beer)	저알코올 맥주(Light Beer)
당도에 따라	무감미맥주(Dry Beer)	감미맥주(Sweet Beer)
품질에 따라	고급맥주(Premium Beer)	보통맥주(Regular Beer)
색깔에 따라	흑맥주(Dark Beer)	담색맥주(Brown Beer)

3) 맥주의 제조공정

(1) 정선

보리의 길이와 두께가 일정한 양질의 보리(Barley)를 선별하기 위해 정선기에서 보리를 선별한다.

(2) 침맥

침맥은 보리의 발아에 필요한 수분을 공급해 주는 과정으로 수분의 함유량이 38~46%가 될 때까지 2~3일간 물속에 담가두며 이때 급수와 배수를 반복하여 보리를 청결하게 한다.

(3) 발아

온도와 습도의 조절이 가능한 발아조에서 6~9일에 걸쳐 싹을 틔운다. 보리를 발아시키는 것은 발아 시 전분의 일부가 발효성 당으로 변화되고 전분분해 효소인 아밀라아제(Amylase)가 생성되기 때문이며 그 외에도 각종 단백질 분해효소가 생성되기 때문이다. 싹의 길이는 약 1.9cm 정도가 좋으며 뿌리를 통해 질소성분이 배출된다. 이렇게 싹이 튼 Barley를 그린몰트(Green Malt)라고 한다.

(4) 건조(볶기; Roasting)

뜨겁고 건조한 열풍으로 그린몰트(Green Malt)를 건조시킨다. 이때 만들고자 하는 맥주에 따라 담색에서 흑색까지 건조의 강도를 다르게 볶는다.

(5) 제근

건조가 끝난 맥아는 뿌리를 제거하여 서늘하고 습기가 낮은 곳에 저장한다. 맥주공장에서 제근 공정까지 직접 하기도 하나 Dry Malt만을 전문적으로 생산하는 업체에서 다양한 종류의 Dry Malt를 생산하여 맥주 제조공장에 판매하는 것이 일반적이다.

(6) 분쇄

맥아의 분쇄도는 주질에 큰 영향을 미친다. 너무 거칠면 당화가 불충분하게 되고, 너무 곱게 분쇄하면 맥아의 껍질성분이 많이 용출되어 맥주의 맛과 색깔을 해친다. 분쇄방법에는 건식과 습식이 있는데 먼지가 발생하지 않고 분쇄가 쉬운 습식이 많이 이용된다.

(7) 당화

분쇄한 맥아를 온수와 혼합해 죽같이 만든 것을 매시(Mash)라고 한다. 이 매시(Mash)를 서서히 가열하면 전분이 맥아당(Maltose)과 덱스트린(Dextrin)으로 분해되어 당화된다. 당화는 당화 시의 온도와 시간, 매시의 pH, 매시의 농도, 맥아의 분쇄도 등에 따라 큰 영향을 받는다. 또 당화 시 단백질의 분해도 동시에 진행되는데 맥아의 단백질분해는 발아과정에서 70% 정도 일어나고 당화과정에서 약 30% 정도 일어난다. 단백질의 분해가 불충분하면 맥주의 혼탁이 일어날 수 있고 맛을 저하시킬 수도 있다.

(8) 여과

당화가 끝난 매시를 워트(Wort)라고 하는데 원심분리기 등을 이용하여 맥즙(Sweet Wort)과 찌꺼기로 분리한다.

(9) 자비(煮沸) 및 호프(Hop) 첨가

워트를 자비부(Wort Kettle)에 옮겨 끓이며 호프(Hop)를 넣는 공정이다. 워트를 자비하는 이유는 워트를 일정한 농도로 농축하며 각종 효소를 파괴하고 세균을 살균하여 좋지 못한 휘발성 물질을 발산하기 위해서이다.

(10) 정제

워트에서 호프의 찌꺼기와 단백질 침전물 등을 제거한다.

(11) 냉각

하면발효맥주 제조 시 3~10℃ 정도로 워트를 냉각하고, 상면발효맥주 제조 시는 10~20℃ 정도로 발효에 적당하게 냉각한다.

(12) 효모 첨가

냉각된 워트는 효모첨가조(Starting Tank)에 효모를 넣고 10~24시간에 걸쳐 효모가 골고루 퍼지게 한다.

(13) 발효

효모가 골고루 퍼지면 상면발효맥주는 1~4일간, 하면발효맥주는 7~12일간 발효시킨다. 발효조는 뚜껑이 없는 개방형과 밀폐된 폐쇄형이 있는데, 폐쇄형은 온도조절장치의 부착으로 발효를 조절할 수 있으며 CO_2가스를 회수해 압축 저장해서 재사용할 수 있고 자동세척이 용이해 많이 이용된다.

(14) 정제

발효가 끝나면 맥주가 되는데 아직 병입하기에 부적합하므로 발효 시 생긴 찌꺼기나 죽은 효모의 침전물 등을 걸러낸다.

(15) 숙성

정제한 맥주는 저장탱크에 넣어 -1~3°C로 2개월 정도 숙성시킨다. 숙성기간은 맥주의 종류에 따라 생맥주는 1~2주, 알코올 도수가 높은 흑맥주는 3개월 정도까지 숙성시키기도 한다. 맥주는 와인과 달리 너무 오래 숙성시키면 오히려 산뜻한 맛을 잃어버린다. 따라서 숙성(Aging)이라는 용어 대신 안정화(Stabilisation)라는 용어를 사용하기도 한다. 숙성 시 잔존 효모에 의해 잔당이 발효되고 부유물과 효모가 침전되며 발생되는 CO_2가스가 맥주에 용해되고 불쾌한 냄새가 제거되어 맛과 향이 향상된다.

(16) 여과

여과는 중력에 의해서 가라앉지 않는 미세한 부유물과 저온에서 응고되는 단백질 및 타닌 등 맥주의 혼탁을 일으키거나 맛의 감소를 초래하는 물질들을 제거하는 것이다. 여과의 방법으로는 규조토 등의 흡착제를 이용하는 방법, 원심분리기 여과법, 마이크로필터 여과법 등이 사용되며 대규모 맥주 제조에서는 대부분 마이크로필터 여과법이 사용된다.

(17) 병입

세병기에서 깨끗이 세척되고 검병기에서 검사가 끝난 병에 CO_2가스와 함께 주입한다. 이때 이용되는 CO_2가스는 약 2기압의 압력으로 병에 주입된다. 병입과 동시에 타전기로 마개를 닫는다. 제품은 병(Bottle), 캔(Can), 통(Keg, Cask)에 주입하는데 병(Bottle)은 자외선의 차단이 용이한 청색이나 갈색의 병을 사용하고 열처리 시 견디도록 충분히 두꺼워야 한다.

(18) 살균

여과가 끝난 맥주를 바로 통(Keg)에 넣은 것이 생맥주인데 잔존 효모와 미생물이 남아 있어 오래 저장할 수 없다. 오래 보관하기 위해서는 병이나 캔에 넣어 살균을 하게 된다. 65~70℃에서 10~15분 정도 살균하는 저온살균법과 82~85℃에서 1분 정도 살균하는 고온살균법이 있다. 최근에는 과학기술의 발달로 열에 의한 살균을 하지 않고 효모보다 더 미세한 마이크로필터로 효모를 걸러내는 비열처리방식의 맥주가 많이 생산된다.

(19) 포장

상표부착기를 통해 맥주에 상표를 부착하고 다양한 상자(Box)에 넣어 포장하여 출고하게 되며 이 모든 과정이 자동화되어 생산된다.

🍷 각 나라별 맥주의 표기

미국	비어(Beer)	독일	비어(Bier)	포르투갈	세르베자(Cerveja)
영국	에일(Ale)	프랑스	비에르(Biere)	이탈리아	비르라(Birra)
체코	피보(Pivo)	중국	페이주	스페인	세르베사(Cerveza)
러시아	피보(Pivo)	덴마크	올레트(Ollet)		

| Guinnness Stout | Bass Ale | Beck's | Heineken | Carlsberg | Miller | Hoegaarden |

2. 와인(Wines)

1) 와인의 원료

과실의 당분을 발효해 만든 술이 와인(Wine)이다. 당분이 변하여 알코올이 생성되는 것이므로 당도가 높지 않은 과실은 알코올 도수도 높지 않기 때문에 술로서의 상품성이 떨어진다. 따라서 이론적으로는 모든 과실로 와인을 만들 수 있으나 제조의 경제성 및 품질, 상품성 등을 고려해 와인 제조에 사용되는 과실은 많지 않다. 대표적 와인용 과실로는 포도, 사과, 배, 버찌(Cherry) 등이 있으며 다른 과일은 색깔이나 향 등을 추출하여 리큐르(Liqueur)를 만들거나 증류하여 브랜디(Brandy)를 만드는 데 이용된다. 일반적으로 와인(Wine)이라고 하면 포도와인을 의미하고, 다른 과실로 만든 와인은 포도와인과 구별하기 위해 'Apple Wine-Cider', 'Pear Wine-Perry'와 같이 와인의 앞에 원료과실의 이름을 붙이거나 별도의 명칭을 사용한다.

2) 와인의 분류

① 색깔에 의한 방법

가장 일반적인 분류방법으로 레드와인(Red Wine), 화이트와인(White Wine), 로제와인(Rosé Wine)이 있다. White Wine은 거의 무색에서부터 밀짚색, 연두색, 황금색에 이르기까지 다양하다. Red Wine은 선홍색부터 흑적색에 이르기까지 매우 다양하며 이러한 색의 차이는 포도의 품종 및 숙성기간에 따라 큰 영향을 받는다.

Rosé Wine은 장밋빛 와인이라는 말로 Rose Wine, Pink Wine으로도 불리지만 세계적으로 Rosé Wine이라고 표시하는 것이 일반적이다.

레드와인과 로제와인은 적포도(Red Grape)로, 화이트와인은 주로 청포도(White Grape)로 만들지만 적포도로도 만들어진다. 적포도를 착즙하면 착즙과정에서 과피가 터지면서 붉은 색소가 우러나오게 된다. 이 과즙으로 와인을 만들면 약간 붉은색을 띠게 되는데 이러한 와인을 미국에서는 블러시 와인(Blush Wine)이라 하고, 프랑스에서는 블랑 드 누아르(Blanc de Noir) 즉 '적포도로 만든 백포도주'라고 하여 Rosé Wine과 구별하고 있다.

White Wine　　Red Wine　　Rosé Wine　　Blush Wine

② 당도에 따라

와인은 당도에 따라 단맛이 없는 Dry Wine과 단맛이 나는 Sweet Wine으로 구분된다. 당도에 따라 Medium Dry, Medium Sweet로 표시하기도 한다. 주로 Dry Wine은 Aperitif, Sweet Wine은 디저트와인으로 이용된다. 대표적인 스위트와인은 프랑스의 Sauternes, 독일의 Trockenbeerenauslese와 Eiswein, 헝가리의 Tokaji Aszu, 이탈리아의 Vin Santo, 스페인의 Cream Sherry, 포르투갈의 Madeira Malmsey 등이 있다.

Sauternes　　Trockenbeerenauslese　　Eiswein　　Tokaji Aszu　　Vin Santo　　Cream Sherry　　Madeira

③ 알코올 첨가(강화)에 따라

와인에 인위적으로 알코올을 넣어 알코올 도수를 높인 와인을 강화와인(Fortified Wine)이라고 하며 알코올 도수는 16~20% 정도이다. 강화와인은 Sweet한 것에서부터 Dry한 것까지 다양하게 생산된다. 대표적인 강화주로는 스페인의 Sherry Wine, 포르투갈의 Port Wine과 Madeira Wine, 이탈리아의 Vermouth와 Marsala Wine 등이 있다.

| Dry Sherry | Cream Sherry | Port Wine | Madeira Wine | Marsala Wine |

④ 알코올 도수에 따라

와인은 효모의 특성 때문에 알코올 도수가 14% 이하인 것이 대부분이다. 알코올 도수가 9도 이하로 일반적인 와인에 비해 낮은 와인을 라이트와인(Light Wine)이라 하며 알코올 도수가 14도 이상인 와인을 헤비와인(Heavy Wine)이라고 한다. 와인의 최저 알코올 도수는 미국과 호주에서는 최저 8도 이상이어야 하고 프랑스에서는 등급별·지역별로 최저 알코올 도수를 규제하고 있는데 최소한 8.5도 이상이 되어야 한다. 기후가 좋지 않은 독일은 Table Wine은 7.5도 이상, Eiswein의 경우 5.5도 이상으로 허용하고 있다.

⑤ 탄산가스의 유무에 따라

탄산가스의 유무에 따라 발포성 와인과 비발포성 와인으로 구분한다. 발포성 와인은 CO_2가스가 대개 3~6기압 정도로 농축되어 있다. 발포성 와인 중 프랑스의 샹파뉴(Champagne) 지방에서 전통적인 방식(Methode Champenoise)에 의해 만들어진 것만을 샹파뉴(Champagne)의 영어식 발음인 샴페인이라 하고 다른 지역, 다른 나라에서 만든 것은 비록 전통적인 방식(Methode Champenoise)에 의해 만든 것이라 할지라도 Champagne이란 명칭을 사용하지 못하고 별도의 명칭을 사용한다.

| 프랑스 | 프랑스 | 이탈리아 | 스페인 | 독일 |
| Champagne | Cremant | Spumante | Cava | Sekt |

⑥ 용도에 따라

와인은 마시는 용도에 따라 Aperitif Wine, Table Wine, Dessert Wine으로 구분한다. 식전에 식욕을 촉진하기 위해 마시는 와인을 Aperitif Wine이라고 하며 Vermouth, Dry Sherry, Dry White Wine 등이 이에 속한다. 식사와 함께 마시는 와인을 Table Wine이라고 하며 일반적인 White, Red, Rosé Wine이 이에 해당한다. Dessert Wine은 단맛의 와인으로 디저트와 함께 마시거나 식후에 마시는 와인이다.

⑦ 숙성기간에 따라

와인을 숙성기간에 따라 비숙성와인(Young Wine), 숙성와인(Aged Wine), 장기숙성와인(Great Wine)으로 나누나 숙성기간의 명확한 기준은 없다. 대략 3년 이내에 마시지 않으면 변질되어 빨리 소비해야 하는 와인은 비숙성와인(Young Wine), 3~10년 숙성시킬 때 품질이 좋아지는 와인은 숙성와인(Aged Wine), 10년 이상 장기숙성시키면 극상품이 되는 와인을 장기숙성와인(Great Wine)으로 부른다.

⑧ 방향성 재료의 첨가에 따라

와인에 쑥을 비롯한 여러 가지 초근목피를 넣어 향이 나도록 만든 와인으로 Aroma-tized Wine이라고 하며 Vermouth, Dubonnet가 대표적이다. 제조방법상 혼성주에 속하나 와인으로 유통된다.

| Dry Vermouth | Sweet Vermouth | Dubonnet |

 와인의 분류

구분 기준	종 류
색깔에 따라	Red Wine, White Wine, Rosé Wine
당도에 따라	Sweet Wine, Dry Wine
알코올 강화에 따라	Fortified Wine, Unfortified Wine
알코올 도수에 따라	Light Wine, Heavy Wine
탄산가스(CO_2)의 유무에 따라	Sparkling Wine, Still Wine
용도에 따라	Aperitif Wine, Table Wine, Dessert Wine
숙성기간에 따라	Young Wine, Aged Wine, Great Wine
방향성 재료의 첨가에 따라	Aromatized Wine
산지에 따라	French Wine, Italian Wine, German Wine...

3) 포도의 품종

포도는 암펠리데과(Ampelidaceae科)에 속하는 덩굴식물로 약 6000만 년 전부터 생존해 왔다. 라틴어로 Vitis라고 표시되는 포도나무속의 분류는 원생지에 의해 유럽종 포도와 미국종 포도, 그리고 아시아종 포도로 분류된다. 유럽종 포도는 Vitis Vinifera라는 단일 품종이며, 미국종 포도는 Vitis Riparia, Vitis Rupestris, Vitis Laburusca, Vitis Berlandieri 등 모두 29종에 달한다. 아시아종 포도는 중국, 우리나라, 일본 등지에 걸쳐 자라는 품종으로 왕머루(Vitis Amurensis), 새머루(Vitis Flexuosa), 머루(Vitis Coignetiae) 등 12종이며 우리나라에는 4종이 자생하고 있다.

현재 전 세계에 걸쳐 포도의 종류는 8,000~10,000종이 있으며 과학의 발달로 새로운 품종이 계속 개발되고 있다. 그러나 품질 및 경제성 등을 고려해 상업적으로 재배되는 것은 이 중 600~800종에 지나지 않으며 와인용으로 널리 재배되는 품종은 유럽종 포도인 Vitis Vinifera와 미국종 포도인 Vitis Laburusca, 그리고 유럽종과 미국종의 교배종인 French-American Hybrids에 속한 약 200가지 품종밖에 되지 않는다. 와인용 포도는 필요한 알코올을 만들 수 있도록 당도가 충분히 높아야 하며 오래 숙성시켜도 변질되지 않도록 타닌 및 산 등 각종 성분을 함유하고 있어야 한다. 이와 반대로 생식용 포도는 낱알이 굵어야 하며 껍질이 과육과 잘 분리되고 산의 함량이 낮아 신맛이 적어야 한다. 와인용 포도의 당도는 대개 18도 이상이며 생식용 포도는 14~18도이다. 일반적으로 포도나무는 재배 후 5년 이상 지나야 와인용 포도를 수확할 수 있으며 40년까지 와인용 포도를 생산하는데 40년이 지나면 포도의 품질이 나빠지므로 뽑아버리고 다시 심는 것이 좋다.

(1) 유럽종 포도 품종(Vitis Vinifera)

유럽종 포도 품종(Vitis Vinifera)의 원산지는 흑해 남동부의 Armenia-Georgia 지역으로 와인용으로 매우 좋으며 세계의 유명한 와인은 거의 유럽종으로 만들어진다. 척박한 땅에서도 잘 자라며 일부 품종은 석회 토양에서 좋은 향을 낸다. 그러나 유럽종은 추위와 병충해에 비교적 약하고 습기에도 약하다. 과실은 대부분 타원형이며 당도가 높고 과피가 얇으며 과육과 잘 분리되지 않는다. 잎은 3~5갈래로 톱니모양이며 얇고 뒷면에 털이 적게 나 있다. 가지의 색은 담갈색이며 마디의 길이가 짧고 덩굴손은 마디마다 나지 않는다. 우리나라는 겨울에 추위가 심하고 여름에 강우량이 많아 유럽종의 재배에 적합하지 않으므로 양질의 와인을 생산하는 데 한계가 있다.

① White Grapes

Aligoté, Chardonnay, Chenin Blanc, Gewürztraminer, Müller Thurgau, Pinot Gris, Riesling, Sauvignon Blanc, Semillon, Sylvaner, Trebbiano, Ugni Blanc

② Red Grapes

Barbera, Cabernet Franc, Cabernet Sauvignon, Gamay, Grenache, Malbec, Merlot, Nebbiolo, Pinot Meunier, Pinot Noir, Sangiovese, Syrah(Shiraz), Zinfandel

(2) 미국종 포도 품종(Vitis Laburusca)

미국종 포도 품종의 원산지는 미시시피 강 동쪽의 애팔래치아산맥 일대로 야생의 다양한 포도속 식물들이 29종이 있는데 이 중 와인의 양조에 이용되는 것은 Vitis Laburusca한 품종이고 나머지는 주로 대목용으로 이용된다. 미국종은 내한성, 내병성, 내충성 및 토양 적응성이 강해 새로운 품종의 육종에 많이 이용되어 포도재배의 한계를 넓혀주고 있다. Vitis Laburusca는 주로 와인과 주스용으로 이용되며 유럽종보다 품질이 좋지 않다. 'Foxy'라고 표현되는 특유한 향이 나는데 이것은 '비에 젖은 여우 냄새'라는 뜻으로 생식용으로는 적당치 않아 교배에 의해 생식용 품종을 개발해 이용한다. 미국의 동부지역 중 뉴욕주를 중심으로 재배되고 있다. Vitis Laburusca는 비옥한 땅에서 잘 자라나 석회질 토양에서는 잘 자라지 못하며 추위와 병충해에 비교적 강하고 습기에도 강하다. 과실은 대부분 원형이며 포도알이 굵다. 당도가 유럽종보다 낮고 과피가 두껍고 과육과 잘 분리된다. 잎은 3갈래로 끝이 부드러우며 두껍고 뒷면에 흰털이 많이 나 있다. 가지의 색은 적갈색이며 마디의 길이가 길고 덩굴손이 마디마다 난다. 우리나라는 Vitis Laburusca의 교배종인 캠벨얼리(Campbell Early)와 거봉이 많이 재배되고 있다.

(3) 교배종 포도 품종(French-American Hybrids)

유럽종 포도 품종(Vitis Vinifera)과 미국종 포도 품종(Vitis Laburusca)은 매우 상반된 특징을 가지고 있어 두 품종의 우수성을 가진 새로운 품종을 개발하려는 연구에 의해 많은 교배종이 태어났다. 이들을 French-American Hybrids라고 하는데 그런대로 양질의 품종이 개발되어 생식용 및 와인용으로 이용되나 아주 좋은 품종은 개발되지 않고 있다.

🍷 **국가별·지역별 주요 포도 품종**

국가	지역	적포도	백포도
프랑스	보르도	Cabernet Sauvignon, Merlot	
	보르도 소테른		Semillon
	부르고뉴	Pinot Noir	Chardonnay
	보졸레	Gamay	
	알자스		Gewürztraminer, Pinot Gris
	론	Syrah, Grenache	
	프로방스	Grenache	
	푸이퓌메		Sauvignon Blanc
	샹파뉴	Pinot Noir, Pinot Meunier	Chardonnay
	쥐라		Savagnin
	코냑, 아르마냑		Ugni Blanc, Colombard
독일			Riesling, Muller-Thurgau, Silvaner
이탈리아	피에몬테	Nebbiolo, Barbera	Moscato
	토스카나	Sangiovese	Trebbiano
	시칠리아	Nero d'Avola	
스페인	리오하	Tempranillo	Viura
	셰리와인		Palomino, Pedre Ximénez
헝가리	토카이		Furmint
미국	캘리포니아주	Zinfandel	
	뉴욕주	Concord	
칠레		Carmenere	
아르헨티나		Malbec	
호주		Shiraz	
뉴질랜드			Sauvignon Blanc
남아프리카공화국		Pinotage	Steen

4) 와인의 제조공정

와인의 제조공정은 와인의 종류, 산지, 법적 규정, 품질 등 여러 가지 요인이 복합적으로 작용하여 매우 다양한 방법으로 제조된다. 주요 와인의 제조공정은 다음과 같다.

주요 와인의 제조공정

종류	제조공정
White Wine Blush Wine	수확 → 줄기 제거 → 압착 → 발효 → 정제 → 숙성 → 정제 → 병입
Red Wine	수확 → 줄기 제거 → 분쇄 → 발효 → 압착 → 정제 → 숙성 → 정제 → 병입
Rosé Wine	수확 → 줄기 제거 → 분쇄 → 발효 → 추출 → 정제 → 병입
Champagne	수확 → 줄기 제거 → 압착 → 발효 → 정제 → 블렌딩 → 병입 → 2차발효 → 숙성 → 침전물 병목 모으기 → 침전물 제거 → 와인 보충 → 포장
Sparkling Wine	수확 → 줄기 제거 → 압착 → 발효 → 정제 → 블렌딩 → 탱크 2차발효 → 숙성 → 정제 → 병입
Aromatized Wine	수확 → 줄기 제거 → 압착 → 발효 → 부원료 첨가 → 강화 → 숙성 → 정제 → 병입
Port Wine	수확 → 줄기 제거 → 분쇄 → 발효 → 강화 → 압착 → 숙성 → 정제 → 병입
Sherry	수확 → 건조 → 줄기 제거 → 압착 → 발효 → 강화 → 숙성 → 정제 → 병입

(1) 수확(Harvesting)

① 착색

착색과 함께 포도의 당분함유량이 급속히 증가한다. 적포도의 색소는 과피의 세포 속에 들어 있는데 함유한 색소에 따라 포도의 색깔이 각각 다르게 나타난다. 착색은 당분함유량과 밀접한 관계가 있으며 당분함유량이 높아질수록 착색률이 좋아진다.

② 당도의 측정

전통적으로 포도의 수확시기는 착색의 정도와 맛에 의한 감각적 방법으로 결정되었으나 현재는 당도를 과학적으로 측정하여 수확시기를 결정하고 있다. 주요한 측정단위로는 다음과 같은 것이 있다.

> • Brix : 미국에서 많이 사용되며 'Brix당도 × 0.55 = 와인의 예상 알코올 도수'가 되므로 수확시기의 결정에 편리하다. 전 세계적으로 널리 이용되며 우리나라도 과실의 당도를 측정할 때 이 단위를 사용한다. 광학당도계와 전자당도계가 널리 사용된다.

- Baumé : 프랑스에서 Must의 당도를 측정할 때 사용하며 Brix를 1.8로 나누면 Baumé도수가 된다.
- Essenz : 헝가리에서 Must의 당도를 측정할 때 사용하는 단위이다.
- Gluco Oenometer : 포르투갈에서 Must의 당도를 측정할 때 사용하는 단위이다.
- Öechsle : 독일 Baden 지역에 살던 화학자 Ferdinand Öechsle(1774~1852)에 의해 고안된 단위로 Must와 물의 비중차를 소수점 이하 숫자로만 표시한 단위이다. 이 단위를 8로 나누면 와인의 예상 알코올 도수를 추정할 수 있다. 또 'Öechsle ÷4 - 1= Brix'라는 공식에 의해 Brix단위로도 환산할 수 있다.
- Klosterneuburg : KMW(Klosterneuburg Mostwaage Scale)로 표시하며 오스트리아에서 Must의 당도를 측정할 때 사용하는 단위이다. Freiherr von Babo에 의해 고안되었으며 1°KMW = 5°Öechsle라는 등식이 성립된다. 또 KMW 당도에 1.25를 곱하면 Brix당도가 된다.

③ 산(Acid)

포도의 산은 주석산(Tartaric Acid)과 능금산(Malic Acid)이 대부분이며 이 두 산의 함유량이 전체 산의 90%에 달한다. 이외에도 구연산(Citric Acid)이 중요하며 기타 20여 가지의 산이 들어 있다. 포도의 산은 처음에는 증가하지만 착색시기에 당분이 증가하면서 점차 줄어들게 된다. 주석산은 Chasselas, Reisling, Palomino, Semillon과 같은 백포도에 많이 들어 있는데 이것으로 만든 와인은 냉각 시 주석산이 칼륨과 결합해 주석산칼륨으로 변해 크리스털 모양으로 병 밑에 침전되거나 코르크에 달라붙게 된다.

④ 수확방법

포도의 수확시기는 착색의 정도, 당도 및 산도 등을 고려하여 결정한다. 전통적으로 포도수확은 인력수확이며 기계수확 방법은 1970년 캘리포니아에서 시작된 것이 시초였다. 기계수확은 대량수확이 가능하지만 품질에 한계가 있다. 따라서 고급와인은 대부분 인력수확을 한다. Noble Rot 포도는 한 송이의 포도도 여러 차례에 걸쳐 손으로 알알이 수확한다.

⑤ 선별

포도는 만들고자 하는 와인의 품질에 따라 선별하지 않는 경우도 있으나 고급와인일수록 선별의 강도가 강하다. 상한 포도 1알은 발효 시 정상적인 포도알 10개 분량을 망칠 정도로 피해를 주므로 최고급 와인은 좋은 포도알만 알알이 따서 만들기도 한다.

(2) 줄기 제거(Stemming)

포도를 수확하면 신속히 제경파피기에 넣어 줄기를 제거하고 과피를 터트리는데 생산자에 따라 각각 다양한 방법을 사용한다. 기본적으로 적포도는 줄기를 완전히 제거하고 과피를 터트린 후 바로 발효시킨다. 프랑스 Beaujolais 지방에서 Nouveau 와인을 만들 경우엔 과피를 터트리지 않고 줄기만 제거하여 발효시키기도 한다.

백포도는 줄기를 제거하고 착즙하는 경우가 일반적이지만 생산자에 따라서는 줄기를 제거하지 않고 포도송이를 그대로 압착하여 착즙하는 경우도 있다.

(3) 착즙(Pressing)

제경파피된 백포도를 착즙기로 옮기면 상당량의 과즙이 저절로 빠져 나오게 되는데 이것을 Free Run Juice라고 하며 당도와 향이 높다. 과피에 남아 있는 Juice를 착즙하여 얻은 Juice는 Press Juice라고 한다.

일반적으로 백포도의 착즙률은 80~90%이며 샴페인은 70% 정도로 한다. 착즙률을 높이면 Juice는 많아지지만 과피 및 씨 등이 으깨져 유지방 및 각종 유해성분이 용출되므로 고급와인을 만들 경우 착즙률을 낮추는 것이 일반적이다.

적포도의 착즙률을 높이면 과피의 색소가 우러나와 Juice의 색깔이 약간 붉은빛을 띠는데 이 Juice로 만든 와인을 미국에서는 Blush Wine, 프랑스에서는 Blanc de Noir라고 표시하여 일반적인 Rosé Wine과 구별하고 있다.

적포도는 발효가 완료된 후에 껍질을 분리하므로 착즙이라 하지 않고 압착이란 표현을 쓴다. 발효가 끝난 적포도를 압착기에 넣으면 저절로 흘러나오는 와인을 Free Run Wine이라고 하며 나머지 찌꺼기를 압착하여 추출한 와인을 Press Wine이라고 한다.

(4) 발효(Fermentation)

① 과피(Skin)

과피의 세포 속에는 각종 색소와 타닌 및 방향성분이 들어 있다. 이러한 성분들은 기계적 착즙에 의해서는 많이 용출되지 않는다. 각종 성분을 용출시키는 방법으로 다음의 세 가지 방식이 많이 쓰인다.

- **끓이는 방법** : 포도를 분쇄하여 서서히 끓이면 세포가 파괴되어 색소 및 각종 성분이 용출된다. 이 방법은 와인을 만들 때는 사용하지 못하며 포도주스, 잼 또는 젤리 등을 만들 때 사용한다.
- **으깨는 방법** : 온도가 높으면 당분이 알코올로 빨리 변하지만 껍질에 있는 각종 성분의 용출은 시간이 더 걸리므로 발효와 용출이 동시에 끝나도록 포도를 맨발로 밟아 으깨어서 색소 및 각종 성분의 용출을 돕는다. 특히 포르투갈의 Port Wine 제조 시 이용되던 방식이나 현재는 인건비의 상승 및 양조기술의 발달로 많이 이용되지 않는다.
- **알코올로 파괴하는 법** : 포도의 과즙은 발효에 의해 점차 알코올로 변해간다. 이 알코올에 의해 과피의 세포가 서서히 파괴되며 세포 속의 내용물이 용출된다. 이 방법은 Red Wine을 만들 때 사용하는 가장 일반적인 방법이다.

② 과육(Pulp)

과육은 포도알의 80~90%에 달한다. 과육에는 70~80%의 수분과 1l당 150~300g까지의 당분 및 주석산, 능금산, 구연산과 같은 산(Acid)을 비롯 각종 비타민과 무기질, 질소 화합물 등이 들어 있다. 좋은 와인을 만들기 위해서는 각종 비타민이나 무기질, 질소 화합물의 함유량이 적을수록 좋다. 척박한 토양에 심은 포도는 이러한 불필요한 성분이 적어 훌륭한 와인이 되지만 비옥한 토양에 심은 포도는 이런 성분이 많아져 와인의 질이 떨어진다.

③ 당분

포도의 당분은 대부분 과당(Fructose)과 포도당(Glucose)으로 이루어져 있다. 당분은 발효 후 에틸알코올(C_2H_5OH)로 변하며 부수적으로 생산되는 메틸알코올의 양은 엄격히 규제되는데 우리나라의 경우 1l당 100mg 이하로 하고 있다. 17g의 당분은 발효 후 1°의 알코올로 변환되기 때문에 1l당 170g의 당분을 함유한 머스트(Must)는 발효 후 10°의 와인이 된다. 당분이 너무 높으면 머스트(Must)는 모두 발효되지 않고 많은 당분이 남게 되어 Sweet Wine이 된다. 또 당분이 너무 낮으면 필요로 하는 알코올을 얻을 수 없으므로 규정에 따라 보당(Chaptalisation)을 해야 한다.

④ 산(Acid)

와인의 산 중 주석산(Tartaric Acid)은 거친 신맛, 능금산(Malic Acid)은 신선한 과일 맛을 주며 젖산(Latic Acid)은 조직(Body)에 중요한 역할을 한다. 타닌산(Tannin)은 포도의 껍질, 줄기, 씨에 포함되어 있으며 오크통 숙성 시 오크통에서도 우러나온다. 타닌은 와인의 숙성에 매우 중요하며 타닌이 없거나 부족하면 오래 묵힐 수 없다. 타닌은 청포도의 껍질에는 거의 없으며 적포도의 껍질에 다량 함유되어 있는데 일부 적포도는 잘 익어도 타닌의 함유량이 적은 품종이 있다. 따라서 청포도로 만든 White Wine이나 타닌이 적은 Rosé Wine 또는 Light Red Wine은 오래 숙성시키지 않는 것이 좋다.

⑤ 이산화탄소(CO_2)

발효 시 생기는 이산화탄소는 공기 중으로 발산된다. 그러나 2차발효를 병 속에서 하는 샴페인과 샤르마(Charmat)방식으로 발포성 와인을 만들 경우는 탄산가스를 발산시키지 않고 와인 속에 용해되어 남도록 한다. 또 보졸레 누보(Beaujolais Nouveau)와 일부 와인 제조 시 밀폐된 발효조에서 발생되는 이산화탄소를 이용하는데 이는 산소가 없는 곳에서 효모가 왕성하게 발효하는 특성이 있기 때문이다.

⑥ 열

발효는 커다란 나무통이나 시멘트통, 수지피복을 입힌 철제 탱크 및 스테인리스 탱크통에서 행해진다. 발효 시 다량의 열이 발생하므로 그대로 두면 머스트의 온도가 높아져 효모가 죽거나 약해져 발효가 불완전하게 되므로 발효에 적합한 온도로 계속 냉각시켜야 한다.

열을 식히는 방법에는 발효탱크의 표면에 찬물을 계속 부어 발효조의 온도를 낮추는 방식과 발효조 전체의 온도를 자동으로 조절하는 방식이 널리 이용되는데 현재는 대부분 후자의 방법이 이용되고 있다.

(5) 적포도주(Red Wine)의 제조

수확된 적포도는 제경과 파피를 거쳐 발효조에 옮긴 후 살균된다. 포도의 살균은 아황산수(H_2SO_3)를 Must에 넣어 살균하는 방식을 대부분 사용한다. 아황산용액은 많이 사용하면 인체에 유해하므로 각 나라별로 그 사용량을 엄격히 규제하고 있다. 살균이 끝나면 발효에 적당하게 20~28℃ 정도로 온도를 조절한 뒤 배양효모를 넣는다. 발효가 시작되면 과피에 있는 색소와 타닌 및 향이 우러나기 시작하며 과피는 가벼워져 위로 뜨게 된다. 이것을 프랑스에서는 샤포(Chapeau)라고 하는데 그냥 두면 두꺼운 층을 이루게 되며 각종 세균이 번식해 와인을 변질시키고 과피에 있는 각종 성분도 더 이상 우러나지 않아 Must에 잠기도록 해야 한다. 미국에서 모자(Hat, Cap)로 불리는 샤포는 다음과 같은 방식으로 Must에 잠기게 한다.

- 커다란 주걱으로 Chapeau를 저어 가라앉게 하는 방법
- 발효탱크와 같은 넓이로 판을 만든 후 Chapeau 위에 놓아 가라앉게 하는 방법
- 발효탱크 밑에 호스를 달아 펌프로 Must를 계속 Chapeau 위에 뿌려주는 방법

적포도주의 발효는 대개 5~7일 정도 소요된다. 그러나 밀폐된 발효탱크에서는 좀 더 빨리 발효되며 오래 묵히는 고급와인은 과피가 오랫동안 Must에 잠겨 있어야 하므로 그 기간이 길다. Free Run Wine은 바로 숙성과정으로 들어가며 압착와인(Press Wine)은 Blending 때 사용하거나 증류해서 Brandy를 만들 때 사용한다. 이런 종류의 Brandy로는 프랑스의 Marc Brandy, 이탈리아의 Grappa 등이 유명하다.

(6) 로제와인(Rosé Wine)의 제조

로제와인(Rosé Wine)은 색깔이 장밋빛 또는 연한 핑크빛을 띤다. 따라서 영어로는 Rose Wine 또는 Pink Wine이라고도 하나 불어인 Rosé Wine이라고 표시하는 것이 일반적이다. 로제와인을 만드는 방법에는 크게 3가지가 있다.

① 침용법(Marceration Method)

적포도의 발효 도중 과피에 있는 색소가 장밋빛만큼 우러나오면 과피를 제거해 더 이상 색깔이 짙어지지 않게 만드는 방법이다. 발효 도중에 과피를 제거하면 과피에 있는 색

소가 다 우러나지 않아 장미처럼 붉고 타닌 및 각종 성분의 함유량이 낮아 가볍게 마실 수 있는 와인이 된다. 가장 대표적인 로제와인 제조방법으로 발효가 끝난 Rosé Wine은 백포도주와 같은 방식으로 정제되며 대부분 오크통에서 숙성시키지 않는다.

② 착즙법(Direct Pressing Method)

적포도를 수확하자마자 바로 착즙해 이 주스를 발효시켜 만드는 방법이다. 즉 적포도를 이용하여 화이트와인과 같은 제조방법으로 와인을 만드는 것이다. 적포도를 착즙하면 껍질이 터지면서 약간의 붉은빛이 추출되어 연한 홍색을 띤 와인이 된다. 이 와인을 미국에서는 블러시와인(Blush Wine)이라고 하며 프랑스에서는 흑포도로 만든 백포도주란 뜻의 Blanc de Noir 또는 회색와인이란 뜻의 Vin Gris라고 한다. 이 와인은 색깔만으로는 침용해 만든 Rosé Wine과 구별하기 어려우므로 상표에 'Blush Wine', 'Blanc de Noir' 또는 원료포도 품종명칭을 붙여 'White Zinfandel'과 같이 표시해야 한다.

③ 채혈법(Saignée Method)

세녜(Saignée)는 '피를 뽑다', '피를 쏟다'라는 뜻의 프랑스 말로 사혈법(Bleeding)이라고도 한다. 침용법과 착즙법의 중간인 로제와인 제조방법으로 주로 프랑스에서 이용되고 있다. 적포도의 껍질을 가볍게 터트려 24시간 이내로 그대로 두어 원하는 색이 우러나면 착즙하여 로제와인을 만드는 방법이다. 이것은 원래 작황이 좋지 않거나 더욱 진한 레드와인을 만드는 과정에서 부수적으로 사용하던 방법이었다. 발효 전에 주스의 10% 정도를 빼내는데 이 모습이 와인의 피를 빼는 것 같다고 하여 붙여진 이름으로 이렇게 하면 남은 주스에 대한 껍질의 비율이 높아져 좀 더 진한 레드와인을 만들 수 있다. 이때 빼낸 주스를 따로 발효시켜 로제와인을 만들었는데 현재는 로제와인만을 만드는 데도 널리 사용되고 있다. 일반적으로 착즙법에 의한 로제와인보다는 색과 맛이 진하지만 침용법의 로제와인보다는 색과 맛이 가볍다.

④ 블렌딩 방법(Blending Method)

단순히 Red Wine과 White Wine을 섞는 방법이다. 이러한 방법은 EU를 비롯한 대부분의 국가에서 법적으로 금지되어 있다. 다만 Champagne은 병 속에서 2차발효시키기 전에 White Wine과 Red Wine을 섞은 후 병입하여 로제샴페인을 만드는 것이 허용되어 있다. 일부 국가에서는 적포도와 백포도로 함께 머스트를 만든 뒤 발효시켜 로제와인

만드는 것을 허용하는 곳도 있다.

(7) 백포도주(White Wine)의 제조

백포도는 수확 후 제경·착즙하여 주스만을 발효시킨다. 발효온도는 적포도주 제조보다 낮은 10~15°C에서 10~14일에 걸쳐 서서히 진행된다. 이것은 발효온도가 높아지면 각종 산(Acid) 및 방향성분이 상실되어 와인의 신선하고 산뜻한 맛과 향이 사라지기 때문이다.

(8) 보당(Chaptalisation)

일기가 나쁜 해에는 포도의 당도가 낮아져 필요한 알코올 도수의 와인을 만들지 못하는 경우가 많다. 이 문제를 해결하기 위해 머스트(Must)에 당분을 첨가하는 방법이 개발되었는데 이 방법을 개발자의 이름을 따 Chaptalisation이라고 한다. 이 방법은 연평균기온 10°C 내외의 비교적 추운 지역에서 행해지며 각 나라별로 엄격히 규제되고 있다.

(9) 후발효(Malo-Lactic Fermentation)

발효가 끝난 와인은 Malo-Lactic Fermentation이라는 후발효를 시키는데 이것은 발효 때와 같이 당분이 알코올로 변하는 발효가 아니고 발효가 끝난 와인 속에 들어 있는 능금산(Malic Acid)이 젖산균에 의해 젖산(Lactic Acid)으로 변하는 현상이다.

후발효를 시키면 와인의 신맛이 줄어든다.

(10) 스위트와인(Sweet Wine)

포도의 당분이 완전히 발효되지 않으면 당분이 남게 되어 감미와인(Sweet Wine)이 된다. 스위트와인(Sweet Wine)을 만드는 방법은 여러 가지가 있으나 완성된 와인에 설탕이나 감미료 또는 당도가 높은 포도즙을 넣어 달게 만든 것은 와인으로 취급되지 않는다.

① Noble Rot 포도로 만드는 방법

완전히 익은 포도를 수확하지 않고 그대로 두면 낮에는 햇볕에 의해 포도가 마르고 밤과 새벽에는 이슬과 안개가 과피를 적시는 현상이 반복되면서 과피에 곰팡이가 피게 된다. 이 곰팡이가 과피를 뚫어 수분을 증발시킴으로써 당분이 농축된다.

이 현상을 Noble Rot(貴腐; 귀한 부패)라고 하는데 독일에서는 Edelfäule, 이탈리아에서는 Muffa Nobile, 프랑스에서는 Pourriture Noble이라고 한다.

Noble Rot 포도는 백포도로만 만들며 프랑스의 Sauternes 지역, 독일의 Rhein 지역, 헝가리의 Tokay 지역이 특히 유명하다. Noble Rot 와인은 당도와 향이 매우 높고 산도가 낮은 황금색의 고급 Sweet Wine이다.

② 발효 중인 Must에 알코올을 첨가하는 방법

발효 중인 Must에 알코올을 넣어 Must의 알코올을 16도 이상 높이면 효모가 죽어 발효가 정지되며 많은 당분이 그대로 남아 스위트와인(Sweet Wine)이 된다. 포르투갈의 Port Wine과 프랑스의 Vins Doux Natural 및 Madeira 와인 등이 이 방법에 의해 만들어진다.

③ 건조시킨 포도로 만드는 방법

포도를 따서 햇볕에 말리면 수분이 증발되어 당도가 높아진다. 이렇게 말린 포도를 착즙한 후 와인을 만드는데 스페인의 Cream Sherry 및 Malaga, 이탈리아의 Marsala, 프랑스의 Vind de Pailla 와인 등이 이 방식에 의해 만들어진다. 또한 발효 중에 강화시키므로 강화주가 된다. 최근에는 이탈리아의 발폴리첼라(Valpolicella)에서도 이러한 방법으로 와인을 만드는데 이를 레초토 디 발폴리첼라(Recioto di Valpolicella) 와인이라고 한다.

(11) 숙성(Aging)

숙성은 원료포도의 품종, 토양, 발효시간, 발효온도, 와인의 당도 및 산도, 타닌의 함유량, 숙성 시의 온도 및 습도, 진동, 래킹(Racking)의 횟수, 와인의 보충(Topping), SO_2의 사용량, 숙성용기의 재질 및 크기, 병입 숙성 시 코르크의 길이 및 기간, 햇빛 등 수많은 요인들이 복합적으로 영향을 미치므로 과학적으로 규명하기 어려운 현상이다. 따라서 같은 해 같은 곳에서 만든 와인이라도 숙성을 어떻게 하였는가에 따라 그 맛과 향이 매우 달라지고 이러한 차이는 숙성기간이 길수록 커지게 된다.

① 오크통(Oak Barrel)

나무통(Barrel)은 BC 2800년경 이집트에서 처음 발명되었으며 와인의 숙성에 사용한 것은 1세기경 현재 프랑스 일대에서 살던 갈리아인들이다. 오크통의 경우 와인이나

Cognac을 숙성시킬 통은 속을 태우지 않지만 Whisky를 숙성시킬 통은 속부분이 숯이 되도록 태운다. 오크통은 나라별·지역별로 명칭이 다르지만 대개 Barrique(225l), Demi Barrique(112l), Piéce(225l), Tonneau(900l) 등으로 불린다. 오크통에서 와인을 숙성시키는 이유는 나무에서 각종 성분이 우러나와 와인을 부드럽게 하고 향기와 맛, 색깔이 복합적으로 증대되기 때문이다. 또 나무에서 우러나오는 타닌은 와인을 묵히는 데 필수적이므로 오래 묵혀야 할 고급와인은 언제나 나무통 속에서 숙성시켜야 한다. 그러나 너무 많은 타닌과 기타의 추출물은 와인의 품질을 손상시키기 때문에 새로 만든 와인은 일단 새 오크통에 넣어 약 6~8개월만 숙성시킨 후 스테인리스 탱크로 옮겨 계속 숙성시키거나 오래된 오크통에 옮겨져 숙성시키게 된다. 이렇게 하여 새 오크통은 약 3년간 사용한 후 위스키나 브랜디의 숙성용으로 이용된다.

② 스테인리스 탱크(Stainless Tank)

신선하고 과일향이 많으며 산뜻한 맛이 나는 와인을 만들 때 오크통에서 숙성시키면 통에서 우러나는 각종 성분 때문에 원하는 와인을 얻을 수 없다. 또 새 오크통의 가격도 225l통 1개당 약 60만 원 정도나 되어 대중적인 와인을 만들 경우 비용이 증가한다. 현재 대부분의 와인은 스테인리스 탱크에서 일정기간 숙성시키는 것으로 그친다. 스테인리스 탱크는 용기제작의 편리성과 견고성 그리고 강산성 용액인 포도주에 부식되지 않고 밀폐식 온도조절장치의 부착이 간편해 효과적인 조절을 할 수 있으므로 와인산업을 발전시키는 데 크게 이바지하고 있다.

③ 쉬르리(Surlie)

프랑스 루아르(Loire) 지역 특히 뮈스카데(Muscadet) 지방에서 행해지는 숙성방법으로 백포도주의 숙성 시 가라앉은 리(Lie)를 제거하지 않고 그대로 두는 방법이다. 약 6개월 정도 리(Lie)를 제거하지 않고 그대로 두면 신선함이 증가되고 약한 탄산가스가 와인에 생기게 된다. 이 방법으로 만든 와인은 오래 숙성시키지 못하므로 바로 마신다.

(12) 정화(Racking, Fining, Filtration)

발효가 끝난 와인은 매우 혼탁하다. 이러한 와인을 맑고 깨끗한 와인으로 만드는 것을 와인의 정화라고 한다. 정화의 방법은 와인의 종류에 따라 다르나 래킹(Racking), 청징(Fining), 여과(Filtration)의 3가지 방법이 이용된다.

① 래킹(Racking)

발효가 끝난 와인은 죽은 효모와 색소, 포도의 찌꺼기 등이 탱크 밑으로 가라앉아 쌓이게 된다. 이 침전물을 프랑스에서는 리(Lie)라고 한다. 와인을 오크통에 넣에 숙성시키는 동안 통 밑에 가라앉은 Lie를 제거하는 것을 래킹(Racking)이라고 한다.

래킹은 처음 1년간은 1년에 3~4회에 걸쳐 래킹을 하며 이후 4~5개월에 한번씩 래킹을 한다. 래킹의 주목적은 침전물 제거이지만 래킹을 할 때마다 짧은 시간 동안 공기와 접촉하면서 향이 더욱 좋아지고 잔류 탄산가스와 발효 시 사용했던 SO_2의 농도도 낮아지게 된다.

② 청징(Fining)

숙성 시 미세한 부유물은 중력에 의해 가라앉지 않으므로 Racking을 해도 제거되지 않는다. 그러므로 여러 가지 흡착물질을 통 속에 넣어 부유물을 흡착해 가라앉게 하는데 이 작업을 청징(Fining)이라고 한다. Fining에 쓰이는 재료는 카제인(Casein), 규조토(Bentonite), 활성탄, 계란 흰자 등이 있다. 이 중 계란 흰자와 규조토가 가장 널리 쓰인다.

③ 여과(Filtration)

오크통에서 숙성시키지 않는 와인은 발효 후 숙성탱크로 옮겨져 저온에서 숙성되는데 이 냉각 숙성기간 동안 주석산이 유리처럼 결정을 이루어 침전하게 된다. 이 침전물을 수차례 Racking한 후 부유물질을 여과기로 여과해 병입한다. 가장 널리 이용되는 여과기는 규조토(Bentonite) 여과기와 마이크로 필터(Micro Filter) 여과기이다.

(13) 블렌딩(Blending)

와인은 포도의 품종, 산도 및 당도, 타닌의 함유량, 숙성기간 등 여러 가지 요인에 의해 맛과 향이 각각 다르다. 이러한 와인을 섞어 맛과 향을 더욱 풍미 있게 하는 것을 블렌딩(Blending)이라고 한다.

프랑스의 경우 각 산지별로 Blending할 수 있는 품종을 지정해 놓고 있으며 미국의 경우 상표에 원료포도를 표시한 와인을 품종명칭와인(Varietal Wine)이라고 하여 75% 이상 사용해야 한다. 와인은 Blending 시 같은 해에 만들어진 와인끼리만 Blending하지만 다른 해에 생산된 와인을 규정 이상으로 섞는 경우도 있다. 이럴 경우는 수확연도(Vintage)를 표시할 수 없다.

(14) 병입(Bottling)

병입(Bottling)은 와인을 만드는 마지막 과정으로 병입 및 마개작업, 상표부착의 과정을 포함한다. 이러한 과정은 대부분 기계에 의한 자동화로 작업이 이루어진다. 와인은 대부분 병에 담겨 판매되나 플라스틱용기나 종이팩에 넣어 판매되기도 한다. 대부분의 와인병이 코르크로 마개를 하고 있으나 알루미늄과 합금 및 플라스틱캡슐도 널리 쓰인다.

(15) 발포성 와인(Champagne, Sparkling Wine)

보통의 Table Wine은 발효 중에 발생하는 탄산가스(CO_2)가 공기 중으로 발산되기 때문에 와인 속에는 남아 있지 않게 된다. 그러나 여러 가지 방법에 의해 탄산가스를 함유하게 만든 와인을 발포성 와인(Sparkling Wine)이라고 한다. 이 중 프랑스의 샹파뉴(Champagne) 지방에서 Méthod Champenoise라는 전통적 제조방식으로 만든 것을 특별히 샹파뉴(Champagne)의 영어식 발음인 샴페인(Champagne)이라고 한다. 따라서 다른 나라에서 만든 것은 비록 Méthod Champenoise방식으로 만들었다고 하더라도 Champagne이라고 표기하지 못한다.

프랑스에서도 Champagne 이외의 발포성 와인은 뱅 무쇠(Vin Mousseux) 또는 크레망(Crémant)으로 부르며 이탈리아에서는 스푸만테(Spumante), 독일에서는 젝트(Sekt), 스페인에서는 에스푸모소(Espumosso)로 불린다. 이러한 발포성 와인을 만드는 방법에는 크게 4가지가 있다.

가) Méthod Champenoise

① **포도수확** : 프랑스의 샹파뉴(Champagne) 지방에서 샴페인(Champagne)을 만드는 전통적 방법이다. 샴페인에 힘을 주는 Pinot Noir, 과실향을 주는 Pinot Meunier의 2가지 적포도와 산뜻함을 주는 Chardonnay 백포도를 사용한다.

② **착즙** : 양질의 과즙을 얻기 위해 착즙률을 70% 정도로 낮춘다.

③ **발효** : 백포도주와 같은 방식으로 하되 품종별로 따로 발효시킨다.

④ **퀴베(Cuvée)** : 발효가 끝나면 침전물을 제거하고 각 품종의 와인을 잘 조합해 품질을 조화시키고 균일화하는데 이것을 퀴베라고 한다. 퀴베는 여러 밭에서 생산된 와인을 혼합하거나 여러 품종의 와인을 혼합하는 것, 그리고 여러 빈티지의 와인을 혼합하여 각 회사별로 고유한 'House Style'을 만드는 기술이다. 대부분의 Champagne에 빈티지(Vintage) 표시가 없는 것은 퀴베 시 빈티지가 다른 와인을 혼합하기 때문

이다.

⑤ 2차발효 : 퀴베가 끝난 와인은 병입하는데 이때 당분과 효모를 일정량 넣은 후 입구를 캡으로 막는다. 주입된 당분과 효모에 의해 병 속에서 다시 발효가 일어나는데 이것을 2차발효라고 하며 10~12°C에서 약 45일간 진행된다. 이 2차발효는 Méthod Champenoise가 특징이며 2차발효에 의해 알코올 도수가 2~3도 높아지고 CO_2의 발생으로 병의 내부압력이 5~6기압에 달한다. 따라서 병의 밑바닥을 펀트(Punt)라고 하는 움푹 들어간 모양으로 만들어 병의 내면적을 넓혀 압력을 분산시킨다.

⑥ 숙성 : 병입 후 옆으로 뉘어 Non-Vintage Champagne은 1년 이상, Vintage Champagne은 3년 이상 법적으로 숙성시켜야 하나 대부분 그보다 오래 숙성시킨다. 그러나 Champagne도 기본적으로는 백포도주와 마찬가지로 오래 묵힐 수 있는 와인은 아니므로 보통 2~4년간 숙성시키며 최고급 Champagne도 6년 이상 숙성시키는 것은 많지 않다.

⑦ 침전물 병목 모으기(Remuage ; Riddling) : 2차발효가 끝나면 효모의 죽은 찌꺼기와 기타 불순물이 병 밑으로 가라앉는데 이 Sediment를 제거하기 위해 먼저 병목으로 모으는 작업을 르뮈아주(Remuage), 영어로는 리들링(Riddling)이라고 한다.

⑧ 침전물 제거(Dégorgément) : Sediment를 병목으로 완전히 모으면 데고르주망(Dégorgément)이라는 침전물 제거작업을 한다. 20°C 정도로 냉각된 소금물에 병목부분만 담가 병목부분이 얼면 병을 세워 마개를 열면 내부압력에 의해 얼음이 튀어나간다. 이때 탄산가스도 함께 분출되므로 병 속의 기압이 낮아져 약 4기압 정도가 된다.

⑨ 와인 보충(Dosage) : Sediment가 얼음과 함께 분출된 양만큼 즉시 와인을 보충해주고 코르크로 마개를 하는데 이 작업을 도자주(Dosage)라고 한다. 이때 주입되는 와인의 당도에 의해 Champagne의 당도가 결정된다. 프랑스의 경우 Champagne의 당도는 EU의 규정에 따르는데 이는 다음과 같다.

🍷 Champagne의 당도

명칭	Brut Nature Brut Zero Pas Dosé	Extra Brut	Brut	Extra Dry Extra Sec Extra Seco	Dry Sec Seco	Demi-Sec Semi-Seco	Sweet Doux Dulce
당분 (g/ℓ)	3 이하	0~6	0~12	12~17	17~32	32~50	50 이상

나) Charmat Process

Méthod Champenoise로 만든 발포성 와인은 맛과 향이 뛰어나지만 시간과 비용이 대단히 많이 드는 단점이 있다. 이러한 단점을 극복하기 위해 1910년 프랑스의 와인 과학자인 Eugéne Charmat가 개발한 방법을 Charmat Process라고 한다. 큰 통에서 대량생산하므로 Bulk Process라고도 하고 밀폐식 탱크에서 만들므로 Cuvée Close라고도 한다. Charmat Process에는 온도조절장치가 부착된 3개의 밀폐식 탱크가 필요하다. 보통의 와인을 첫 번째 탱크에 넣고 12~16시간 가열하여 숙성시킨 후 즉시 냉각시켜 두 번째 탱크로 옮겨 설탕과 효모를 주입해 15~20일간 저온에서 2차발효시킨다. 이때 탱크가 밀폐식이므로 탄산가스가 와인에 포화된다. 2차발효가 끝난 와인은 세 번째 탱크로 옮겨져 -1℃ 정도로 차게 숙성시킨 후 여과하여 병입한다. 이 방법은 1개월 만에 발포성 와인을 만들 수 있고 대량생산이 가능하지만 고유의 향미가 많이 소실되는 단점이 있다.

다) Transfer Method

이 방법은 1930년대 독일에서 고안된 방식으로 2차발효까지는 Méthod Champenoise와 동일하게 병 속에서 한다. 병 속에서 2차발효가 끝나면 와인을 세워 Sediment가 바닥에 가라앉게 한 다음 마개를 열고 와인을 큰 탱크에 따라 옮긴다. 이때 탄산가스가 많이 소실되는 것을 방지하기 위해 와인병을 차게 냉각시킨 상태에서 하며 0℃ 정도로 차게 하여 숙성시킨 후 여과해 병입한다. 이때 Dosage를 하여 당도를 결정하는데 이 방법은 와인을 옮기는 과정에서 탄산가스가 많이 소실될 뿐만 아니라 여과 시 와인의 맛과 향에 영향을 주는 여러 가지 성분도 함께 걸러져 맛과 향이 많이 상실되어 널리 이용되지는 않는 방법이다.

라) Carbonation Method

이 방법은 완성된 보통의 와인에 인공적으로 탄산가스를 주입시키는 방법인데 와인쿨러 등이 여기에 속한다. 현재 대부분의 나라에서는 이 방법으로 만든 발포성 와인은 와인으로 인정하지 않고 있으며 우리나라도 와인쿨러라고 하여 와인으로 인정하지 않고 있다.

각국별 Sparkling Wine의 명칭

국가	명칭	탄산가스압 (기압)	주요 제조방법	비고
프랑스	Champagne	4~6	Méthode Champenoise	
	Cremant	3.5~4	Méthode Champenoise	Cremant d'Alsace, C.d. Loire, C.d. Bourgogne, C.d. Jura, C.d. Bordeaux
	Vin Mousseux	3 이상	Charmat Process	
	Petillant	2	Charmat Process	
스페인	Espumoso		Charmat Process	Sparkling Wine의 총칭
	Cava		Méthode Champenoise	Penedes 지역
독일	Schaumwein	3		Sparkling Wine의 총칭
	Sekt	3.5 이상	Charmat Process	Transfer Method 가능
	Perlwein	2.5 이하	Charmat Process	
이탈리아	Spumante	3 이상	Charmat Process	Méthode Champenoise 가능
	Frizzante	2.5 이하	Charmat Process	

(16) 베르무트(Vermouth)

베르무트(Vermouth)는 그리스의 철학자이며 의학의 아버지인 히포크라테스(Hippocrates : BC 460~377)에 의해 처음 만들어진 것으로 추정되고 있다. 그는 와인에 계피와 벌꿀 등을 넣은 음료를 만들었는데 이것은 침출법에 의해 만들어진 가장 오래된 와인으로 베르무트의 기원으로 알려지고 있다. 냉장기술이 발달되지 못했던 17세기경 독일의 라인 지방에서는 와인의 변질을 방지하고 맛을 좋게 하기 위해 와인에 쑥(Wormwood)을 넣는 방법을 사용했다. 쑥은 독일말로 'Wermut'로 18세기부터는 이탈리아에서도 이런 형태의 와인을 만들면서 'Vermut'라고 했으며 이의 영향을 받아 'Vermouth'라는 영어식 단어가 파생되었다. 오늘날과 같은 베르무트는 1757년 이탈리아에서 시작되었다. 1800년 프랑스 마르세유의 Joseph Noilly에 의해 'Noilly'라는 Dry Vermouth가 만들어졌으며 후에 'Noilly Prat'으로 이름이 바뀌었다.

Vermouth는 다양한 종류의 쑥(Artemisia Absintium)과 수많은 종류의 허브 및 각종 재료를 와인에 넣은 다음 강화시켜 재료의 성분을 침출시켜 만드는데 일부 회사는 100가지가 넘는 재료를 사용하기도 한다.

Vermouth는 Red Vermouth와 White Vermouth가 있다. Red Vermouth는 이탈리아에서, White Vermouth는 프랑스에서 처음 만들어져 Red Vermouth를 Italian Vermouth, White Vermouth를 French Vermouth로 부르기도 하나 현재는 모든 나라가 Red와 White Vermouth를 생산하므로 이러한 구분은 의미가 없다. 일반적으로 Red Vermouth는 13~16%의 당도를 가지고 있어 Sweet Vermouth로 불리며, White Vermouth는 당도가 4% 이하여서 Dry Vermouth로도 불린다. 일부 White Vermouth는 약간의 단맛이 나는 것도 있다.

Vermouth는 대개 알코올 도수가 15~21%이며 제조기법상 혼성주에 속하나 시장에서는 강화와인(Fortified Wine), 방향성 와인(Aromatic Wine, Aromatized Wine) 등 와인으로 취급된다. 강화와인이지만 알코올 도수가 높지 않기 때문에 마개를 딴 와인은 냉장고에 보관하고 6주 이내에 소비하는 것이 좋다. Vermouth는 차게 하여 스트레이트(Straight)로 마시거나 얼음에 부어(On the Rock) 오렌지나 레몬조각을 띄워 마시며 마티니(Martini)나 맨해튼(Manhattan) 등 칵테일에도 이용된다. 주요 회사로는 프랑스의 Noilly Prat과 Dubonnet, 이탈리아의 Cinzano, Martini&Rossi 등이 있다.

Noilly Prat   Dubonnet   Cinzano Bianco, Rosso   Martini Bianco, Rosso

5) 와인의 등급

유럽연합(EU)은 회원국가에서 생산된 와인은 의무적으로 등급을 부여하도록 하고 있다. 특히 프랑스, 이탈리아, 독일 등 전통적인 와인생산국가에서는 유럽연합의 규정보다도 더 세분화된 와인등급제도를 시행하고 있으며, 와인의 등급과는 별도로 포도밭의 등급도 세분화하는 등 품질관리에 노력하고 있다. 유럽연합의 회원국이 아닌 나라는 와인에 대한 등급제도가 없으나 와인의 품질을 관리하기 위한 각종 법과 제도가 시행되고 있다.

(1) 유럽연합(EU)의 와인등급제도

유럽연합(EU)의 전신인 유럽공동체(EC)에서는 1971년 벨기에의 브뤼셀(Brussel)에서 회원국에서 생산된 모든 와인에 대해 2종류의 등급을 부여할 것을 의무화하는 European Classification 협약을 체결하였다. 이 협약은 1994년 EC가 EU로 변경된 이후에도 계속 유지되고 있으며 또한 강화되고 있다.

> • Table Wine(TW) : 테이블 와인
> • Quality Wines Produced in Specified Regions(QWpsr) : 고급와인

(2) 프랑스의 와인등급제도

프랑스는 2009년 9월 1일부로 자국의 와인등급체계를 기존의 4단계에서 3단계로 축소하였다. 이에 따라 2012년부터 기존의 VDQS와인은 완전히 폐지되었고 Vin de Table은 Vin de France(VdF), Vin de Pay는 Indication Géographique Protégée(IGP), AOC는 Appellation d'Origine Protégée(AOP)로 바뀌었다.

① 아펠라시옹 도리진 프로테제(Appellation d'Origine Protégée : AOP) : 원산지보호명칭 와인

이 등급은 1935년에 제정된 AOC(Appellation d'Origine Contrôlée)등급의 새로운 명칭으로 2012년부터 시행되었다. 특히 1949년에 제정된 VDQS등급의 와인은 일부가 격상되어 AOP에 포함되었고 품질이 낮은 VDQS와인은 IGP와인에 포함되어 VDQS등급이 없어졌다.

② 앵디카시옹 제오그라픽 프로테제(Indication Géographique Protégée : IGP) : 지방명보호명칭 와인

이 등급은 1973년 제정된 VDP(Vins de Pays)등급의 새로운 명칭으로 2012년부터 전면적으로 시행되고 있다. 내용은 VDP와 거의 같으나 약간 강화되었고 2020년 현재 약 150개의 IGP 명칭의 와인생산지역이 있다.

③ 뱅 드 프랑스(Vin de France : VdF) : 프랑스 와인

2012년부터 시행되는 VDT(Vins de Table)등급의 새로운 명칭이다. 프랑스에서 생산한 포도로만 만든 와인은 'Vin de France'로 표시하고 다른 나라에서 생산된 와인을 혼합한 와인은 'Vin de la Communaute Europeenne'라고 표기한다.

🍷 주요 EU국가의 와인등급체계(2020년 기준)

유럽연합(EU)		프랑스	이탈리아	스페인	포르투갈	독일		
QWPSR	PDO	AOP (AOC)	DOCG	DOCa	DOP (DOC)	Prädikatswein	Trockenbeerenauslese	Eiswein
							Beerenauslese	
				DO			Auslese	
			DOC	VP			Spätlese	
							Kabinett	
				VC			QbA	
	PGI	IGP (VDP)	IGP (IGT)	IGP (VdT)	IGP (VR)	Deutscher Landwein		
Table Wine		VdF	VdT	VdM	Vinho	Deutscher Wein		

(3) 독일의 와인등급제도

독일은 1879년 와인에 관한 법률을 처음 제정한 후 2007년 최종 개정하여 오늘에 이르고 있다. 독일도 EU(유럽연합)의 규정에 의해 와인의 등급을 보통와인과 고급와인의 2가지로 대분류하고 다시 총 9개의 세부등급으로 분류하고 있다. 빈티지가 표기된 와인은 빈티지가 표기된 해의 와인을 최소한 85% 이상 사용해야 하며 품종이 표기된 와인은 표기품종을 최소한 85% 이상 사용해야 한다. 또 상표에 2가지 품종을 표기할 수도 있는데 이때는 반드시 표기된 2가지 품종만을 사용해야 한다.

① 도이처 바인(Deutscher Wein)

테이블와인으로 100% 독일에서 재배된 품종으로만 만들어야 한다. 빈티지가 나쁜 해에는 보당이 허용된다. 와인의 알코올 도수는 최소한 8.5% 이상이어야 한다. 상표에 반드시 산지를 표기해야 한다.

② 도이처 란트바인(Deutscher Landwein)

프랑스의 뱅 드 페이(Vins de Pays)에 해당하는 와인으로 19개 지역에서 생산된다. 반드시 생산지역을 표기해야 하며 보당이 허용된다. 알코올 도수는 9% 이상이어야 하며 트로켄(Trocken)과 할프트로켄(Halbtrocken)만 생산된다.

③ 크발리태츠바인(Qualitätswein)

Quality Wine이란 뜻으로 각 지역에서 승인된 포도를 원료로 하여 생산된 고급와인이다. QbA와 Prädikatswein의 2등급이 있으며 Prädikatswein은 다시 6개의 등급으로 나누어진다.

가) 크발리태츠바인 베슈팀터 안바우게비테(Qualitätswein bestimmter Anbaugebiete : QbA)

한정 생산지역의 고급와인이란 뜻의 와인등급이다. 독일은 주요 와인산지를 13개로 나누고 이 지역을 안바우게비테(Anbaugebiete)라고 한다. 이 등급의 와인은 상표에 산지, 공식 와인감정 합격번호(A.P.Nr), 와인의 생산자 및 주소, 'Qualitatswein'이란 문자를 반드시 표기해야 하고 알코올 도수는 7%가 넘어야 한다. 독일 와인 중 생산량이 가장 많은 등급이며 약간 단맛이 있고 가볍고 상쾌하며 향이 좋다. 작황이 좋지 않은 해에는 보당이 허용된다. 안바우게비테(Anbaugebiete)와 함께 마을이름인 베리히(Beriech), 포도밭이 모여 이루어진 그로슬라게(Grosslage), 개별 포도밭인 아인첼라게(Einzellage)를 표시하기도 한다.

나) 프래디카츠바인(Prädikatswein)

'허가받은 와인'이란 뜻의 최고급 와인등급이다. 발효 시 일체의 보당이 허용되지 않으며 와인의 당도와 생산방법에 따라 6개의 등급으로 다시 분류된다. 이 등급의 와인은 상표에 'Prädikatswein'과 등급, 공식 와인감정 합격번호(A.P.Nr), 와인 생산자 및 주소를 반드시 표기해야 한다.

- **카비네트(Kabinett)** : 와인제조자의 셀러(Cabinet)에서 숙성된 와인이란 뜻으로 잘 익은 포도로 제조하며 섬세하고 가볍다.
- **슈패트레제(Spätlese)** : 'Late Picking'이란 뜻이며 정상 수확시기보다 1주 이상 늦게 수확하여 포도의 당도를 높여 만든 와인으로 맛과 향이 더 강하고 단맛도 카비네트에 비해 더 달다.
- **아우스레제(Auslese)** : 'Selected Picking'이란 뜻으로 포도송이에서 완전히 익지 않은 포도알을 일일이 골라낸 후 잘 익은 포도로만 만든 와인으로 색깔이 진하고 단맛과 향이 더 강하다.
- **베렌아우스레제(Beerenauslese)** : 'Berry Selected Picking'이란 뜻으로 완전히 익은 포도알만 알알이 따서 만든 와인이다. 귀부병(Noble Rot)상태의 포도만 사용하는 것은 아니지만 보통 귀부병 현상이 진행된 포도를 사용하며 좋은 향미와 진한 단맛으로 디저트용으로 이용한다.
- **트로켄베렌아우스레제(Trockenbeerenauslese)** : 'Dry Berry Selected Picking' 이란 뜻으로 귀부병(Edelfaule)이 걸린 포도로 만든 와인으로 향기가 풍부하고 달고 진한 맛의 최고급 와인이다.

- **아이스바인(Eiswein)** : 'Ice Wine'이란 뜻으로 베렌아우스레제나 트로켄베렌아우스레제 포도를 수확하지 않고 그대로 둔 다음 기온이 영하 6도 이하로 떨어지는 12월과 1월 중 새벽에 수확하여 언 상태로 착즙하여 만든 와인이다.

(4) 이탈리아의 와인등급제도

이탈리아는 1963년 DOC제도가 생겼으며 수차례 법을 개정하여 현재 4개의 와인등급제도를 운영하고 있다.

① 비노 다 타볼라(Vino da Tabola : VDT)

Vino da Tavola는 Table Wine이란 뜻으로 유럽연합(EU)의 품질분류상 보통와인에 속한다. 그러나 실제로 이 표시가 있는 와인 중 이탈리아의 전통품종이 아닌 다른 품종으로 와인을 만들었기 때문에 고급 등급을 못 받았지만 대단히 좋은 와인도 많다.

② 인디카치오네 지오그라피카 티피카(Indicazione Geografica Tipica : IGT)

IGT 와인은 각 지역별 특산와인으로 프랑스의 Vin de Pay에 해당하는 와인이다. 이와인은 해당지역의 특성을 잘 나타내고 있는 와인으로 Tuscany 지역과 Sicily를 비롯해 전국으로 확대되고 있다. IGT 와인은 생산자나 병입자의 이름, 병입장소, 용량, 알코올 도수, 생산지역을 반드시 표시해야 하며 대부분 품종도 표시된다.

③ 데노미나치오네 디 오리지네 콘트롤라타(Denominazione di Origine Controllata : DOC)

DOC 와인은 한정된 생산지역에서 지정된 품종과 수확량, 색깔, 향, 알코올 도수, 산도 등 양조방법을 비롯한 각종 와인 제조방법에 대한 기준에 따라 제조된 와인이다. 이러한 기준은 국가와인위원회의 지도를 받는 그 지역의 와인생산자들이나 조합에 의해 결정된다. DOC/DOCG 와인은 EU의 규정상 VQPRD에 해당하며 전체 와인 생산량의 20% 정도를 차지한다.

④ 데노미나치오네 디 오리지네 콘트롤라타 에 가란티타(Denominazione di Origine Controllata e Garantita : DOCG)

원산지통제표시 와인으로 정부에서 보증한 최상급 와인(특급와인)을 의미한다. IGT, DOC, DOCG 와인은 상표에 생산지역, 생산자 또는 병입자 이름, 병입지역, 용량, 알코올 도수를 반드시 기재해야 한다. DOCG 와인은 병목에 핑크색의 가는 띠를 부착해야 한다.

(5) 스페인의 와인등급

스페인은 유럽의 다른 나라보다 늦은 1970년에 전국적인 원산지 통제명칭법인 Denominación de Origen(DO)을 제정하고 수차례 개정하여 품질관리를 하고 있다. 특히 다른 나라와 달리 와인의 등급제도와 와인의 숙성표시제도를 함께 운영하고 있다.

가) 와인의 등급제도

① 비노 데 메사(Vino de Mesa : VdM)

Table Wine 등급이다. 스페인 와인 생산량의 75%를 차지한다.

② 인디카시온 헤오그라피카 프로테히다(Indicación Geográfica Protegida : IGP))

법 개정에 의해 비노 데 라 티에라(Vino de la Tierra:VdT)에 새로 부여된 명칭이다. IGP 와 VdT 명칭을 모두 사용할 수 있으며 2020년 현재 42개의 VdT가 있다. 반드시 산지명을 표기해야 한다.

③ 비노 데 칼리다드 콘 인디카시온 헤오그라피카(Vino de Calidad con Indicacion Geografica :VC)

2003년에 IGP등급보다는 강화된 규정으로 생산되는 와인으로 DOP등급이지만 DO 등급보다는 품질이 낮다. 2020년 현재 7개의 VC가 지정되어 있다.

④ 비노 데 파고(Vino de Pago:VP)

2003년에 국제적 명성이 있는 개별 와이너리(Single Estate)를 대상으로 지정된 등급으로 2020년 현재 총 20개의 와이너리가 지정되어 있다.

⑤ 데노미나시온 데 오리헨(Denominacion De Origen:DO)

프랑스의 A.O.C, 이탈리아의 D.O.C급 와인으로 원산지와 사용품종 및 제조방법이 제한된다.

⑥ 데노미나시온 데 오리헨 칼리피카다(Denominacion de Origen Calificada:DOCa)

1991년 새롭게 지정된 등급으로 2020년 현재 2개 지역만 D.O.Ca등급을 받고 있다.

나) 스페인 와인의 숙성표시 기준

① 비노호벤(Vino Joven) : 오크통 숙성을 거치지 않고 바로 마시는 와인으로 신크리안사(Sin Crianza)라고도 한다.

② 비노 데 크리안사(Vino de Crianza) : 레드와인은 6개월간 오크통 숙성을 포함 총 2

년 이상 숙성해야 한다. 특히 리오하 레드와인은 1년 이상 오크통 숙성을 해야 한다. 화이트와 로제 와인은 6개월간 오크통 숙성을 포함 총 1년 이상 숙성해야 한다.

③ 레세르바(Reserva) : 레드와인은 오크통 숙성기간 1년을 포함 총 3년 이상 숙성해야 한다. 화이트와 로제 와인은 6개월간 오크통 숙성을 포함 총 2년 이상 숙성해야 한다.

④ 그란 레세르바(Gran Reserva) : 레드와인은 오크통에서 18개월과 병에서 36개월을 포함 총 5년 이상 숙성해야 한다. 특히 리오하 레드와인은 2년 이상 오크통 숙성을 해야 한다. 화이트와 로제 와인은 6개월간 오크통 숙성을 포함 총 4년 이상 숙성해야 한다.

3. 전통주

1) 전통주의 개념

우리나라는 2013년 개정된 「주세법」 제3조에서 전통주를 다음과 같이 정의하고 있다.

① 「문화재보호법」에 따라 지정된 주류부문의 중요무형문화재 보유자 및 주류부문의 시·도지정문화재 보유자가 제조하는 주류.
② 「식품산업진흥법」에 따라 지정된 주류부문의 식품명인이 제조하는 주류.
③ 농어업·농어촌 및 식품산업기본법에 따른 농어업경영체 및 생산자단체가 직접 생산하거나 주류제조장 소재지 관할 시·군·구 및 인접 시·군·구에서 생산된 농산물을 주된 원료로 하여 제조하는 주류 중 농림축산식품부장관의 제조면허 추천을 받은 주류.

개정 전 법률에서는 ①과 ②는 '민속주'로, ③은 '지역특산주'로 구분했으나 이러한 명칭을 '전통주'로 통일하였다. 특히 ③은 「전통주 등의 산업진흥에 관한 법률」에서 '지역특산주'로 별도의 명칭을 부여하고 있다. 우리나라의 전통주는 우리 민족의 식생활문화가 담긴 술로 곡물을 원료로 한 곡주가 기본이다. 우리나라의 전통주는 고대 농경사회부터 시작되어 각 지역별로 매우 다양한 술이 대를 이어 생산되어 왔으나 일제시대 식민

지정책과 해방 후 양곡관리차원에서 금지되어 많이 사라졌으나 국가와 지자체의 장려정책에 의해 점차 늘어나고 있다.

특히 1988년 서울올림픽 개최를 계기로 전통민속주 제조의 필요성이 증대되어 1986년 문화재관리국과 국세청에서 46종의 전통민속주와 양조기능보유자 64명을 찾아 이중 24종의 민속주 제조면허를 주었으며 1995년에는 37종이 민속주로 선정되었다.

지역특산주는 2010년 8월「전통주 등의 산업진흥에 관한 법률 및 시행령, 시행규칙」이 제정되어 이전의 '농민주'라는 명칭이 '지역특산주'라는 명칭으로 바뀐 것이다. 이 법에 의해 지역특산주의 추천권자가 농림수산식품부장관에서 지방자치단체장으로 변경되어 지역특산주의 발전을 지원하고 있다. 현재 지역특산주의 대부분은 각 지역에서 생산되는 과실주(와인)가 대부분을 차지하고 있어 일반적으로 '옛날부터 전해져 오는 술'이라 인식하고 있는 전통주의 개념과 맞지 않는 문제도 발생하고 있다.

2) 전통주의 종류

우리나라의 전통주는 민속주와 지역특산주로 구분된다. 또「주세법」에서는 전통주의 종류를 탁주, 약주, 청주, 과실주, 증류식 소주, 일반증류주, 리큐르로 한정하고 있다.「주세법」상의 맥주와 위스키, 브랜디는 전통주로 허가되지 않는다. 우리나라 전통주의 주원료는 멥쌀, 찹쌀, 보리, 밀, 조, 수수, 옥수수와 같은 곡식이다. 이러한 곡주는 당화와 발효를 동시에 시키는 병행복발효방법을 사용하여 양조되는 것이 특징인데 병행복발효는 한국, 중국, 일본 등 동양식 양조방법의 특징이다. 전통주는 탁주, 약주, 청주 등으로 종류가 많으며 소주, 일반증류주, 리큐르, 기타 주류 등으로 다양하게 생산되고 있다. 최근에는 각종 과일을 발효시켜 만든 과실주가 지역특산주로 지정되어 전통주에 포함되고 있다.

(1) 탁주

탁주는 쌀을 누룩으로 발효시킨 술덧을 체로 거칠게 걸러낸 후 물을 타서 마시기에 적당하도록 알코올 도수를 낮춘 술이다.「주세법」의 개정으로 탁주, 약주, 청주의 알코올 도수 규정은 없어졌으나 일반적으로 탁주의 도수는 6~12도이며 전주 모주는 1.5도밖에 되지 않는다. 유통기간을 늘리기 위해 살균해서 탄산가스가 없는 살균탁주와 살균하지 않아 탄산가스가 들어 있어 신선하고 청량감 있는 탁주(생탁주)가 있다. 주로 쌀을 이용하나 일부 지역에서는 좁쌀이나 옥수수, 수수 등을 섞기도 하며 감미료의 첨가도 가능하다. 현재는 「주세법」의 개정으로 각종 과일이나 인삼, 채소를 넣어 만든 탁주도 많이 생산되고 있다. 탁한 술이라는 뜻으로 탁주라고 하며, 막 걸러낸 술이라는 뜻으로 막걸리라고도 한다. 색깔이 흰색이어서 백주, 집집마다 빚어 먹는다고 하여 가주, 농민들이 마신다고 하여 농주로 불리며, 각 지역별로 대포, 왕대포, 젓내기술, 모주, 탁배기, 탁주배기 등 여러 가지 명칭으로 불린다.

(2) 약주

약주는 쌀과 누룩 이외에 다양한 부재료를 사용하여 발효시킨 후 발효가 끝날 때쯤 싸리나 대나무로 만든 용수를 박아 윗부분에 고인 맑은 술만 떠내거나, 여과 자루에 술덧을 넣어 술지게미가 없도록 짜내 맑게 여과하여 만든 술이다.

(3) 청주

청주는 맑은 술이라는 뜻으로 약주와 같은 방법으로 만드나 쌀과 누룩 및 물만 사용하여 만든 것을 말한다.

3) 전통주 장려제도

우리나라는 전통주를 장려하기 위한 다양한 제도를 시행하고 있다. 특히 전통주 중 역사적·문화적으로 중요한 전통주를 국가 중요무형문화재와 각 시도별 무형문화재로 지정하고 기능보유자를 지정하고 있으며 이와는 별도로 주류 전통식품 명인을 지정하여 전통주를 계승 발전시키고 있다.

(1) 국가 중요무형문화재

국가적으로 보존·계승·발전시킬 가치가 크다고 인정되며 전승단절의 우려가 있는 무형의 역사적·문화적·학술적 문화재 중에서 국가가 지정한 문화재이다. 「문화재보호법」에 따라 문화재청장이 지정하며 그 기능을 보유한 사람을 인간문화재라고 한다. 중요무형문화재는 안정적이고 체계적인 전승활동을 위해 기능보유자, 전수교육조교, 전수교육이수자, 전수 장학생으로 이어지는 전승체계를 갖추고 있다. 전통주로는 문배주, 면천 두견주, 경주 교동법주 3개가 중요무형문화재로 지정되어 있다.

(2) 시·도 무형문화재

「문화재보호법」을 근거로 한 조례에 의하여 국가 중요무형문화재로 지정되지 아니한 무형문화재 중 보존가치가 인정되어 시·도지사가 지정하는 문화재이다. 전통주가 시·도 무형문화재로 지정되면 기능보유자가 지정되고 고령의 기능보유자들이 사망하면 전수자가 무형문화재인 기능보유자로 지정되기도 하나, 지정받지 못하고 단순히 전수자의 신분으로 생산하는 경우도 있다. 또 일부 전수자는 기능보유자가 아닌 농림축산식품부장관이 지정하는 '주류 전통식품 명인'의 지정을 받아 생산하기도 한다. 전통주는 2020년 현재 전국적으로 35개의 시도지정 무형문화재가 지정되어 있다.

(3) 전통식품 주류 명인

식품명인제도는 우수한 우리 식품의 계승·발전을 위하여 「식품산업진흥법」에 의해 식품의 제조·가공·조리 등 분야를 정하여 국가에서 식품명인으로 지정·육성하는 제도이다.

식품명인은 전통식품 명인과 일반식품 명인이 있으며 시·도지사의 추천에 의해 농림축산식품부장관이 지정한다. 우리나라는 1994년부터 2019년까지 총 30명이 전통식품 주류 명인으로 지정되었으나 5명의 명인이 사망함에 따라 2020년 현재 총 25명의 주류 명인이 지정되어 있다. 명인 중 일부는 문화재청이 지정하는 시·도 무형문화재(기능보유자)로도 지정받았고, 일부는 기능보유자가 아닌 전수자로서 무형문화재 전통주를 제조하기도 한다. 또 일부 전통주는 시·도 무형문화재가 아니면서도 제조자가 주류 전통식품 명인으로 지정받은 경우도 있다.

4) 전통주 산업의 문제점

정부와 지자체의 전통주 산업 장려책에도 불구하고 우리나라의 전통주 산업은 여러 가지 요인으로 큰 발전을 이루지 못하고 있다. 주요한 내용은 다음과 같다.

① **전통주 제조업체의 영세성** : 대부분 조상 대대로 내려오는 방법으로 가정에서 만드는 가양주가 많아 규모가 매우 영세하다.
② **제조기능 보유자의 노령화** : 전통주를 제조하는 기능보유자들이 노령으로 직접 제조하지 못하거나 사망하여 제조기술이 대를 이어 전수되기 어렵다.

③ **원료조달의 어려움** : 양조에 사용하는 주원료와 부재료들은 자연에서 수확하는 농산물과 약재(초근목피)가 대부분이어서 계절에 따른 생산량의 변동이 크다.

④ **생산설비의 낙후성** : 전통식 양조시설을 이용하므로 과학적인 양조 관리가 어렵다.

⑤ **주질의 불균일성** : 사용하는 부재료들이 매번 같지 않고 사용량도 동일하지 않아 양조 시마다 같은 주질의 술이 생산되지 않는다.

⑥ **높은 제조원가** : 국산 재료를 사용해야 하므로 원료를 수입해 만드는 다른 주류에 비해 비교적 원가가 높다.

⑦ **용기 디자인의 낙후성** : 전통적인 술병 모양이 많아 제조비용이 높고 유통이 불편하며 국제적인 감각에 뒤떨어져 구매의욕을 일으키기 어렵다.

⑧ **짧은 유통기간** : 전통주 대부분이 탁주와 약주 같은 발효주여서 유통기간이 짧다.

⑨ **유통망 확보의 어려움** : 적은 생산량과 유통기간 이후 반품에 따른 손해로 인해 전국적인 유통망을 확보하기 어렵다.

⑩ **가격경쟁력 부족** : 타 주류에 비해 품질대비 가격경쟁력이 낮다.

⑪ **마케팅 역량의 부족** : 영세성으로 인해 홈페이지 구축 및 운용, 마케팅 전문인력의 고용이 어려워 마케팅 역량이 매우 부족하다.

⑫ **명절용 선물주** : 주로 명절에 선물용으로 판매되어 평소에는 구입하기가 어렵다.

5) 주요 전통주

우리나라의 전통주는 각 지역에서 전래되어 오는 전통주에 새로 개발된 지역특산주가 더해져 매우 다양한 종류의 전통주가 제조되고 있다. 이 중 주요한 전통주는 다음과 같다.

(1) 문배주

문배주는 1986년 면천두견주, 경주교동법주와 함께 향토술 담그기로 무형문화재 제86-1호로 지정되었다. 고려시대부터 평양 인근에서 제조되었으며 현재 경기도 김포에서 인간문화재이며 주류 전통식품 명인인 이기춘에 의해 제조되고 있다. 문배주는 일체의 첨가물 없이 오직 물, 누룩, 조, 수수로만 빚어진 순곡 증류주로 그 향기가 마치 문배와 같아서 붙여진 이름이다. 엷은 황갈색을 띠며 알코올 도수는 40도이다.

(2) 면천 두견주

고려 개국공신 복지겸의 딸 영랑이 복지겸의 병을 고치기 위해 100일 기도 후 신의 계시를 받아 만든 명주로 알려져 있으며 찹쌀, 누룩과 함께 만개한 진달래꽃(두견화)을 섞어 술을 만들어 걸러낸 후 저온에서 100일간 숙성시켜 만든 18도의 약주이다.

이 술은 일제시대와 1963년 정부의 양곡주 제조금지 등으로 한때 사라졌으나 1986년 정부의 민속주 개발계획에 의해 충남 당진시 면천면의 기능보유자 박승규가 향토술 담그기 중요무형문화재 제86-나호로 지정되었다. 박승규의 사망 후 2007년부터 면천 주민 8가구로 구성된 면천두견주보존회가 기능전수자로 인정받아 생산하고 있다.

(3) 경주 교동법주

경주 교동법주는 정한 법칙에 따라 빚는다 해서 법주라고 한다는 설과, 절에서 양조되었다 해서 법주라고 한다는 설이 있다. 경주 교동 최 부잣집의 가양주로 조선 숙종 때부터 350년 이상 이어져 오고 있다. 주원료는 찹쌀, 물, 밀로 만든 누룩으로 알코올 도수 18도의 약주이다. 1986년 중요무형문화재 제86-3호로 지정되었으며 최초의 기능보유자는 배영신이다. 2006년부터는 그의 아들인 최경이 기능보유자로 지정되어 생산하고 있다.

(4) 서울 송절주

1989년 서울특별시 무형문화재 제2호로 지정되었으며 최초의 기능보유자인 박아지의 별세로 현재는 자부인 이성자가 기능보유자로 지정되어 있다. 소나무 가지의 마디(송절)를 넣고 만들어 송절주라고 한다. 조선 중기부터 전해져 오는 술로 이를 증류한 소주는 한주라고 한다. 주원료는 멥쌀, 찹쌀, 누룩, 밀가루와 송절이며 알코올 도수는 16도이다.

(5) 서울 삼해주

고려시대부터 서울 지역에 전해져 오는 전통주로 삼해약주와 삼해소주의 2종류가 있다. 1993년 약주와 소주가 함께 서울특별시 무형문화재 제8호로 지정되었으며 약주는 권희자, 소주는 이동복이 기능보유자로 지정되었다.

삼해주는 정월 첫 해일(돼지일)에 시작하여 첫 해일마다 세 번에 걸쳐 빚는다고 하여 삼해주라고 한다. 정월 첫 해일(돼지일)에 멥쌀로 빚어 매월 첫 해일에 3번 빚은 후 용수를 사용하여 걸러낸 미황색의 약주로 봄에 마신다고 하여 춘주, 담근 지 100일 만에 마신다고 하여 백일주라고도 하며 버들강아지가 날릴 무렵에 마실 수 있어 유서주(柳絮酒)라고도 한다. 저온에서 장기 발효시키는 술로 알코올 도수는 18도이다.

삼해소주는 찹쌀과 멥쌀로 정월 첫 해일(돼지일)에 빚은 다음 12일 후 해일과 24일 후 해일에 세 번에 걸쳐 빚은 후 증류하여 만든 소주로 알코올 도수는 45도이다.

(6) 향온주

향온주는 조선시대에 양온서라는 관청에서 빚어 왕이 이용하던 전통 궁중주로 1993년 서울특별시무형문화재 제9호로 지정된 소주이다. 최초의 기능보유자는 정해중이었으나 2002년부터 박현숙이 기능보유자로 지정되어 있다. 향온주는 멥쌀과 찹쌀을 섞어 녹두를 넣은 누룩으로 빚은 후 증류시켜 옹기 항아리에서 6개월간 숙성시켜 만든다. 녹두향이 나며 알코올 도수가 50~60도에 이르나 현재는 40도로 생산되고 있다.

| 문배주 | 면천 두견주 | 경주 교동법주 | 서울 송절주 | 삼해주 |

(7) 계명주(엿탁주)

평양 일대를 중심으로 고구려시대부터 전해오는 유일한 고구려주이다. 술을 담근 다음날 새벽에 닭이 울 때 벌써 다 익어 마실 수 있는 술이라고 하여 계명주라고 한다. 우리나라 전통주의 주원료가 찹쌀·멥쌀인 것과 달리, 이북지역의 농작물인 옥수수와 수수가 주원료이며 엿기름, 누룩, 솔잎을 넣어 약 일주일간 발효시켜 걸러내며 알코올 도수는 11%이다. 엿기름을 사용하여 술이 빨리 익으며 단맛이 난다. 현재 경기도 남양주시 수동면에서 생산되며 1987년 경기도 무형문화재 제1호로 지정되었으며 기능보유자는 최옥근 주류 전통식품 명인이다.

(8) 부의주

고려시대부터 경기도 일대에서 동동주라는 이름으로 전해져 온 술로 1987년 경기도 화성시 향남면의 부의주가 경기도 무형문화재 제2호로 지정되었다. 최초의 기능보유자는 권오수로 용인민속촌에서 판매하여 용인민속촌 동동주로 더 알려졌으나 2대 기능보유자의 생산시설 폐쇄 및 경기도 미거주로 2010년 무형문화재 지정이 해제되었다. 다만 권오수로부터 제조방법을 배운 이정동에 의해 무형문화재가 아닌 일반 동동주로 민속촌에서 계속 생산되고 있다. 맑은 술에 밥알이 동동 떠 있는 모습이 마치 개미가 물에 떠 있는 것과 같다 하여 부의주란 이름이 붙었으며 나방이 떠 있는 것처럼 보인다고 하여 부아주(浮蛾酒)라고도 한다. 찹쌀과 누룩으로 빚으며 알코올 도수는 14도이다.

(9) 옥로주

옥로주는 유씨 가문의 가양주로 유양기가 1947년 경상남도 하동에서 30도의 증류식 소주를 생산하면서 옥구슬 같은 이슬방울이 떨어진다고 하여 '옥로주'라고 하였으며 이후 경기도 군포시 당정동으로 옮겨 생산하여 1994년 경기도 무형문화재 제12호로 지정되었다. 현재는 경기도 용인시 백암면으로 이전하여 생산되고 있다. 최초의 기능보유자는 유양기로 현재는 장녀인 유민자 주류 전통식품 명인이 기능보유자로 지정되어 있다. 원료는 멥쌀에 율무를 섞어 사용하는 것이 특징이며 증류 시 45도가 되도록 생산한다.

(10) 남한산성 소주

조선시대 선조 때부터 경기도 광주의 남한산성에서 400년간 이어져 온 증류식 소주로 일제강점기에도 허가를 받아 제조되었다. 1994년 경기도 무형문화재 제13호로 지정되었으며 기능보유자는 강석필이다. 백미와 누룩 외에 민속주로는 유일하게 재래식 조청을 사용하는 것이 특징이며 발효한 후 소줏고리로 증류한 40도의 소주이다.

(11) 함양 송순주

경상남도 함양군 지곡면에 있는 조선시대 정여창의 16대 종부인 박흥선 주류 전통식품 명인이 500년 된 종택(국가지정 중요민속자료 186호)에서 제조하는 가양주로 2012년 경상남도 무형문화재 제35호로 지정되었다. 민속주로는 유일하게 경상남도의 무형문화재로 지정되었으며 기능보유자는 박흥선 주류 전통식품 명인이다. 찹쌀, 솔잎, 송순, 누룩으로 발효하여 정제한 약주로 알코올 도수는 13도이며 현재 함양 솔송주라는 상표로 판매되고 있다.

(12) 김천 과하주

과하주는 조선시대부터 전해져 온 전통주로 여름을 무사히 넘길 수 있는 술이라는 뜻에서 유래되었다. 또 김천에 있는 과하천은 옛 이름이 금지천이었으나 명나라 장수 이여송이 물맛이 중국의 과하천과 같다 하여 과하천으로 명명하였으며 이 물로 빚은 술을 과하주라고 하였다. 과하주는 16도의 약주와 23도의 기타 주류 2종류가 생산되고 있다. 이 중 약주는 1987년 경상북도 무형문화재 제11호로 지정되었으며 송재성이 기능보유자로 지정받았으나 사망하여 현재 기능보유자는 없고 송강호 주류 전통식품 명인에 의해 제조되고 있다. 과하주 약주는 찹쌀, 쑥, 황국화로 빚은 후 정제해 만든 약주로 알코올 도수는 16도이다. 과하주 기타 주류는 멥쌀, 찹쌀, 맥아로 발효한 후 소주를 넣어 숙성한 후 용수를 이용하여 걸러낸 것이다.

| 계명주 | 옥로주 | 남한산성 소주 | 함양 송순주 | 김천 과하주 |

(13) 안동 소주

소주의 제조방법은 몽고군의 침략시기인 고려시대에 우리나라에 전파되었으며 몽고군의 주둔지였던 개성, 안동, 제주도를 중심으로 제조되기 시작했다. 경북 안동의 소주는 양반계급을 중심으로 이용되었으며 귀한 술로 인정받아 약으로도 이용되었다.

고려시대 이후는 가문마다 가양주로 계승되었다. 1987년 경상북도 무형문화재 제12호로 지정되었으며 다른 무형문화재와 달리 조옥화 주류 전통식품 명인과 박재서 주류 전통식품 명인 2명이 기능보유자로 지정되었다. 주재료는 멥쌀과 누룩이며 알코올 도수가 45도인 증류식 소주이다.

(14) 호산춘

약 200년 전 경상북도 문경의 황의민이 자기 집에서 빚은 술에 자기의 시호인 호산(湖

山)과 춘색을 상징하는 춘(春)자를 넣어 호산춘이라고 한 것에서 유래되었으며 황희 정승의 후손들에 의해 대대로 전해져 온 가양주이다. 술 이름에서 봄 춘(春)자는 아주 맑고 품격 있는 고급술에만 붙이는 별칭으로 약산춘, 한산춘, 백화춘 등이 있었으나 현재는 호산춘이 유일하다. 1991년 경상북도 무형문화재 제18호로 지정되었으며 권숙자가 기능보유자로 지정되었으나 사망하여 현재는 자부인 송일지가 기능전수자로 제조하고 있다. 멥쌀, 찹쌀, 솔잎, 생약재로 저온에서 장기간 발효시켜 만든다. 솔향이 나는 담황색의 약주로 점도가 있으며 알코올 도수는 18도이다.

(15) 안동 송화주

안동 송화주는 전주 유씨가문의 가양주로 200년 전부터 안동 지방에서 제주로 사용되어 왔다. 1993년 경상북도 무형문화재 제20호로 지정되었으며 이숙경이 최초의 기능보유자로 지정되었으나 사망하여 현재는 자부인 김영한에 의해 생산되고 있다. 찹쌀, 멥쌀, 송엽, 황국, 금은화를 사용하여 빚은 후 용수를 사용하여 걸러낸 맑은 약주로 알코올 도수는 15~18도이다. 송화는 솔잎(송)과 국화꽃(화)을 의미하며 소나무 꽃가루인 송화는 사용되지 않는다.

(16) 달성 하향주

하향주는 신라시대 비슬산에 있던 절이 불에 타 중건할 때 인부들에게 제공한 술이 시초로 알려져 있으며 조선시대에 널리 이용되었다. 1680년부터 밀양박씨 집성촌인 대구시 달성군 유가면 박씨 종가에서 전승되어 온 가양주로 1996년 대구시 무형문화재 제11호로 지정되었다. 최초의 기능보유자는 김필순이나 현재는 아들인 박환희가 기능보유자로 지정되어 있다. 주재료는 찹쌀, 국화, 인동초, 약쑥으로 100일간 발효시킨 후 여과한 약주로 연꽃향기가 난다고 하여 하향주라 한다. 알코올 도수는 17도이다. 종택이 비슬산 기슭에 있어 비슬산 하향주, 유가면에서 생산되어 유가주라고도 한다.

(17) 대전 송순주

조선시대부터 대전의 은진 송씨 가문에서 전래되어 온 가양주로 2000년 대전시 무형문화재 제9호로 지정되었으며 현재 기능전수자는 종부인 윤자덕이다. 멥쌀과 찹쌀을 누룩으로 10일간 발효시킨 후 송순을 넣어 15일간 숙성시킨 약주로 알코올 도수는 25도이다.

(18) 해남 진양주

진양주는 조선 헌종 때 어주를 빚던 궁인에 의해 전수된 술로 맛이 부드럽고 은은하여 진양주로 불린다. 1994년 전라남도 무형문화재 제25호로 지정되었으며 전남 해남군 계곡면에서 기능보유자인 최옥림에 의해 생산되고 있다. 찹쌀과 누룩으로만 만든 약주로 알코올 도수는 16도이다.

(19) 진도 홍주

진도 홍주는 조선시대부터 지초주라고 하여 널리 이용된 약용 술로 현재는 전라남도 진도에서만 생산되고 있다. 쌀 또는 보리를 발효시킨 후 증류하여 소주를 내릴 때 지초의 뿌리에 떨어뜨려 지초의 홍색과 향, 맛이 우러나게 한 일반증류주이다.

1994년 전라남도 무형문화재 제26호로 지정되었고 기능보유자도 지정되었으나 별세하였다. 2005년부터 진도홍주보존회에 속한 5개의 제조업체에서 루비콘이라는 공동상표로 생산하고 있다.

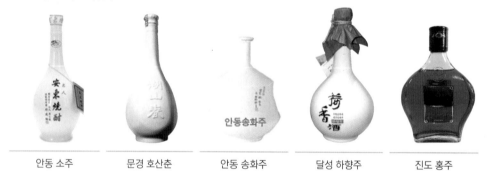

| 안동 소주 | 문경 호산춘 | 안동 송화주 | 달성 하향주 | 진도 홍주 |

(20) 보성 강하주

강하주는 전라남도 보성군 회천면 지역에서 전해져 오는 민속주이다. 찹쌀로 빚은 술에 대추, 강황, 용안육, 계피, 생강 등을 넣고 발효시킨 후 보리를 발효시켜 증류한 소주를 넣고 1개월간 저온숙성하여 용수를 박아 여과한 약주로 알코올 도수는 15도이다.

2009년 전라남도 무형문화재 제45호로 지정되었으며 최초 기능보유자는 도화자이나 현재는 기능보유자가 별세하여 생산되지 않는다.

(21) 김제 송순주

김제 송순주는 조선 선조 때부터 금사의 경주김씨 가문에서 400년 이상 전해져 오는 전통주로 1987년 전라북도 중요무형문화재 제6-1호로 지정되었으며 기능보유자로 김복

순이 지정되었으나 사망하고 전수자가 없어 무형문화재 지정이 해제되었다.

멥쌀, 찹쌀, 송순으로 술을 빚어 청주를 만들고 여기에 별도로 만든 40도의 소주를 혼합하여 70일 정도 숙성시킨 술로 알코올 도수 30도의 기타 주류이다.

(22) 전주 이강주

이강주는 조선 중엽부터 전라도와 황해도에서 제조되었던 술로 배와 생강을 넣고 만들어 이강주라고 한다. 이강주는 30도의 전통소주에 배, 생강, 울금, 계피, 꿀을 넣고 숙성시켜 만든 미황색의 리큐르로 알코올 도수는 25도이다.

1987년 전라북도 무형문화재 제6-2호로 지정되었고 조정형 주류 전통식품 명인이 기능보유자로 지정되었다. 최남선의『조선상식문답』에서는 평양 감홍로, 정읍의 죽력고와 함께 조선의 3대 명주인 전주 이강고를 계승한 술로 기술하고 있다.

(23) 정읍 죽력고

죽력고는 대나무가 많은 전라도에서 청죽을 잘게 쪼갠 후 불에 구울 때 스며 나오는 진액(죽력)을 소주에 넣고, 꿀과 생강즙을 넣어 끓는 물에 중탕하여 제조하는 술로 조선시대 중엽부터 전래되어 왔으며 약용주로 사용되기도 하였다.

2003년 무형문화재 제6-3호로 지정되었으며 전라북도 정읍시 태인면의 송명섭 주류 전통식품 명인이 기능보유자이다. 알코올 도수 30도의 일반증류주이다.

(24) 송죽 오곡주

조선시대 인조 때 진묵대사가 전라북도 완주군 모악산 수왕사에서 산사 주변의 약초로 제조하여 전래된 약용 술로 1994년 우리나라 주류 전통식품 명인 제1호로 지정된 송화 백일주 기능보유자인 이 사찰의 벽암스님(조영귀)에 의해 제조된다. 멥쌀과 누룩으로 1차 담금한 후 발효가 왕성할 때 찹쌀과 조, 수수, 보리로 고두밥을 짓고, 송홧가루, 댓잎, 산수유, 오미자, 솔잎, 국화, 구기자를 넣어 100일간 저온 숙성시킨 약주로 알코올 도수는 16도이다.

(25) 송화 백일주

수왕사에서 벽암스님(조영귀)에 의해 제조되는 리큐르로 1991년 전라북도 무형문화재 제6-4호로 지정되었다. 송죽 오곡주를 증류하여 40도 이상의 소주를 얻은 후 여기에 꿀을 첨가하여 60일 이상 숙성시켜 만들며 알코올 도수는 38도이다.

| 전주 이강주 | 죽력고 | 송죽 오곡주 | 송화 백일주 |

(26) 제주 오메기술

제주도에서는 차좁쌀로 만든 막걸리를 오메기술이라고 한다. 제주 오메기술 중 서귀
포시 표선면 성읍 민속마을의 오메기주가 1990년 제주특별자치도 무형문화재 제3호로
지정되었다. 기능보유자는 김을정이다. 오메기란 떡을 동그랗게 만들어 가운데를 눌러
오목하게 만들거나 뚫은 모양을 말하는 제주도 말로 차좁쌀로 오메기떡을 만들어 술을
빚었기에 오메기술이라고 한다. 오메기술은 차좁쌀로 술을 빚어 맑은 청주를 떠낸 후 밑
에 남은 술에 적당량의 물을 타서 만든 알코올 도수 6도의 탁주로 탁재기라고도 한다.

(27) 제주 고소리술

제주 고소리술은 발효가 끝난 오메기술을 증류시킨 전통 증류식 소주로 1960년대 후
반까지 중산간 부락에서 많이 제조하여 물허벅에 담아 판매했다. 그중 표선면 성읍 민속
마을의 고소리술이 1995년 제주도 무형문화재 제11호로 지정되었으며 김을정 기능보유
자에 의해 알코올 도수 40도로 생산된다.

(28) 한산 소곡주

백제시대부터 내려온 우리나라의 가장 오래된 전통주의 하나로 1979년 충청남도 무
형문화재 제3호로 지정되었다. 충남 한산면에서 기능보유자 우희열 주류 전통식품 명인
에 의해 전수되고 있으며 다른 술에 비해 누룩(곡)을 덜 쓰기 때문에 소곡주라고 한다.

찹쌀, 메주콩, 누룩, 들국화, 생강, 홍고추를 사용하여 100일간 숙성시켜 만들며 연한
미색으로 단맛과 점성이 있으며 들국화향이 난다. 술맛이 좋아 한번 마시기 시작하면 일

어날 줄 모른다고 하여 앉은뱅이 술이라고도 하며 알코올 도수 18도의 약주이다.

(29) 공주 계룡 백일주

조선시대부터 연안이씨에 의해 계승되어 온 전통주로 1987년 충청남도 무형문화재 제7호로 지정되었으며 기능보유자는 지복남 명인이었으나 사망하여 현재는 이성우 주류 전통식품 명인에 의해 제조된다. 신선주라고도 하며 찹쌀, 멥쌀, 누룩, 솔잎, 홍화, 오미자, 진달래꽃, 재래종 황국꽃으로 빚어 100일간 숙성시켜 창호지로 거른 약주로 알코올 도수는 16도이다.

솔향, 국화향, 오미자향 등이 잘 어우러져 좋은 향이 난다. 약주 외에 백일주와 같은 방법으로 양조한 후 증류하여 벌꿀을 첨가해 만든 리큐르도 같은 이름으로 생산되며 알코올 도수는 30도와 40도이다.

(30) 아산 연엽주

충청남도 아산시에서 예안이씨 가문에 의해 계승되어 온 가양주로 1990년 충청남도 무형문화재 제11호로 지정되었으며 기능보유자는 최황규이다. 연엽주의 기원은 알 수 없으나 조선시대 말기에 이씨 문중에서 저술한 책에 연엽주의 제조방법이 기록되어 있다. 주재료는 멥쌀과 찹쌀, 누룩, 연잎으로 발효 후 용수를 박아 걸러낸 14도의 약주이다.

(31) 금산 인삼주

조선시대부터 생산된 인삼주로 1994년 충청남도 금산군의 김창수 주류 전통식품 명인이 기능전수자로 충청남도 무형문화재 제19호로 지정되었다. 멥쌀과 5년근 이상의 인삼, 솔잎, 구기자를 넣어 누룩으로 저온발효시킨 후 증류한 일반증류주로 2000년 아시아-유럽 정상회의인 아셈(ASEM) 서울 회의의 공식건배주로 사용되었다.

| 제주 고소리술 | 한산 소곡주 | 공주 계룡 백일주 | 아산 연엽주 | 금산 인삼주 |

(32) 둔송 구기주

충청북도 청양군 운곡면에서 하동정씨 10대 종부인 임영순 주류 전통식품 명인에 의해 생산되는 약주로 2000년 충청남도 무형문화재 제30호로 지정되었다. 참쌀, 멥쌀, 누룩, 구기자의 열매와 잎으로 양조하며 20일간의 발효 후 용수로 거른 다음 20일간 숙성시켜 알코올 16도로 생산된다.

(33) 충주 청명주

충청북도 충주시 가금면 일대에서 살아온 김해김씨 가문에 의해 조선시대부터 전해져 온 가양주이다. 1993년 충청북도 무형문화재 제2호로 지정되었으며 기능보유자는 김영기이다. 음력 3월 청명(양력 4월 5일이나 6일) 때 사용한다고 하여 청명주라고 하는데 청명일은 한식일과 거의 같거나 하루 정도 차이가 있어 한식날 제주로 많이 이용한 술이다. 참쌀과 누룩, 인삼, 갈근, 더덕, 탱자로 빚어 100일 정도 숙성시켜 만들며 알코올 도수는 17도이다.

(34) 보은 송로주

충청북도 보은의 속리산에 있는 마을에서 쌀과 소나무 옹이(관솔), 솔잎, 누룩으로 빚은 송절주를 증류해 만든 알코올 48도의 증류식 소주로 소나무 향이 강하다. 1993년에 신형철이 충청북도 무형문화재 제3호로 지정되었으며 현재는 신형철로부터 전수받은 임경순이 기능보유자로 지정되어 생산하고 있다.

(35) 청원 신선주

충청북도 청원군 미원면의 함양박씨 가문에서 400년 이상 전승되어 온 가양주이다. 신라 말 최치원이 이 마을 신선봉에 정자를 짓고 이 술을 즐겨 마셨다고 하여 신선주라고 한다. 참쌀을 발효시킨 후 10여 가지 약재를 넣고 빚은 16도의 청주와 이를 증류한 40도의 소주가 있다. 이 중 소주가 1994년 충청북도 무형문화재 제4호로 지정되었으며 기능보유자는 박남희이다.

(36) 감홍로

감홍로는 조선시대부터 평양에서 널리 이용되었다. 육당 최남선은 감홍로와 전주의 이강주, 정읍의 죽력고를 조선시대 3대 명주로 기술하기도 하였다. 조선시대의 여러 문헌과 『춘향전』, 『별주부전』에도 언급되어 있다. 1986년 문배주 무형문화재로 지정된 이경찬의 막내딸인 이기숙 주류 전통식품 명인에 의해 경기도 파주에서 제조되고 있으며 메조(30%)와 멥쌀(70%)을 누룩으로 발효시켜 증류한 후 숙성시킨 다음 다시 2차 증류하여 계피, 감초 등 8가지 약채를 넣고 침출시켜 1년간 숙성하여 만든다. 지초를 사용하여 약간 붉은색을 띠며 여러 가지 약재로 인해 달콤하며 향취가 뛰어나 감홍로라는 이름이 붙었으며 알코올 도수는 40도이다.

(37) 담양 추성주

추성은 전라남도 담양의 옛 지명으로 추성주는 고려 초 이 지역 연동사의 스님들이 건강을 위해 약초로 술을 빚어 마시던 것에서 시작되었다. 추성주는 멥쌀과 찹쌀을 주원료로 10가지 이상의 약재를 사용하는데 전통주 가운데 가장 많은 약재를 사용하는 것으로 알려져 있다. 주원료에 약재를 넣고 10일 정도 발효와 숙성을 시켜 15도의 약주를 만든 다음 이것을 2회에 걸쳐 40도 정도로 증류한 후 여기에 구기자, 오미자, 갈근 등의 추출액을 넣고 다시 60일 정도 숙성시켜 대나무 숯으로 여과해 25도의 일반증류주로 만든 것이 추성주이다. 양대수 주류 전통명인에 의해 제조되고 있으며 2013년부터는 추성주의 새로운 브랜드인 타미앙스(Tamiangs)를 생산하고 있는데 타미앙스는 '담양'의 불어식 발음으로 알코올 도수 40도의 일반증류주이다.

(38) 금정산성 막걸리

부산시 금정구에 있는 금정산성 마을에서 조선시대부터 생산되는 탁주이다. 1979년 박정희 대통령에 의해 산성토산주라는 상호로 대한민국 민속주 제1호로 지정되었으며 현재는 금정산성토산주 대표인 식품명인 유청길 주류 전통식품 명인에 의해 부산금정산막걸리라는 상표로 생산되고 있다. 멥쌀과 밀로 만든 누룩으로 양조하며 알코올 도수는 8도이다.

(39) 선운산 복분자주

복분자는 전라북도 고창지역의 특산물로 과실용 외에 술의 재료로 널리 사용되었다. 복분자주는 강정효과가 뛰어나 분자(요강)를 뒤엎는 술이라고 해서 붙여진 이름으로 특

히 선운산 복분자주 홍진은 선운산 일대에서 수확한 복분자에 효모만 넣어 정통 와인제
조방법으로 만든 최초의 복분자 과실주(와인)이다. 수확한 복분자는 100일간의 발효과
정을 거쳐 10개월 숙성시킨 16도와 20개월 숙성시킨 19도의 두 종류를 생산한다. 현재 여
러 복분자주 제조업체에서 생산하고 있다.

(40) 가야곡 왕주

충청남도 논산시 가야곡면에서 백제시대부터 전해 내려온 민속주이다. 조선의 마지막
국모였던 명성황후의 친정 민씨 가문의 가양주이기 때문에 UNESCO 세계문화유산으
로 등록된 종묘제례(국가 중요무형문화재 제56호) 때 제주로 지정되어 사용되고 있다.
가야곡의 맑은 물과 쌀, 야생국화, 구기자, 오미자, 솔잎, 매실 등으로 빚어 100일간 숙성
시킨 약주로 알코올 도수는 13도이다. 현재 남상란 주류 전통식품 명인에 의해 제조되고
있다.

| 둔송 구기주 | 충주 청명주 | 감홍로주 | 담양 추성주 |

| 담양 타미앙스 | 금정산성 막걸리 | 선운산 복분자주 홍진 | 가야곡 왕주 |

증류주

Distilled Beverages

제**4**부

증류주

제1절_ 증류주의 개념

양조주는 효모의 특성상 알코올 도수가 20%를 넘기 어렵다. 따라서 높은 도수의 알코올을 얻기 위해서는 먼저 양조주를 만든 다음 증류해야 하는데 이렇게 증류해서 만든 술을 증류주라고 한다.

증류주는 Distilled Beverage 또는 Liquor, Spirits라는 용어를 사용한다. 증류주의 원료는 양조주의 원료처럼 고품질이 아니어도 되기 때문에 거의 모든 곡물과 감자, 고구마, 카사바(타피오카) 등 전분을 함유하는 구근, 아가베(Agave)와 같이 전분을 함유하는 식물, 그리고 당분을 함유하는 과실과 사탕수수 등이 모두 이용된다.

따라서 증류주는 원료 및 제법에 따라 매우 다양하며 대표적인 것으로는 위스키(Whisky), 진(Gin), 보드카(Vodka), 럼(Rum), 브랜디(Brandy), 테킬라(Tequila), 아쿠아비트(Aquavit), 소주, 고량주 등이 있다.

제2절_ 증류주의 제조방법

1. 단식증류

증류하는 방법에는 단식증류기(Pot Still)를 이용하는 방법과 연속증류기(Patent Still)를 이용하는 방법이 있다.

단식증류(Pot Still)는 고깔모양의 전통적인 증류기에서 2~3회 반복 증류해 60~80%의 증류주를 만든 후 필요에 따라 숙성하고 마시기 적당한 도수로 낮추어 병입한 것이다.

알코올 도수를 80도 이하로 증류하면 시간이 많이 소요되고 대량생산이 어렵지만 원료의 고유한 향미를 얻을 수 있어 대부분의 고급 증류주는 이 방식으로 만든다.

단식증류기

연속증류기

2. 연속증류

연속증류는 발효된 용액(Wash, Beer)을 매회 갈아 넣지 않고 한쪽으로 발효된 용액을 주입시켜 증류하면서 다른 한쪽으로는 증류하고 남은 찌꺼기가 계속 흘러나오게 만든 증류기이다. 연속증류기는 Continuous Still 또는 Column Still이라고도 하며 특허받은 증류기란 의미로 Patent Still로도 불린다. 또 증류기를 만든 아일랜드 Aeneas Coffey의 이름을 따서 코페이 스틸(Coffey Still)이라고도 한다.

연속증류기는 1806년부터 아일랜드에서 Spring Lane Distillery를 경영한 Sir. Anthony Perrier(1770~1845)가 최초로 발명하였으며 1822년 이 증류기로 특허를 받았으나 오늘날과 같은 형태의 것은 아니고 몇 년 후 더 우수한 증류기가 개발되어 얼마 사용되지 않았다.

1828년 12월 스코틀랜드의 Robert Stein이 A. Perrier의 증류기를 개량한 연속증류기를 발명하여 스코틀랜드 최초로 특허를 받았으며 이를 Patent Still이라고 명명하였다. 이 증류기를 사용하여 같은 해 Heig Distillery에서 스코틀랜드 최초의 Grain Whisky를 제조하였다. Robert Stein의 연속증류기는 증류탑(Column)이 1개로 높은 도수의 알코올을 얻을 수 없었고 여러 가지 문제점이 많았다. 1830년 아일랜드의 Aeneas Coffey가 Robert Stein의 증류기를 개량하여 증류기와 정류기로 구성된 증류기를 만들어 60% 이상의 알코올을 얻는 데 성공하여 특허를 받았으며 이것이 오늘날까지 사용되는 연속증류기의 기본 모델이 되었다. 오늘날의 연속증류기는 알코올분이 85~95% 정도로 증류되므로 방향성분이 상실되어 원료 고유의 향이 소실되나 시간이 적게 걸리고 대량생산이 용이해 주정(중성주), 중저가의 블렌딩용 증류주 제조에 많이 사용된다.

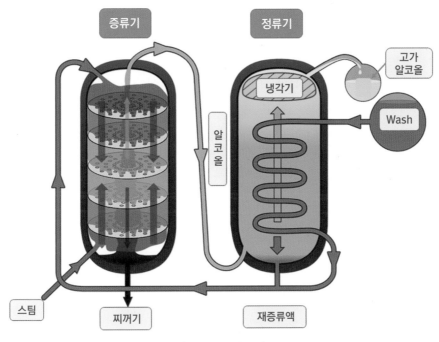

〈연속증류기의 구조〉

제3절_ 증류주의 종류

1. 위스키(Whisky)

Whisky는 생명의 물(Water of Life)이란 뜻의 고대 게일(Gaelic)어의 위스게바하(Uisge-Beatha)에서 유래되었다. 이후 Usque-Baugh → usquebath → usquebae → Uisqe → Usky 등으로 변천되다 18세기 말부터 Whisky로 불리게 되었다. 위스키는 보리(Barley), 밀(Wheat), 호밀(Rye), 옥수수(Corn) 등의 곡물을 당화·발효·증류시킨 뒤 숙성하

여 만든 것이다. 위스키는 증류방법, 원료, 산지에 따라 분류된다.

위스키를 만드는 증류기로는 단식증류기(Pot Still)와 연속증류기(Patent Still)가 있으며 단식증류기는 주로 Malt Whisky, 연속증류기는 Grain Whisky를 제조할 때 사용된다.

위스키는 원료에 따라 몰트위스키(Malt Whisky), 그레인위스키(Grain Whisky), 콘위스키(Corn Whisky), 라이위스키(Rye Whisky) 등으로 구분된다.

Malt Whisky는 대맥(Barley)을 싹틔워 만든 Malt를 이탄(Peat)의 직열로 건조한 후 발효시켜 단식증류기로 증류한다.

Grain Whisky는 Barley, Corn, Wheat, Rye 등의 곡물을 섞어 당화시킨 후 발효시켜 연속증류기에서 알코올 85% 이상으로 증류한 위스키로 블렌딩(Blending)용으로 이용된다.

Corn Whisky와 Rye Whisky는 미국에서 생산되는 스트레이트 위스키(Straight Whisky)의 일종이다. Corn Whisky는 옥수수의 사용량이 80% 이상, Rye Whisky는 호밀(Rye)의 사용량이 51% 이상이어야 한다.

또 산지에 따라 스카치 위스키(Scotch Whisky), 아이리시 위스키(Irish Whisky), 아메리칸 위스키(American Whisky), 캐나디안 위스키(Canadian Whisky) 등으로 구분한다.

 Whisky의 분류

분류 기준	종류
증류방법에 따라	Pot Still Whisky, Patent Still Whisky
원료에 따라	Malt Whisky, Grain Whisky, Blended Whisky, Rye Whisky, Corn Whisky
산지에 따라	Scotch Whisky, Irish Whisky, American Whisky, Canadian Whisky…

1) 스카치 위스키(Scotch Whisky)

스카치 위스키(Scotch Whisky)는 영국 북부의 스코틀랜드(Scotland) 지방에서 생산되는 위스키의 총칭으로 스코틀랜드의 좋은 물과 피트(Peat) 및 제조비법 등이 어우러져 세계적인 품질의 위스키가 생산된다.

피트(Peat)는 완전히 탄화되지 않은 이탄으로 이것을 태워 그 열과 연기로 맥아를 건조시키기 때문에 스카치 위스키 특유의 훈연한 맛이 난다. 증류기는 대부분 단식증류기를 사용하여 2~3회 증류하며 연속증류기는 블렌딩용 그레인 위스키(Grain Whisky)를 만드는 데 이용한다.

스카치 위스키는 숙성 시 셰리와인(Sherry Wine)이나 미국의 Bourbon Whisky통을 사용하는데 법에 의해 최소 3년 이상을 오크(Oak)통 속에서 숙성시켜야 하나 대부분의 생산자는 최소 4년 이상 숙성시켜 출고한다.

일반적으로 Malt Whisky는 알코올 도수를 60~70% 정도로 증류하고 Grain Whisky는 90~94%로 증류한 후 따로 숙성시켜 블렌딩하는데 이때 증류수를 넣어 40% 정도로 낮추고 경우에 따라서는 착색하여 병입한다. 증류해서 얻은 처음의 위스키는 무색투명한 액체이지만 오크통에서 숙성된 위스키는 호박색에서 황금색까지 다양하다.

Malt Whisky 중 A Single Malt Whisky는 한 증류소에서 단식증류기로 생산한 Malt만을 이용해 만든 위스키이다. Malt Whisky는 Blended Whisky보다 일반적으로 색깔이 짙고 풍미가 강하다.

주요 Malt Whisky 회사로는 Glenfiddich, The Glenlivet, Macallan, Aberlour, Dufftown, Highland Park 등이 있고, Blended Whisky 회사로는 Ballantine's, Chivas Brothers, Johnnie Walker, Grant's, Cutty Sark, J&B, Dewar's, White Horse, Vat69 등이 있다.

| Glenfiddich | The Glenlivet | Macallan | Aberlour | Dufftown |

| Highland Park | Ballantine's | Chivas Brothers | Johnnie Walker | Grant's |

| Cutty Sark | J&B | Dewar's | White Horse | Vat69 |

2) 아이리시 위스키(Irish Whiskey)

Irish Whiskey는 아일랜드(Ireland)에서 생산되는 위스키를 총칭한다. 위스키로는 가장 먼저 12세기부터 생산되었으며 전통적으로 'Whiskey'라는 단어를 사용하고 맥아의 건조 시 피트(Peat)의 열과 연기가 맥아에 직접 닿지 않게 함으로써 스카치 위스키와 같은 훈연한 맛이 나지 않는다.

따라서 굳이 Peat를 사용할 필요가 없으므로 현재는 대부분 화력이 좋은 가스를 사용한다. 연속증류기의 발명자가 아일랜드의 A. Coffey이지만 아이리시 위스키는 모두 Pot Still을 사용하며 Patent Still은 블렌딩용 위스키를 만들 때만 일부 사용하고 있다.

Irish Whiskey는 대부분 3번 증류해서 만드는 것이 특징이다.

먼저 큰 증류기에서 한번에 많은 양을 증류해 낸다. 처음 증류한 것은 알코올분이 낮게 증류하며 이것을 Low Wine이라 한다. 이것을 다시 작은 증류기에 넣고 증류해 높은 도수의 알코올을 만든 후 다시 증류해 Irish Whiskey를 만든다.

이런 이유로 Irish Whiskey를 Triple Distilled Whisky라고도 한다. Irish Whiskey의 원료는 발아시킨 보리(Malt)를 25~50% 정도 사용하며 나머지 50~75%는 발아시키지 않은 보리(Barley)와 Wheat, Rye, Oat 등을 섞어 당화시킨 후 발효시킨다. 따라서 Irish Whiskey는 Malt Whisky가 없다.

Irish Whiskey는 법에 의해 3년 이상을 오크(Oak)통 속에서 숙성시켜야 하나 대부분 5년 이상 숙성시켜 출고된다. 주요 브랜드로는 Jameson, Bushmills, The Irishman, Tullamore Dew, Kilbeggan 등이 있다.

| Jameson | Bushmills | The Irishman | Tullamore Dew | Kilbeggan |

3) 아메리칸 위스키(American Whiskey)

아메리칸 위스키(American Whiskey)는 미국에서 나는 위스키의 총칭이다.

미국 위스키의 종류는 다양하나 대표적인 것으로는 Kentucky주의 Bourbon Whiskey 와 Tennessee주의 Tennessee Whiskey가 유명하다.

만드는 방법에 따라서는 스트레이트 위스키(Straight Whiskey)와 블렌디드 위스키 (Blended Whiskey)로 구분하며, Straight Whiskey는 다시 Bourbon Whiskey, Tennessee Whiskey, Rye Whisky, Rye Malt Whisky, Malt Whiskey, Corn Whiskey 등으로 구분된다. 이와 별도로 수출용으로 면세구역에서 제조되는 Bottled in Bond Whiskey가 있다.

미국도 Irish Whiskey와 같이 'Whiskey'라는 스펠을 주로 사용하지만 'Whisky'라는 스펠을 사용하기도 한다. American Whiskey의 원료는 오직 곡물만 이용할 수 있다.

(1) 스트레이트 위스키(Straight Whiskey)

스트레이트 위스키(Straight Whiskey)는 미국 연방법에 의해 정의된 위스키로 "한 가지의 곡물이 최소 51% 이상 함유되게 곡물을 섞은 후 발효시켜 80%를 넘지 않게 증류해서 속을 그을린 새 화이트오크(White Oak)통 속에서 적어도 2년 이상 숙성시킨 후 40% 이상으로 낮추어 병입한 위스키"이다.

스트레이트 위스키의 주원료는 옥수수이며 이외에도 호밀(Rye), 밀(Wheat)도 사용된다. 호밀(Rye)을 51% 이상 사용하면 'Straight Rye Whiskey'라고 하는데 특히 싹을 틔운 호밀을 51% 이상 사용하면 'Straight Rye Malt Whiskey'라고 하여 별도로 구분한다. 밀(Wheat)을 51% 이상 사용하면 'Straight Wheat Whiskey', Malt를 51% 이상 사용하면 'Straight Malt Whiskey'라고 표시한다. 특히 옥수수의 사용량이 80%를 초과하면 'Straight Corn Whiskey'라고 따로 구분한다.

미국 연방법은 어떤 곡물을 어떤 방식으로 증류하던지 95% 이상으로 증류하면 원료 고유의 맛과 향이 없는 중성주(Neutral Spirits)로 취급한다.

① 버번 위스키(Bourbon Whiskey)

Bourbon Whiskey는 미국의 국민주라고 불릴 정도로 미국의 대표적인 술이다. Bourbon Whiskey는 1789년 Kentucky주의 Bourbon County에서 엘리자 크레이그(Elijah Craig)에 의해 처음 만들어졌다.

1920년부터 1933년까지 실시된 금주법이 끝나자 위스키산업은 다시 급속도로 번창했고 1964년 미국의회는 Bourbon Whiskey를 미국의 특별한 제품으로 인정해 다른 지역에서는 'Bourbon Whiskey'라는 용어를 사용하지 못하게 하였다. Bourbon Whiskey는 옥수수를 51% 이상 사용해야 하며 'Straight Bourbon Whiskey'라고 표시한다.

주요 회사로는 Jim Beam, Wild Turkey, Blanton, Maker's Mark, Old Grand-Dad, Bulleit, Seagram's 7 Crown, I.W.Happer's 등이 있다.

| Jim Beam | Wild Turkey | Blanton | Maker's Mark | Old Grand-Dad | Bulleit |

② 테네시 위스키(Tennessee Whiskey)

Tennessee Whiskey는 Tennessee주에서 Sour Mash 제조방법으로 만들어지는 위스키로 옥수수를 51% 이상 사용한 'Straight Whiskey'이다.

매시(Mash)를 만드는 방법은 Sweet Mash Process로 Yeast Mash Process 또는 Fresh

Mash Process라고 하는 방법이며 또 하나는 Sour Mash Process 또는 Yeasting Back Process라고 하는 2가지 방법이 있다. Sweet Mash Process는 Mash에 효모를 넣고 36~50시간 정도 발효시킨 후 증류하는 일반적인 방법이다.

증류기 안에서 증류하고 남은 Mash를 'Spend Beer'라고 하는데 이 'Spend Beer'를 차게 식힌 후 6시간 이상 젖산균 배양을 시켜 시큼하게 된 Mash(Spend Beer)를 'Sour Mash'라고 한다. 이 'Sour Mash'를 새로 증류할 용액에 새 효모와 함께 넣어 발효시키는데 이것을 Stillage한다고 하며 이때 Spend Beer의 양은 최소 25%가 되어야 한다. 이렇게 Sour Mash를 만들어 발효시키는 방법을 Sour Mash Process라고 하며 이러한 방법을 사용하는 것은 효모의 배양을 돕고 박테리아나 다른 병균의 성장을 억제하기 위해서이다.

Sour Mash Process는 증류시킬 Mash를 만드는 하나의 방법이므로 증류된 위스키의 맛까지 'Sour'한 것은 아니다. Sour Mash Process에서 증류는 72~84시간 하며 Bourbon Whiskey와 Tennessee Whiskey의 제조 시 많이 이용된다.

| Jack Daniel's
Single Barrel | Jack Daniel's
No.7 | George Dickel
No.12 | George Dickel
No.8 |

테네시 위스키는 링컨카운티공정(Lincoln County Process)으로 불리는 여과를 하는데 이것은 증류한 원액을 단풍나무(Maple Tree)의 숯으로 아주 천천히 여과하는 것이다. 숯의 여과작용으로 불순물이 제거되고 단풍나무의 독특한 향이 우러나게 된다. 이렇게 여과시킨 증류액을 오크통에 넣고 2년 이상 숙성시킨다. 주요 회사로는 Jack Daniel's, George Dickel 등이 있다.

(2) 블렌디드 위스키(Blended Whiskey)

미국에서 생산되는 위스키의 반 정도는 블렌디드 위스키(Blended Whiskey)이다. 미국에서 블렌디드 위스키(Blended Whiskey)는 Straight Whiskey와 곡물로 만든 중성주(Neutral Spirits), 또는 Grain Spirits를 서로 블렌딩한 위스키를 말한다. 블렌딩 시 Straight Whisky의 함유량은 20%가 넘어야 한다.

중성주를 Oak통 속에서 숙성시키면 Oak의 여러 가지 성분이 우러나와 좋은 블렌딩 원료가 되는데 이것을 그레인 스피리츠(Grain Spirits)라 한다. 또 서로 다른 2개 이상의 Straight Whisky를 블렌딩했을 때는 'Straight Whisky-A Blend'라고 표시한다.

(3) Bottled in Bond Whiskey

Bottled in Bond Act법은 Whiskey뿐만 아니라 Rum이나 Brandy와 같은 다른 증류주에도 적용되는데 Bottled in Bond로 만들어지는 증류주는 증류 시 80% 이하로 증류해야 하고 주원료의 함유량은 51% 이상이 되어야 하며 4년 이상을 숙성시켜 50%로 병입해야 한다. 따라서 Bottled in Bond Whisky는 Straight Whisky에 해당하는데 정부에 의해 Bottled in Bond 면허를 받은 생산자에 의해서만 만들어지고 수출 때까지 보세구역에 보관된다.

Bottled in Bond Whiskey는 정부가 품질을 보증한 것이 아니고 수출장려를 위해 내국세를 면제해 주는 위스키이다.

4) 캐나디안 위스키(Canadian Whisky)

캐나다는 위스키의 중요한 산지로 많은 양의 위스키가 만들어지지만 다른 나라에 비해 위스키의 품질과 관련된 특별한 제조방법은 없다. 따라서 최대시장인 미국시장에 맞추어 위스키를 만든다.

캐나다의 위스키는 법에 의해 Corn, Rye, Wheat 등을 섞어 만든 Grain Whisky로 Straight Whisky는 없다. 거의 대부분 Bourbon과 같이 White Oak통에서 3년 이상 숙성시키는데 수출용은 미국시장에 맞게 대부분 4~6년간 숙성시킨 후 40도로 병입해 출고한다. Canadian Whisky를 Rye Whisky로 생각하는 사람이 많지만 50% 이상 Rye를 넣어 만드는 것은 없으며 다른 곡물도 한 종류를 50% 이상 사용하지 않는다.

주요 브랜드로는 시그램(Seagram's)사의 Crown Royal, Seagram's V.O, 하이렘워커(Hiram Walker)사의 Canadian Club 등이 있다.

| Crown Royal | Seagram's V.O | Canadian Club | Black Velvet |

2. 진(Gin)

1) Gin의 원료

Gin은 Holland의 Leyden(Leiden)대학의 교수이며 의사인 Franciscus de la Boe(1614~1672)에 의해 1650년에 발명되었다.

Dr. Sylvius라고도 불리는 그는 노간주나무의 일종인 주니퍼의 열매(Juniper Berry)를 이용해 맛이 좋고 값도 싼 약을 만드는 연구를 하였다. 그 당시 Juniper Berry에 들어 있는 Oil성분은 이뇨작용이 있어서 요통을 덜어주고 신장병을 치료하는 데 매우 효과적인 것으로 알려져 있었다.

Dr. Sylvius가 Juniper Berry를 이용한 약을 개발해서 이 약을 Juniper Berry의 프랑스어인 Geniévre로 명명했는데 Holland 사람들은 이것을 Genever라고 불렀다. 영국과 네덜란드의 전쟁 시 영국 병사들에 의해 영국에 소개된 Genever는 'Dutch Courage' 또는 'Holland'라는 별명으로 불렸으며 'Genever'를 스위스의 Geneva라는 도시로 잘못 안 영국인들이 'Gen'으로 부르다가 영국식 발음인 'Gin'으로 바뀌었다.

Gin의 원료는 알코올을 얻기 위한 전분질 원료와 향을 얻기 위한 향료가 있다.

알코올을 얻기 위한 전분질 원료로는 Corn, Rye, Wheat, Barley, Malt, Sugarcane 등이 있고, 향을 얻기 위한 향료로는 Juniper Berry를 중심으로 Angelica Root, Anise, Bitter Almond, Calamus, Caraway Seeds, Cardamon, Cassia Bark, Cinnamon, Cocoa Nibs, Coriander Seeds, Fennel, Ginger, Lemon Peel, Licorice, Limes, Orange Peel, Orris Roots 등 각종 초근목피가 이용되는데 원료의 종류 및 배합비율은 각 회사마다 비법으로 하고 있어 알려지지 않는다.

2) Gin의 제조방법

Gin을 만드는 방법은 크게 2가지가 있다.

첫째는 전분을 발효시켜 증류하면서 이 증류기 위에 그물망 또는 시렁을 만들어 그 위에 향료를 놓아 향을 얻는 증류법(Distillation Method)이다.

다음은 먼저 Mash를 높은 알코올로 증류해 낸 다음 이 알코올에 Juniper Berry의 Oil 및 각종 향료의 추출액을 넣어 착향하는 혼합법(Compound Method)이다. 증류법(Distillation Method)은 다시 증류의 횟수에 따라 1회로 끝나는 Original Distillation법과 먼저 알코올을 만든 다음 이 알코올을 증류기에 넣어 다시 증류하면서 Gin을 만드는 Redistillation법의 2가지가 있다.

① Original Distillation Method(Pot Distilled Gin)

증류기 안에 Gin Head라는 선반 또는 시렁을 만들어서 그 안에 부순 Juniper Berry와 각종 향료를 넣고 Mash를 증류해 증류되는 알코올이 이것을 적신 후 향과 함께 증발되도록 하는 방법이다. 이렇게 증류된 것을 냉각기를 통해 응결시켜 만드는 방법이다.

② Redistillation Method(Column Distilled Gin)

Mash를 연속증류기로 증류해 95% 정도의 알코올을 만든 다음 이것을 Pot Still에 넣고 Original Distillation Method와 같은 방식으로 다시 증류하는 방법이다. 따라서 Column Distilled Gin이라고도 한다.

Original Distillation Method보다 더 순수하고 깨끗한 Gin을 만들 수 있을 뿐만 아니라 높은 알코올이 원료의 향을 제대로 우려낼 수 있어 품질이 좋기 때문에 현재 대부분의 Gin은 이 방법에 의해 만들어지고 있다.

③ Compound Method

연속증류기로 Mash를 증류해 중성주를 만든 후 여기에 Juniper Berry의 Oil 및 가종 향료의 추출액을 혼합하는 방법이다. 이 방법은 만들기는 쉬우나 품질이 좋지 않아 현재 거의 사용되지 않는다.

3) Gin의 종류

① London Dry Gin

영국의 London시 일대에서 생산되는 Gin으로 대부분 Dry Gin이다. 'London Dry Gin' 이란 용어는 세계 각국에서 생산되는 Dry Gin의 대명사처럼 사용되고 있다.

London Dry Gin의 원료는 75%의 옥수수, 15%의 Malted Barley, 기타 곡물 10%가 이용된다. 먼저 원료를 당화·발효시켜 연속증류기로 95% 이상 증류해 낸다. 이 증류주에 증류수를 넣어 알코올의 도수를 60도 정도로 낮춘 다음 Gin Head를 설치한 Pot Still을 이용해 75~85%로 증류해 낸다. 이것에 증류수를 부어 40~45%로 알코올을 낮춘 후 병입한다. 현재 EU 회원국은 규정에 의해 알코올 도수를 37.5% 이상으로 병입해야 하며 미국은 40% 이상으로 병입해야 한다. London Dry Gin은 Juniper Berry의 향이 진하지 않으면서 맛이 가볍고 산뜻하며 부드러운 것이 특징이다. 주요 브랜드로는 Beefeater, Gordon's, Tanqueray, Bombay Sapphire, Monarch 등이 있다.

② Old Tom Gin

Gin에 설탕을 넣어 약간 달게 만든 Gin으로 Gin의 품질이 좋지 않았던 18세기에 영국에서 매우 대중적이었으나 현재는 생산량이 매우 적다. Dry Gin이 연속증류기로 증류하는 것과 달리 Old Tom Gin은 단식증류기로 증류한다.

③ Plymouth Gin

영국 남부의 군항인 Plymouth에서 생산되는 방향성의 Gin으로 영국 해군에서 특별히 애용되었다. 영국의 Dry Gin과 Holland Gin의 중간 정도의 맛과 향을 가지고 있으며 현재는 한 회사에서만 생산되고 있다.

④ Steinhager Gin

독일의 중서부에 있는 Steinhagen시 인근에서 생산되는 Gin이다. 19세기에는 상당히 대중적인 Gin이었으나 현재는 2개 회사에서만 생산되며 EU에 의해 원산지명칭을 보호받고 있다. 독일에서는 Steinhäger Gin이라고 하며 맛은 Dry하고 영국 Gin과 비슷하나 Juniper Berry의 향이 영국 Gin보다 더 진하다. 대개 원통형의 도자기병에 넣어져 판매된다.

⑤ Dutch Gin

Holland Gin, Genever, Jenever로도 불리며 네덜란드와 벨기에에서 생산되는 주니퍼 향이 강한 진이다. 보리 몰트(Barley Malt)와 옥수수, 호밀을 섞어서 발효시킨다. 따라서 London Dry Gin에 비해 Malt의 향이 짙은 것이 특징이다.

원료를 발효시켜 단식증류기를 이용해 50%의 낮은 도수로 증류해 낸다. 이것을 Gin Head를 설치한 다른 Pot Still을 이용해 50~55%로 재증류한 후 증류수를 부어 36~40% 정도로 병입한다. 일부 Dutch Gin은 오크통에서 2~3년간 숙성하기도 하며 원료의 향미가 강하고 Full Body한 것이 특징이다.

Genever는 Oude(Old)와 Joung(Young)의 2종류가 있다. Oude는 보리몰트를 최소한 15% 이상 사용해야 하며 당분이 1리터당 20g이 넘으면 안 된다. Joung은 보리몰트를 15% 이상 사용하지 못하며 당분이 1리터당 10g이 넘지 않아야 한다. 따라서 Oude는 주니퍼 향이 나는 위스키와 비슷한 맛이 나고 Joung은 주니퍼 향이 약하게 나는 보드카 맛이 난다.

Dutch Gin의 최대 산지는 Holland의 남부지역에 있는 Schiedam시로 Wenneker, De Kuyper 등 여러 회사가 있으며 벨기에에서는 Diep9 한 가지만 생산된다. Dutch Gin도 Steinhager Gin처럼 EU에 의해 원산지명칭을 보호받고 있다.

| Beefeater | Gordon's | Tanqueray | Bombay Sapphire | Ransom Old Tom | Plymouth |

| Juniper Berry | German Steinhäger | Jonge Jenever | Oude Jenever | Belgian Genever |

3. 보드카(Vodka)

1) Vodka의 원료

Vodka는 곡물 및 전분을 함유한 구근 등을 발효시켜 높은 도수로 증류한 다음 여과해 만든 무색, 무미, 무취의 증류주이다. 그러나 실제로는 Vodka 생산자마다 만드는 방식이 달라 어느 보드카든 고유의 맛과 향을 가지고 있다.

Vodka의 어원은 슬라브어의 Voda(Water)에서 유래되었다. Vodka는 8~9세기경 폴란드를 비롯한 동유럽에서 처음 만들어진 것으로 알려져 있으며 Zhizenennia Voda(Water of Life)로 불리었다. 물론 현재와 같은 무색·무미·무취의 술이 아니고 색과 향과 맛이 다른 14% 정도의 알코올로 주로 의료용으로 사용되었다. 보드카에 대한 최초의 기록은 1405년 폴란드의 문서이며 러시아에서는 1430년에 모스크바의 수도원에 있던 수도사에 의해 최초로 제조된 것으로 전해지고 있다. 초기의 Vodka는 값이 싼 감자로 만들어졌으나 현재는 대부분 값이 싼 옥수수와 호밀 같은 곡물로 만들어지며 최근에는 포도와 사탕수수로도 만들어지고 있다. 초기의 Vodka는 맛이 거칠고 냄새가 역해 이를 없애기 위해 1800년대 초부터 숯으로 여과하면서 오늘날과 같은 Vodka가 만들어지기 시작했다.

2) Vodka의 제조방법

Vodka는 원료의 고유한 향이 필요 없기 때문에 값이 싼 곡물, 구근, 과일이 모두 이용된다. 보드카를 제조하는 과정은 다른 주류에 비해 비교적 간단하다. 원료의 당분을 발효시켜 연속증류기로 95% 이상의 중성주를 만든 뒤 증류수를 부어 알코올 도수를 낮춘 다음 목탄으로 여과해서 만든다.

보드카는 중성주를 사용하여 만들기 때문에 원료보다는 여과과정이 더 중요하다. 여과에 사용되는 숯의 품질에 따라 Vodka의 품질이 달라진다. 또 여과 시 주로 숯을 사용하지만 규소모래를 함께 사용하기도 한다. 여과된 원액은 증류수를 부어 EU에서는 37.5%, 미국에서는 40% 이상의 알코올 도수로 병입해야 한다. Vodka는 러시아와 동유럽, 북유럽 등지에서 소주와 같이 차게 하여 스트레이트로 마시며 무색, 무미, 무취의 특성으로 인해 칵테일의 기주(Base)로 널리 이용된다.

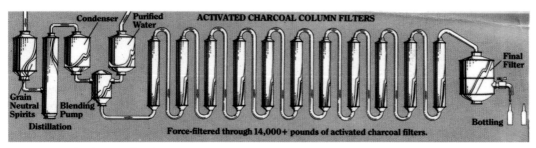

Vodka Production System

3) Vodka의 종류

① Smirnoff Vodka : Smirnoff Vodka는 러시아의 모스크바에서 살던 Smirnov에 의해 1860년대에 처음 제조되었다. 1917년 러시아 10월 혁명 때 아들 Vladimir Smirnov가 터키의 이스탄불로 망명하여 4년간 생산하다가 현재의 우크라이나로 옮겨 생산하였다. 그는 프랑스식 이름인 'Smirnoff'로 개명하고 1925년에 프랑스 파리에서도 생산하기 시작했다. 그는 1933년 러시아에서 미국으로 이민을 가 사업하던 Rudolph Kunett에게 Smirnoff Vodka의 제조권리를 팔았으며 이후 여러 회사를 거치다 1997년 영국계 Diageo그룹의 소유가 되었다. 현재 미국을 대표하는 Vodka로 영국, 인도, 이탈리아에서도 생산되며 보드카로는 세계 최대의 생산량을 유지하고 있다.

② Absolut Vodka : 스웨덴에서도 15세기부터 보드카와 비슷한 증류주가 만들어졌으나 1950년대까지는 태운 와인이란 뜻의 brännvin(burn wine)이란 용어가 사용되었다. 1960년대부터 'Vodka'라는 용어가 사용되기 시작했다. Absolut Vodka는 1879년 출시된 Absolut Rent Brännvin(Absolutely pure brännvin)의 이름을 변경하여 1979년에 출시되었다. 이 보드카는 밀(Wheat)로 만들며 1980년 이후 전 세계에 널리 알려졌다.

③ Finlandia Vodka : 핀란드에서 6조맥과 빙하수로 만드는 알코올 40%의 보드카이다. 1970년 미국과 스칸디나비아 지역에 출시되면서 각광받고 있다. 백야의 붉은 태양 아래 싸우는 두 마리의 사슴 상표와 얼음조각이 붙어 있는 병 모양으로 유명하다.

④ Zubrowka : 폴란드의 대표적 보드카로 동유럽에서도 생산된다. Zubrowka라는 Bison Grass(들소풀)로 가향한 보드카로 허브, 바닐라, 코코넛, 아몬드의 향을 약하게 느낄 수 있다. 병 속에 가늘고 긴 Bison Grass의 잎이 들어 있으며 노란색이 도는 술로 알코올 도수는 40% 정도이다.

⑤ Stolichnaya Vodka(Russian) : 1970년대 이후 알려지기 시작한 러시아의 대표적인 Vodka로 밀과 호밀을 원료로 제조된다. 1938년에 출시된 또 하나의 대표적 러시아 보드카인 Moskovskaya(모스코프스카야)와 함께 Stoli 그룹에서 생산되고 있다.

⑥ Russian Standard Vodka(Russia) : 1998년 출시된 러시아의 새로운 브랜드로 100% 러시아산 곡물을 사용하며 Platinum, Imperia 등급을 계속 출시하여 현재 Stolichnaya와 함께 러시아의 2대 보드카 회사로 성장하였다.

⑦ Flavored Vodka : Vodka에 각종 향료나 추출물을 첨가한 Vodka로 주로 러시아와 동유럽에서 생산된다. 일반적으로 사용된 향료가 표시되며 Vodka에 대한 국제적인 기준이 없어 Vodka로 유통되나 학술적으로는 Vodka를 기주(Base)로 한 혼성주이다.

Smirnoff Absolut Finlandia Zubrowka Stolichnaya Moskovskaya Russian Standard

4. 럼(Rum)

1) Rum의 원료

Rum은 Sugar의 라틴어인 'Saccharum'의 어미에서 유래되었다는 설과 카리브해 지역의 토착어인 'Rumbullion' 또는 'Rumbustion'의 첫 글자에서 유래되었다는 설이 있는데 이 'Rumbullion'은 '흥분, 소동'이라는 뜻이 있다. Rum은 카리브해에서 활동하던 해적들이 많이 이용하면서 '해적의 술'로 불리기도 했다. 1805년 트라팔가 해전에서 전사한 Nelson 제독의 부패방지를 위해 Rum통에 넣어 영국으로 옮겼는데 이로 인해 Rum을 '넬슨의 피(Nelson's Blood)'라고도 한다. Rum은 다른 언어를 사용하는 여러 나라에서 생산되며 영어로는 Rum, 스페인어로는 Ron, 프랑스어로는 Rhum으로 상표에 표기된다.

Rum은 인도가 원산지인 사탕수수(Sugarcane)로 만들며 사탕수수는 연평균 기온이 20℃ 이상이고 강우량이 많은 열대와 아열대 지방에서 잘 자란다. 12~18개월 동안 성장하고 줄기는 단단하며 3.5m까지 자란다. 최대 생산국은 브라질이며 쿠바를 중심으로 서인도제도와 카리브해 연안국, 인도, 대만, 필리핀, 인도네시아 등 동남아시아 지역, 그리고 호주의 북동 해안지역, 미국 남부와 멕시코, 스페인에서도 많이 재배된다.

사탕수수

사탕수수 수확

2) Rum의 제조방법

(1) 전처리

사탕수수(Sugarcane)의 줄기를 잘라 잎을 쳐내고 압착기로 압착해 즙을 추출해 낸다. 이 즙은 발효성 당인 설탕(Sugar)이 다량 함유되어 있어 먼저 설탕을 추출한 다음 남은 폐당액(Molasses)을 발효시킨 후 증류해 럼을 만든다. 또 브라질의 대중주인 카샤샤(Cachaca)와 같이 사탕수수의 주스를 바로 발효시켜 만들기도 한다.

(2) 발효

전처리가 끝난 폐당액을 발효조에 넣고 발효시키는데 Light Rum은 2~4일, Heavy Rum은 5~20일에 걸쳐 서서히 발효시킨다.

(3) 증류

Light Rum은 연속증류기로 90%로 증류하고, Heavy Rum은 단식증류기를 이용해 70~80%로 서서히 증류하는데, 이것은 원료 고유의 향을 얻기 위해서이다.

Light Rum이나 Heavy Rum 모두 증류한 원액은 무색이지만 그 맛과 향은 현저히 다르다.

(4) 숙성

Light Rum은 색깔이 필요 없기 때문에 스테인리스 탱크에서 6~12개월 정도만 숙성시킨다. Heavy Rum은 속을 그을린 Oak통 속에서 5년 이상 숙성시키는 것이 보통이며 나무에서 우러난 색깔과 병입 시 캐러멜로 착색되어 짙은 색깔이 된다.

3) Rum의 종류

Rum은 사탕수수가 재배되는 곳이면 어디서든 쉽게 만들 수 있으므로 산지에 따른 분류보다 특성에 따라 3가지로 분류한다.

(1) 라이트 럼(Light Rum)

Light Bodied Rum이며 2~4일간 발효시킨 후 연속증류기로 증류하여 스테인리스 탱크에서 6개월간 숙성시킨다. 색이 없으므로 White Rum 또는 Silver Rum이라고도 하며 단맛이 없으므로 Dry Rum이다. 향이 약하고 맛이 부드러워 Cocktail로 많이 이용한다.

(2) 미디엄 럼(Medium Rum)

Medium Bodied Rum이며 위스키와 같이 호박색이어서 Amber Rum 또는 Gold Rum이라고도 한다. Oak통에서 숙성시키므로 숙성 시 우러나온 색과 향으로 인해 Light Rum보다 더 강한 향과 색을 가지고 있다.

(3) 헤비 럼(Heavy Rum)

Full Bodied Rum이며 Pot Still로 2회 증류한다. 증류 시 알코올 도수는 70~80%로 Oak통에서 5년 이상 숙성시켜 캐러멜로 착색하고 증류수로 알코올 도수를 조정하여 병입한다.

보통 진한 마호가니(Mahogany)나무색이어서 Dark Rum이라고 하나 회사에 따라 짙은 갈색이나 붉은색을 띠기도 한다. 일반적으로 색이 진할수록 단맛이 강하나 같은 색이라도 회사별로 당도가 많이 차이가 난다. Jamaica, Haiti, Martinique, Trinidad, Guyana, Philippines 등이 주산지이다.

| Bacardi
White Rum | Bacardi
Gold Rum | Bacardi
Dark Rum | Myers's
Dark Rum | Philippine
Tanduay Dark Rum | Brazil Cachaca |

(4) 기타 럼(Others)

① 코코넛 럼(Coconut Rum)

동남아시아에서 Arrack 또는 Arak이라고 하며 코코넛 열매의 꽃줄기에서 수액을 추출하여 발효시킨 후 증류한 증류주이다. 스트레이트로 마시거나 얼음을 넣어 마시며 트로피컬 칵테일에 많이 사용된다. 스리랑카의 아라크(Arrack), 필리핀의 람바녹(Lambanog) 등이 있다.

② 바타비아 아라크(Batavia Arrack)

Arak(아락)은 시리아, 레바논, 요르단, 터키, 이란, 이라크 등 중동지역에서 생산되는 아니스(Anise)향이 첨가된 알코올 40도 이상의 증류주이다. 얼음물에 타면 우윳빛으로 변하며 식사 시 함께 마신다. 이와 유사한 것으로 지중해 지역에서 생산되는 오조(Ouzo)

와 라키(Raki)가 있다. 그러나 Batavia Arrack은 인도네시아 자바섬 자카르타시에서 사탕수수 주스로 만드는 Dry Rum으로 바타비아는 네덜란드 식민지시대 때 자카르타시의 명칭이다. Batavia의 강물과 인도네시아산 붉은 쌀로 만든 누룩으로 발효시킨 후 네덜란드에서 숙성시켰으나 현재는 인도네시아에서도 생산된다. 단식증류기로 증류하여 보통 3~4년간 숙성한 후 블렌딩하고 다시 숙성시켜 병입되며 누룩 특유의 향이 나는 아로마틱 럼(Aromatic Rum)이다.

| Sri Lanka Arrack | Philippines Lambanog | Batavia Arrack |

5. 테킬라(Tequila)

1) Tequila의 원료

Tequila는 16세기 중엽 멕시코에 온 스페인 정복자들이 멕시코 원주민들이 마시던 발효주인 풀케(Pulque)를 증류해 만들었다. Tequila의 원료인 아가베(Agave)라는 식물은 아메리카대륙 및 서인도제도가 원산지로 그 종류는 300종이 넘으며 멕시코에서만도 200여 종이 자생하고 있다. Agave의 모양은 매우 다양하여 선인장이나 알로에와 비슷한 것도 많다. 그러나 모든 Agave로 술을 만들 수 있는 것은 아니며 술을 만드는 데 쓰이는 Agave종은 그리 많지 않다. Tequila를 만드는 품종은 'Agave Tequilana Weber Azul'이라 불리는 청색종 1종밖에 없다. 이 Agave는 파인애플 모양의 밑기둥에 두텁고 질긴 잎이 파인애플 모양으로 길고 총총히 자란다. 다른 품종으로는 양조주인 Pulque나 증류주인 Mezcal(Mescal)을 만드는 데 이용된다.

용설란은 Agave의 일종으로 용의 혀와 같은 모양의 난(蘭)이라고 해서 붙여진 이름인데 난(蘭)과는 전혀 관련이 없다. 정식 명칭은 Agave Americana이며 멕시코에서는 매게이(Maguey)라고도 한다. 잎이 두껍고 넓으며 매우 크게 자라 관상용으로 널리 재배되고 있으며 Pulque나 Mezcal의 원료로도 많이 이용된다. 미국에서는 100년에 한번 꽃을 피운다고 잘못 알려져 'Century Plant'로 불리기도 하며, 알로에와 모양이 비슷해 'American Aloe'라고도 불린다. Agave는 품종에 따라 6~14년 동안 성장하며 꽃을 피운 다음 시들어 죽는다.

Agave Tequilana

Agave Americana (용설란)

Agave Youca

Agave Dracaena

Agave Sansevieria

2) Tequila의 제조방법

(1) 수확

Agave Tequilana Weber를 8~12년 길러 잎을 쳐내면 밑부분이 파인애플 모양이 되는데 이를 피냐(Piña ; Pineapple)라고 하며 30~50kg 정도가 된다. 이 Piña 속에는 이눌린(Inulin)이라는 전분을 함유한 수액이 들어 있다.

Agave Tequilana Weber Azul의 수확

(2) 당화

잎을 제거한 Piña 또는 'Head'를 쪼개 24시간 정도 증기솥에 넣고 찐다. 이때 전분(Inulin)이 당화되면서 설탕과 과당 등이 발효성 당으로 분해되고 색깔이 갈색으로 변한다. 이것을 기계에 넣어 부순 후 수액을 추출하여 발효시킨다.

Agave 조각내기

증기로 쪄 당화시키기

쪄낸 Agave

(3) 분쇄 및 착즙

당화된 Agave는 상당히 질겨 착즙이 쉽지 않다. 과거에는 동물을 이용하여 큰 맷돌로 으깨어 착즙하였으나 현재는 대부분 전동 분쇄기를 사용하여 Agave를 분쇄한 후 강한 착즙기로 압착하여 수액을 착즙한다.

전통식 분쇄

기계식 분쇄

착즙

착즙된 Agave

(4) 발효

발효는 전통적인 방식과 당분첨가 방식이 있다. 전통적인 방식은 멕시코의 DOT (Declaration for the Protection of the Denomination of Origin Tequila)법에 의해 Agave Tequilana Weber 한 가지 품종만을 발효시키는 방식으로 고급 Tequila는 모두 100% Agave Tequilana Weber종만 사용한다.

당분첨가 방식은 Agave를 기르는 데만 10년 이상이 걸려 원료가 고갈되기 시작하자

Agave의 수액에 옥수수에서 추출한 당분이나 설탕을 첨가해 발효시키는 방식으로 저가의 Tequila를 만드는 데 이용된다. 그렇지만 모든 Tequila는 Agave Tequilana Weber종의 당분을 최소한 51% 이상 사용해야 한다.

2~3일간 발효가 끝나면 진하고 단맛이 강한 유백색의 풀케(Pulque)라는 알코올 도수 4~8%의 발효주가 된다. Pulque는 Aztecs 원주민들이 12세기 중엽부터 만들어 온 토속주로 16세기 중엽 스페인 정복자들이 증류방법을 보급하면서 증류주에 이용되기 시작했다.

 Agave Americana로 만든 Pulque

Agave Americana   줄기 제거   수액 채취   Pulque

(5) 증류

발효된 Musto(Must)를 단식증류기로 2회 증류시키는데 처음에는 28% 정도로 증류하고 두 번째는 50~55% 정도로 증류한다. 이것을 'Vino Mezcal' 즉 'Mezcal Wine'이라고 한다. 초기에는 멕시코 중앙고원지대에 위치한 할리스코(Jalisco)주의 Tequila 마을에서 만들어진 'Vino Mezcal'만을 'Tequila'라고 하였으나 현재는 나야리트(Nayarit), 과냐후아토(Guanajuato), 미초아칸(Michohacan), 타마울리파스(Tamaulipas) 4개 주의 한정지역에서 Tequila 제조 규정에 의해 만든 것도 모두 Tequila로 인정하고 있다. 따라서 5개 주의 181개 한정지역 이외에서 생산된 것은 비록 품종과 생산방식이 같더라도 'Tequila'라는 명칭을 사용하지 못하고 'Vino Mezcal' 또는 'Mezcal'로 표시한다.

병 속에 벌레가 들어 있는 Mezcal도 있는데 이 벌레를 'Gusano'라고 한다. Gusano는 나방의 애벌레로 Agave에서 자라는데 비 오는 여름에 채집하여 말린 다음 Mezczl 병에 넣는다. Gusano는 Oro(오로; Gold)와 Rojo(로호; Red)의 2종류가 있으며 병 속에서 색깔이 변색된다. Tequila에는 Gusano를 넣을 수 없으며 일부 Mezcal에만 넣어진다.

모든 Tequila병에는 'NOM' 번호가 표시되어 있다. 이는 'Normas Official Mexicana de Calidad'의 약자로 'the Mexican government standards', 즉 멕시코 정부의 Tequila 생산 표

준방식에 의해 생산되었음을 말한다. 모든 증류소는 고유의 NOM 번호를 가지고 있다. NOM 번호가 Tequila의 품질을 보증하는 것은 아니지만 NOM 번호가 없는 Tequila는 원산지에서 생산된 것이 아니므로 품질에 주의해야 한다. 멕시코의 Tequila는 법에 의해 35~55%로 병입된다. 주요 브랜드로는 Jose Cuervo, Mariachi, Pepe Lopez, El Toro, Cabo Wabo 등이 있다.

3) Tequila의 종류

(1) 원료 사용량에 따른 분류

Tequila는 원료인 Agave Tequilana Weber의 사용량에 따라 2가지로 나누어진다. 100% 멕시코산 Agave Tequilana로 만든 것은 '100% de Agave' 또는 'Hecho en Mexico'(Made in Mexico)라고 표시하고 그렇지 않은 것은 'Mixto'라고 표시한다.

(2) 숙성기간에 따른 분류

① 블랑코(Blanco)

White라는 뜻으로 플라타(Plata; Silver)라고도 한다. 무색의 Tequila는 대부분 당분첨가 방식에 의해 발효시키고 2개월 이내의 단기간 동안 스테인리스 탱크에서 숙성이라기보다는 안정화 과정을 거쳐 증류수로 알코올 도수를 낮추어 병입한다.

② 호벤(Joven)

Young이란 뜻으로 오로(Oro; Gold)라고도 한다. White Tequila에 캐러멜로 착색 및 착향한 것이다. 때로는 오크향을 첨가하여 숙성시킨 것처럼 보이게 하나 첨가물이 1%를 초과해서는 안 된다.

③ 레포사도(Reposado)

Rested Tequila라는 뜻으로 White Oak통에서 2개월~1년 이내로 숙성시킨 것이다. 갈색 또는 호박색이 난다.

④ 아녜호(Añejo)

Aged라는 뜻으로 White Oak통에서 1년 이상~3년 이내로 숙성시킨 것이다. Reserva는 법적인 표시용어가 아니고 생산자가 임의로 표시하는 것인데 주로 Añejo에 표시되나

Reposado에 표시되기도 한다.

⑤ 엑스트라 아녜호(Extra Añejo)

2006년에 제정된 등급으로 최소한 3년 이상 오크통에서 숙성한 것이다. 최장 7년까지 숙성시키기도 하나 5년 이상 숙성시켜도 더 이상 품질이 좋아지지는 않는다.

| Blanco(White) | Joven(Gold) | Reposado | Añejo | Extra Añejo |

6. 브랜디(Brandy)

1) Brandy의 원료

Brandy 제조방법은 중세 연금술사에 의해 발명되었다는 것이 통설이며 Brandy라는 말은 네덜란드 말인 브란데빈(Brandewijn)에서 유래되었다. 이 용어는 Brunt Wine(태운 와인)이란 뜻으로 독일에서는 'Branntwein'으로, 프랑스에서는 'Brandevin'으로 바뀌었고 영어로 'Brandywine'으로 되었다가 현재의 'Brandy'가 되었다.

모든 과실의 당분은 대부분 발효성 당인 과당(Fructose)과 포도당(Glucose)으로 구성되어 있어서 효모를 넣으면 바로 발효시킬 수 있는데 이렇게 과실을 발효시켜 만든 양조주를 와인(Wine)이라 하며 이 Wine을 증류시킨 증류주를 브랜디(Brandy)라고 한다.

Brandy를 프랑스에서는 오드비(Eau de Vie)라고 하며 이는 생명의 물(Water of Life)이란 뜻이다. 그러나 일반적으로 'Brandy'라고 할 경우 'Wine'과 마찬가지로 포도로 만든 'Grape Brandy'만을 의미하고 다른 과실로 만든 Brandy는 별도의 명칭을 사용한다.

브랜디도 다른 증류주와 마찬가지로 보통 알코올 도수 40%로 생산되며 주로 After

Dinner Drink로 이용되지만 칵테일과 조리용으로도 많이 이용된다.

2) Brandy의 종류

(1) Grape Brandy

가) 코냑(Cognac)

① 코냑(Cognac)의 유래

코냑(Cognac)은 프랑스 Cognac 지방에서 생산된 포도 브랜디에 지역명칭을 붙인 것이라고 한다.

코냑 지방은 세계 최고의 브랜디인 코냑의 생산지로 코냑 마을은 보르도에서 북쪽으로 약 100km 떨어진 샤랑트(Charente) 강 유역에 있다.

코냑 지방은 코냑 마을을 중심으로 샤랑트 도(道)와 샤랑트마리팀(Charente Maritime)도(道)의 2개 도 대부분을 차지하며 전체 면적은 대단히 넓다.

코냑(Cognac) 마을에서 동쪽으로 10km 정도 떨어진 곳에 자르낙(Jarnac) 마을이 있으며 비스키(Bisquit), 하인(Hine), 델라망(Delamain), 쿠르부아지에(Courvoisier) 등의 유명 코냑 회사가 있다.

코냑 지방에서 증류주를 만들기 시작한 것은 17세기부터이다. 당시 루이 14세의 재무장관이었던 콜베르(Jean-Baptiste Colbert)는 대서양을 지키기 위해 샤랑트(Charenre) 강 입구의 로슈포르(Rochefort)에 해군 군항과 조선소를 건설하였으며 배를 만드는 데 필요한 목재는 코냑 지방의 동쪽 리모주(Limoges) 시 일대의 산림에서 조달한 오크(Oak)나무를 사용하였다. 와인이 증류된 결정적 원인은 당시 코냑 지방의 와인에 부과된 세금이었는데, 당시 세금은 와인 한 통을 기준으로 부과되었으며 와인 생산자는 와인의 부피를 줄이기 위해 증류하기 시작했다. 당시의 코냑은 오늘날과 같이 숙성시킨 것이 아니라 증류해서 바로 병입한 70도가 되는 강한 것이었다.

② 코냑(Cognac) 지방 포도밭의 등급

코냑 지방 포도밭은 품질에 따라 6개의 등급으로 구분된다. 등급결정에 가장 큰 영향을 미치는 것은 토양에 포함되어 있는 석회암의 비율이다.

Cognac 지방 등급표

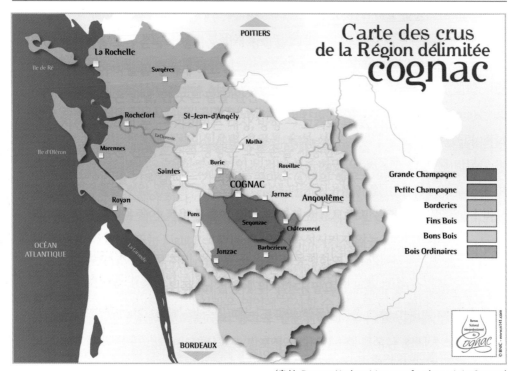

(출처: Bureau National Interprofessionnel du Cognac)

- **그랑 샹파뉴(Grande Champagne)** : 가장 좋은 포도재배지로 면적은 작으나 코냑의 중심지이다. 샹파뉴(Champagne)는 샴페인의 생산지명으로 널리 알려져 있으나 '석회암 평원'을 의미하기도 한다. 따라서 코냑(Cognac) 지방에서 샹파뉴라고 할 경우에는 석회암지대로 되어 있음을 의미한다. 그랑 샹파뉴의 코냑은 강하고 중후한 특징이 있다.

- **프티 샹파뉴(Petite Champagne)** : 그랑 샹파뉴 지역을 감싸고 있는 두 번째로 우수한 지역이다. 그랑 샹파뉴와 프티 샹파뉴 두 지역에서 전체 코냑의 40% 이상을 생산한다. 핀 샹파뉴(Fine Champagne)는 '좋은 샹파뉴'라는 뜻으로 Grande Champagne와 Petite Champagne에서 생산된 포도로만 만든 코냑으로 Grande Champagne의 포도를 최소한 50% 이상 사용하여야 한다. 일부 코냑에 'Fine Cognac' 또는 'Grand Fine Cognac'이라고 표기된 것은 법적인 품보증 용어가 아니다. 프티 샹파뉴의 코냑은 가볍고 우아하고 섬세하며 그랑

샹파뉴보다 빨리 숙성된다. 따라서 두 지역의 코냑을 블렌딩하면 완벽에 가까운 코냑이 만들어진다.

- 보르드리(Borderies) : 코냑 마을을 중심으로 샤랑트(Charente) 강 북서쪽에 위치한 가장 작은 지역으로 세 번째로 좋은 지역이다. 뛰어난 풍미기 있어 그 자체는 물론 타 지역과의 블렌딩용으로도 많이 이용된다. 이 지역 코냑의 특성을 가장 잘 나타내주는 코냑은 마르텔(Martell) 회사의 코냑이다.

- 팽부아(Fins Bois) : Fins Bois는 '좋은 나무'라는 뜻이며 이 지역의 포도나무가 좋다는 뜻이다. 그랑 샹파뉴, 프티 샹파뉴, 보르드리 전체를 감싸고 있으며 전체 코냑의 40%를 생산한다. 세련됨이 약간 부족하지만 코냑의 블렌딩에 가장 많이 사용되고 있다.

- 봉부아(Bons Bois) : Bons Bois는 '양호한 나무'라는 뜻으로 팽부아(Fins Bois) 전체 지역을 감싸고 있는 외곽지역이다.

- 부아 오르디네르(Bois Ordinaires) : Bois Ordinaires는 '보통의 나무'라는 뜻이며 샤랑트(Charente) 강 입구의 대서양에 면해 있는 지역이다.

Cognac 지역의 등급지역별 생산량(2012년 기준)

지역	총면적(헥타르)	포도재배 면적(헥타르)	코냑 생산량(%)
Grande Champagne	34,703	13,249	17.8
Petite Champagne	65,603	15,268	20.7
Borderies	12,540	4,056	5.4
Fins Bois	349,803	31,216	42.0
Bons Bois	372,053	9,277	12.6
Bois Ordinaires	260,417	1,066	1.5
합계	1,095,119	74,132	100

(출처: Bureau National Interprofessionnel du Cognac)

③ 코냑(Cognac)의 제조

• 포도 품종

Cognac은 위니블랑(Ugni Blanc), 꼴롱바르(Colombard), 폴 블랑슈(Folle Blanche), 폴리냥(Folignan), 쥐랑송 블랑(Jurançon Blanc), 멜리에 생 프랑수아(Meslier St-François), 몬틸(Montils), 셀렉트(Sélect), 세미용(Semillon)을 사용하는데, 앞의 세 품종 이외에는 최대 10% 이상을 사용할 수 없다. 현실적으로는 이 지방에서 생테밀리옹(Saint Emillion)이라고도 불리는 Ugni Blanc을 대부분 재배하고 있다. 이 포도는 보르도 지역의 생테밀리옹(Saint Emillion) 지방과는 이름만 같을 뿐 아무런 관계가 없다.

• 수확

Cognac 지방의 포도수확은 10월 중순경부터 시작되며 다른 와인산지와 달리 단위면적당 수확량이 없다. 그러나 대규모 코냑 회사에 포도나 와인을 납품하는 대부분의 소규모 농가에서는 대규모 회사의 품질관리에 따라 조악한 포도를 생산하는 경우는 별로 없다. 또 프랑스 대부분의 지역에서 손수확을 하나 코냑과 아르마냑 지방에서는 기계수확을 하고 있다.

• 발효

이 지역 포도는 산도가 높아 식용으로 부적합하며 당도도 낮아 알코올 도수가 7~9도밖에 되지 않으므로 와인으로서의 가치도 낮다. 그러나 증류해 숙성시키면 매우 훌륭한 코냑으로 변하게 된다. 발효는 일반 White Wine을 만들 때와 같으나 당분첨가(Chaptalisation)는 허용되지 않는다. 또 증류하기 위해 발효시키므로 발효 후 정제과정이 일반와인같이 섬세하지 않다.

• 증류

증류는 샤피토(Chapiteau)라는 구리로 만든 전통적인 단식증류기로 2회에 걸쳐 하는데 이 증류기는 코냑을 만드는 데 결정적 역할을 한다.

매년 10월 말부터 11월 초에 증류가 시작되는데 증류기에 와인을 넣고 12시간에 걸쳐 서서히 증류하여 향과 알코올을 추출한다. 증류기의 용량은 최대 35헥토리터로 증류 시 와인을 25헥토리터 이상 넣을 수 없다.

1차 증류하여 28~32%의 브투이(Brouillis)를 얻는다. 증류의 효율성을 높이기 위해 증류

전에 구리로 만든 양파와 같이 둥근 통에 와인을 넣어 데운 다음 증류기에 넣기도 한다.

이 브루이를 다시 증류기에 넣어 2차 증류를 하는데 2차 증류 시 처음 나오는 증류주와 마지막으로 나오는 증류주는 제거하고 중간에 나오는 약 70도 정도의 증류주인 본쇼프(La Bonne Chauffe)만 사용한다.

이렇게 2회 증류를 하는 데 총 24시간이 소요되며 일반적으로 와인 9병을 증류했을때 코냑 1병이 생산된다.

🍷 단식증류기(Pot Still)

• 숙성

본 쇼프(Bonne Chauffe)는 완전히 무색이다. 이것을 새 오크통에 넣어 지상에 만들어진 낮은 숙성창고인 셰(Chais)에서 몇 개의 층을 쌓아 숙성시킨다.

지상에 숙성창고를 설치하는 이유는 밀폐된 지하창고에서 높은 도수의 코냑을 숙성시키면 증발된 알코올에 의해 화재의 위험성이 매우 높기 때문이다. 코냑(Cognac) 마을과 자르낙(Jarnac) 마을에서는 더 이상 숙성창고의 신설이 허가되지 않는다.

숙성용 오크통은 리무진(Limousine) 지역에서 생산된 것이 최상품이지만 알리에(Allier) 주의 트롱세(Tronçais) 지역에서 생산된 것도 사용된다. 숙성기간은 오크통의 재질에 따라 다르나 최고 120년 정도이다.

오크통이 삭아 더 이상 숙성시킬 수 없으면 오크통에서 코냑 원액을 빼내어 봉보네(Bonbonaise) 또는 데미쟝(Demi-johns)이라 불리는 생수통 모양의 유리통에 넣어 밀봉하고 빛이 투과되지 않도록 갈대로 엮어 병을 감싼 다음 파라디(Paradis)라고 불리는 지하

데미장(Demi-johns)

파라디(Paradis)

저장고에 저장하게 된다.

코냑의 숙성기간은 오크통 안에 있던 기간만 인정되며 유리병에 넣는 순간부터 숙성기간은 더 이상 인정되지 않는다.

코냑은 숙성 시 오크통 표면을 통해 매년 3% 정도 증발되며 알코올은 1도 정도 낮아진다. 매년 2,000만 병 분량의 어마어마한 양의 코냑이 증발되는데 이 지역 사람들은 이것을 '천사의 몫(Angel's Share)'이라 한다. 70도의 증류 원액을 숙성시키면 30년 숙성 시 알코올 도수는 40도 정도가 된다. 그 이후에는 오크통에서 대기 중으로 증발되려는 힘과 오크통이 대기 중의 수분을 빨아들이는 힘이 균형을 이루어 알코올 도수가 낮아지지 않게 된다.

오래 숙성시키지 않은 코냑은 알코올 도수가 높아 물을 타서 인위적으로 알코올 도수를 조절한다.

• 블렌딩(Blending)

대형 코냑 회사들은 개별 재배자나 협동조합에서 포도를 사거나, 와인을 사거나, 아니면 증류된 원액을 사서 회사의 숙성창고에 보관한 후 이것을 블렌딩하여 코냑을 만든다.

포도를 직접 재배하여 코냑을 만들 경우 막대한 면적의 포도밭이 필요한데 이렇게 큰 포도밭을 사서 재배할 수 없으므로 90% 이상의 코냑은 대형 코냑 회사가 소규모 포도 재배자들이 증류한 것을 사서 자기 이름으로 블렌딩해 판매한다.

헤네시(Hennessy)사와 비스키(Bisquit)사는 자사 코냑 생산량의 10% 정도만 자사가 생산한 와인으로 만들며, 하인(Hine)사와 쿠르부아지에(Courvoisier)사는 자기 소유의 포도밭이나 증류소를 가지고 있지 않다. 마르텔(Martell)과 오타르(Otard)사는 자기 포도밭과 증류소를 가지고 있으나 거의 대부분은 모두 소규모 증류업자에게 구매하여 숙성시킨 후 블렌딩한다.

코냑용 와인만을 생산하는 사람은 1,500명 정도이며 와인을 증류하여 대형회사에 납품만 하는 증류자인 부이외르 드 크뤼(Bouilleurs de Cru)는 약 4,500명 정도가 있다.

오크통에서 숙성되는 것이든 데미쟝(Demi-johns)에 넣어진 것이든 모든 코냑은 유리로 된 작은 샘플병에 넣어져 샘플실에 보관되며 이 샘플로 블렌딩하여 코냑을 만들게 된다.

샘플실에는 창고에 저장되어 있는 모든 코냑의 샘플이 진열되어 있으며 마스터 블렌더는 회사별로 고유의 맛과 향과 색깔을 내기 위해 자기의 모든 감각을 동원하여 블렌딩을 하게 된다. 여기서 결정된 블렌딩 원액의 비율대로 저장되어 있는 원액을 섞어 코냑을 만들어 병입하게 된다.

코냑은 법에 의해 알코올 도수를 40도 이상으로 병입해야 하므로 알코올 도수를 낮추기 위해 순수한 증류수나 미네랄성분을 제거한 순수한 물을 사용하여 알코올 도수를 조절하기도 한다. Cognac의 주요 회사로는 Hennessy, Remy Martin, Camus, Courvoisier, Martell, Bisquit, Hine, Baron Otard, Frafin, Gautier 등이 있다.

| Remy Martin Louis XⅢ | Remy Martin XO | Remy Martin VSOP | Frafin Extra |

| Camus Prestige Jubilee | Camus XO | Camus VSOP | Baron Otard XO |

| Hennessy Richard Extra | Hennessy XO | Hennessy VSOP | Hine XO |
| Courvoisier XO | Bisquit XO | Martell X.O | Gautier XO |

• 코냑(Cognac)의 숙성연도

코냑의 상표에는 별, VSOP, Napoleon, XO, Extra 등의 부호나 글씨가 표시되어 있는데 이러한 부호의 사용은 법적 규정을 따라야 한다.

프랑스는 코냑은 매년 4월 1일, 아르마냑(Armagnac)은 매년 5월 1일, 칼바도스(Calvados)는 매년 10월 1일을 숙성 기준일로 하여 숙성기간을 통일하고 있으며 증류는 그 전날까지 종료하도록 하고 있다. 이 기준일을 콩테(Comptes)라고 하며 코냑의 경우 'Comptes 00'는 포도를 수확한 다음해 3월 31일까지 증류를 마친 코냑이고, 'Comptes 0'는 증류를 마친 후 4월 1일부터 그 다음해 3월 31일까지 숙성되는 코냑이며, 'Comptes 1'은 4월 1일을 기준으로 숙성기간이 1년을 경과한 코냑이다. 코냑은 숙성연도를 Comptes 14까지 표시하고 있으며 아르마냑은 'Comptes 5'까지, 칼바도스는 'Comptes 10'까지의 등급이 있다. '별다섯' 등의 숫자는 전혀 의미가 없으며 'Napoleon'은 6년, 'XO'는 10년 이상 숙성시키면 법적으로 상표에 표시할 수 있기 때문에 작은 코냑 회사는 법적 연한만 숙성시킨 후 판매하는 경우가 많다. 따라서 코냑의 품질기준은 상표에 표시된 부호보다 코냑 회사의 신뢰도를 기준으로 하는 것이 더 확실하다. 코냑은 '콩테 2' 미만은 판매할 수 없으며 법적으로는 3등급으로 나누어져 있어도 각 회사별로는 다양한 등급체계를 만들어 생산하고 있다.

🍷 Cognac의 등급 기준(2018년 등급기준 개정)

숙성기간		표시 방법 ( )는 영어식 표시
Comptes	숙성기간	
00	포도수확 다음 해 3월 31일까지 증류한 것	Compte 1 이하는 Cognac으로 판매 불가
0	4월 1일~12개월 미만	
1	12~24개월 미만	
2	24~36개월 미만(2년 이상 숙성)	VS, 3 Etoiles(Star), Séelection(Selection), De Luxe, Very Special, Milléesime
3	36~48개월 미만(3년 이상 숙성)	Supéerieur, Cuvéee Supéerieure, Qualitée Supéerieure
4	48~60개월 미만(4년 이상 숙성)	V.S.O.P.(Very Superior Old Pale), Réeserve(Reserve), Vieux, Rare, Royal
5	60~72개월 미만(5년 이상 숙성)	Vieille Réeserve, Réeserve Rare, Réeserve Royale
6	72~84개월 미만(6년 이상 숙성)	Napoléeon(Napoleon), Trèes Vieille Réeserve, Trèes Vieux, Héeritage, Trèes Rare, Excellence, Suprêeme
10	120개월 이상(10년 이상 숙성)	XO(Extra Old), Hors d' âage, Or(Gold), Extra, Ancêetre(Ancestral), Impéerial(Imperial)
14	168개월 이상(14년 이상 숙성)	XXO(Extra Extra Old)

🍷 2005년 10월 1일에 증류한 코냑의 콩테(Comptes)

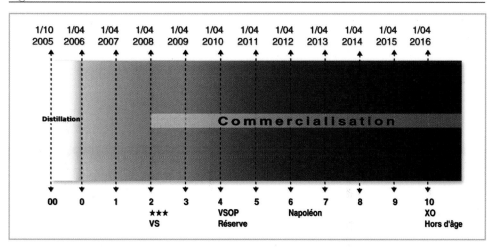

나) 아르마냑(Armagnac)

아르마냑은 보르도 시에서 가론(Garonne) 강을 따라 남동쪽에 위치한 뷰제(Buzet)의 남쪽에 위치한 광범위한 지역이다.

아르마냑은 14세기부터 전해져 온 프랑스의 가장 오래된 증류주이다. 약 5,000명의 재배자가 포도를 재배하고 있으며 1,400여 개의 아르마냑 제조회사가 있다.

아르마냑은 다시 오 아르마냑(Haut Armagnac), 바 아르마냑(Bas Armagnac), 아르마냑-테나레즈(Armagnac-Tenareze)의 3지역으로 구분된다.

가장 좋은 지역은 바 아르마냑(Bas Armagnac)이며 이 지역은 종종 그랑 바(Grand-Bas)로도 불린다. 토양은 주로 모래토양으로 모래가 많을수록 좋은 지역으로 분류되며 이 모래토양 때문에 석회암 토양인 코냑과 다른 맛과 향이 난다. 모래토양에서는 Folle Blanche와 Baco 22를 재배하고, Ugni Blanc은 석회암 지역에서 재배하며 꼴롱바르(Co-lombard)를 포함해 4가지의 백포도가 재배된다.

기후는 전반적으로 해양성기후이나 동쪽으로 갈수록 지중해 기후의 영향을 받는다. 수확은 기계수확을 하며 증류는 주로 연속증류기를 사용하나 1972년을 기점으로 코냑 지방의 증류기 사용이 점차 늘어나고 있다.

전통적으로 알코올 도수를 52~60%로 코냑에 비해 낮게 증류하였으나 현재는 72%까지 허용하고 있다. 숙성 시 알코올 도수가 낮아 증발량은 적으나 오크통의 성분을 우려내기 위해 숙성기간이 더 길어야 한다.

따라서 아르마냑에서는 Limousin 오크통을 사용하지 않고 좀 더 활력 있고 색깔이 짙은 이 지방(Gascogny)의 오크통을 사용한다. 이 통에서는 10년만 숙성시켜도 20년을 숙성시킨 코냑과 비슷한 짙은 색깔이 난다. 현재는 품질의 고급화를 위해 리무진(Limou-sin)과 트롱세(Troncais)의 오크통 사용량이 늘고 있다.

아르마냑의 숙성기준일은 매년 4월 1일이다. 아르마냑의 숙성연도 표시는 코냑과 같은 부호를 사용하나 4등급으로 분류되어 있다.

특히 'XO', 'Napoleon' 같은 부호를 사용했더라도 아르마냑이 코냑보다 숙성기간이 짧은 원액을 사용하는 것이 일반적이다.

또 위스키와 같이 '15 Years', '20 Years' 같은 숙성표시도 허용하고 있다. 주요 회사로는 Chabot, Janneau, Maliac 등이 있다.

> • Viel Armagnac : Old Armagnac. 6년 이상 숙성된 원액을 블렌딩하여 만든 것.
>
> • Vintage Armagnac : 포도의 수확연도가 표시된 것으로 10년 이상 숙성시켜야 함.
>
> • Blanche d'Armagnac : 숙성시키지 않은 아르마냑으로 무색인 것.

다) 기타 포도 Brandy

① Marc : 프랑스의 Cognac과 Armagnac을 제외한 지방에서 포도주의 찌꺼기를 증류해 만든 Brandy.

② Grappa : 이탈리아에서 와인의 찌꺼기를 증류해 만든 Brandy로 Veneto주의 Bassano del Grappa라는 지역명에서 유래됨.

③ Stock 84 : 이탈리아의 Stock Distillery에서 생산되는 Brandy.

④ Tresterschnapps : 독일에서 와인의 찌꺼기를 증류해 만든 Brandy.

⑤ Bagaceira : 포르투갈에서 와인의 찌꺼기를 증류해 만든 Brandy.

⑥ Aguardiente : 스페인에서 와인의 찌꺼기를 증류해 만든 Brandy.

⑦ Metaxa : Greece의 Brandy로 1888년 창립된 Metaxa Distillery에서 생산됨.

⑧ Inca Pisco : 페루에서 Muscat 또는 Mission 포도로 만들어지는 Brandy.

Armagnac Chabot X.O

Chabot VSOP

Samalens VSOP

Grappa

Pisco

(2) Apple Brandy

① Calvados

칼바도스(Calvados)는 프랑스 북서쪽에 위치한 노르망디(Normandie) 지역의 칼바도스(Calvados) 도(道)와 오른(Orne) 도(道)를 중심으로 사과를 주원료로 하여 생산되는 브랜디이다.

이 지역에서 사과로 술을 만들기 시작한 것은 8세기경 샤를마뉴(Charlemagne) 대제 때부터이다. 사과를 발효시킨 술을 시드르(Cidre)라고 하며 이 Cidre를 증류한 것을 오드비 드 시드르(Eaux de Vie de Cidre)라고 하는데 칼바도스의 AOC 지역에서 생산된 브랜디만 별도로 Calvados라고 한다. AOC Calvados는 2년 이상 오크통에서 숙성시켜야 한다.

칼바도스 지역의 사과는 일반적인 사과보다 작고 신맛, 단맛, 달고 쓴맛, 쓴맛의 4가지 계통으로 분류된다. 수확한 후 1개월 정도 창고에 저장한다. 이 저장기간 동안 사과가 부드럽고 숙성되어 향이 최고에 달하게 된다. 사과의 향은 껍질부분에 집중되어 있기 때문에 숙성된 사과를 그대로 분쇄기로 잘게 부숴 머스트(Must)를 만든 후 몇 시간 동안 그대로 두는데 이렇게 하면 머스트의 조직이 부드러워져 착즙이 용이해지고 색깔과 향이 잘 추출된다.

착즙된 사과주스는 정제하지 않고 발효시키는데 발효기간은 4~6주 정도 소요되며 발효된 Cidre의 알코올 도수는 5~6도 정도이다. 발효가 끝나면 바로 증류하지 않고 15℃ 이하에서 침전물과 함께 3~1년 동안 숙성시키는데 이 기간 동안 말로락틱 발효(Malo-Lactic Fermentation)가 일어나 향미를 더해준다.

칼바도스 뒤 페이 도주(Calvados du Pays d'Auge)에서는 반드시 샤랑트식 단식증류기를 사용해야 하며 기타의 지역은 연속증류기를 사용할 수 있다.

단식증류기로 처음 증류할 때는 25~30도의 알코올이 나오는데 이를 'Petite Eau'라 하고 이것을 다시 증류기에 넣어 2차 증류한다. 2차 증류 시 처음 나오는 오드비는 너무 알코올 도수가 높고 맨 나중에 나오는 오드비는 향이 좋지 않아 사용하지 않는다. 이것을 제외한 오드비를 본 쇼프(Bonne Chauffe)라고 하며 알코올 도수는 70도 정도가 된다.

이 본 쇼프를 리무진 오크통에 넣어 숙성시키는데 새 오크통에서 잠시 숙성시켜 오크통의 타닌과 색깔 및 바닐라향과 같은 방향성분을 얻은 다음 오래된 오크통이나 셰리와인(Sherry Wine), 포트와인(Port Wine)통으로 옮겨 장기 숙성시킨다. 너무 오랫동안 새 오크통에서 숙성시키면 오크통의 향이 사과향을 압도하여 향의 균형이 깨지게 된다 따라서 일부 회사는 새 오크통을 사용하지 않는 경우도 있다.

모든 증류주가 처음 증류했을 때 무색인 것같이 칼바도스도 무색이다. 오크통에서 숙성될수록 다양한 색깔과 향으로 발전하게 되는데 숙성되지 않은 칼바도스는 사과향을 가지고 있으나 숙성될수록 복합적인 향으로 변해간다.

| Sylvain | Boulard | Busnel | Chauffe Coeur | Daron | Camut Reserve |

② Eaux de Vie de Cidre : 프랑스의 Calvados 지방 이외에서 생산되는 Apple Brandy이다.

③ Apple Jack : 미국 뉴저지 주의 Laird&Company사에서 1780년부터 Apple Brandy 35%와 중성주 65%를 섞어 만든 Blended Brandy로 100% Apple Brandy는 아니며 알코올 도수는 40%이다.

(3) Apricot Brandy

Barack Pálinka : 오스트리아와 헝가리에서 생산된다.

(4) Cherry Brandy

① Kirsch : 프랑스, 이탈리아에서 생산된다.

② Kirschwasser : 스위스에서 생산된다.

③ Schwarzwalder : 독일에서 생산된다.

④ Kirsebaerlikoer : 덴마크에서 생산된다.

(5) Pear Brandy

Poire : 스위스, 프랑스에서도 생산됨. Poire William이 유명하다.

(6) Yellow Plum Brandy

Mirabelle : 프랑스 알자스 로렌 지방에서 생산된다.

(7) Blue Plum Brandy

① Quetsch : 프랑스의 알자스 지방에서 생산된다.

② Slivovitz : 헝가리, 루마니아, 유고 등 중부유럽 여러 나라에서 생산된다.

(8) Raspberry Brandy

① Himbeergeist : 독일에서 생산된다.

② Framboise : 프랑스에서 생산된다.

(9) Strawberry Brandy

Fraise : 프랑스에서 생산된다.

| USA
AppleJack | Germany
Kirschwasser | France
Pore William | France
Mirabelle | France
Quetsch | France
Framboise |

7. 아쿠아비트(Aquavit)

1) Aquavit의 제조방법

Aquavit는 북유럽에서 감자를 주원료로 하여 만든 증류주이다. 과거에는 감자만 사용하였으나 현재는 곡물도 사용한다. 노르웨이와 독일에서는 'Aquavit', 덴마크에서는 'Akvavit', 스웨덴에서는 이 두 단어를 모두 사용한다. Aquavit는 'Water of Life'란 뜻의 라틴어인 'Aqua-Vitae'에서 유래되었다.

먼저 감자를 쪄 으깬 다음 물을 넣고 뜨겁게 하여 당화시키는데 감자는 맥아와 같은 당화효소가 없으므로 맥아를 넣어 당화시키거나 당화효소를 넣어 당화시킨다. 당화가 끝나면 발효시켜 알코올 도수를 95도 이상으로 증류한 후 캐러웨이씨(Caraway Seed), 아니스씨(Anise Seed) 등의 향료로 착향한 후 증류수를 이용하여 40~45도로 낮추어 병입한다.

캐러웨이(Caraway)는 독일어로 퀴멜(Kümmel)이라고 하며 우리나라의 방아잎, 아니스(Anise)와 비슷한 향이 난다. 이외에도 Fennel, Cumin, Coriander, Dill 등의 향신료가 쓰인다. 따라서 상품에 따라 향의 세기가 다르나 기본적으로 캐러웨이의 향이 나게 된다.

2) Aquavit의 종류

2000년도 이전 노르웨이는 Heavy 타입, 스웨덴은 Medium 타입, 덴마크는 Light 타입이 주로 생산되었으나 현재는 각 나라별·회사별로 다양한 종류가 모두 생산되고 있다. 주요 브랜드는 다음과 같다.

① 스웨덴 : 오피앤더슨(O.P. Anderson), 스와르트 빈바르스(Svart-Vinbars), 스코네(Skane)
② 노르웨이 : 리니아(Linie)
③ 독일 : 보머룬더(Bommerlunder)
④ 덴마크 : 올보르그(Aalborg), 스키퍼(Skipper)

| Sweden | Norway | Germany Bommerlunder | | | Denmark |
| O.P. Anderson | Linie | (Silver) | (Gold) | (Bernstein) | Aalborg |

3) Aquavit의 이용

증류주는 대부분 음식과 별도로 마시는데 Aquavit는 주로 식사와 함께 마신다. Vodka도 식사와 함께 마시는 경우가 많은데 얼음으로 차게 한 다음 Stem이 달린 리큐르 잔에 따라 스트레이트로 마신다.

Aquavit나 Vodka를 차게 하여 단숨에 마시는 것을 'Snaps'라고 하는데 Aquavit는 대개 Snaps로 마시기 때문에 Aquavit 자체를 Snaps라고 부르는 경우가 많다. Caviar를 먹을 때 Vodka를 Snaps로 마시는 것같이 스칸디나비아 지역에서는 이 지역의 특산물인 청어나 바닷가재(Crayfish)를 먹을 때 Aquavit를 Snaps로 마신다.

8. 슈납스(Schnapps)

Schnapps는 독일에서 각종 과실을 발효시킨 후 증류한 무색의 단맛이 없는 증류주 전체를 말한다. 즉 독일식 Eau de Vie이다. Schnapps는 독일어로 '한입에, 탁, 딱, 와삭'이란 뜻의 Schnapp에서 유래된 말이다. 즉 도수가 높은 술을 작은 잔으로 단숨에 들이켜는 모양에서 나온 말이다.

일반적으로 Schnapps는 과실을 사용하여 만든 것을 말하지만 곡물을 사용한 것을 Schnapps로 부르기도 한다. 또 미국에서는 Schnapps를 Liqueur 및 Cordial과 같은 의미로 사용하기도 한다. 독일에서 과실로 만든 Schnapps는 숙성시키지 않은 무색의 Brandy로 사과, 배, 자두, 버찌가 주로 이용된다. 이 중 사과로 만든 것은 Obstwasser(Fruit Water)라고 하며 배로 만든 것은 Poire Wiliams, 자두로 만든 것은 Zwetschgenwasser, 체리로 만든 것은 Kirschwasser라고 한다. Cherry Schanapps, Pear Schanapps, Peach Schanapps, Black Current Schanapps같이 상표에 과실 이름이 붙어 있는 것은 Schnapps를 이용한 리큐르로 알코올 도수는 보통 20% 내외이다.

곡물을 원료로 만든 Schnapps는 원료를 발효한 후 증류한 무색의 단맛이 없는 증류주이다. 일반적으로 맛과 향이 Vodka와 비슷하나 Vodka처럼 여과하지 않으며 Aquavit처럼 착향하지 않는다. 알코올 도수가 높은 독일식 소주라고 불린다. Schnapps는 Aquavit나 Vodka처럼 차게 해서 스트레이트로 마시나 식사보다는 Whisky나 Gin 등 일반 증류주와 같이 식사와 별도로 마신다. 알코올 도수는 보통 40%이다.

9. 소주

1) 소주의 종류

우리나라는 2013년까지 「주세법」에서 소주의 종류를 제조방법에 따라 증류식 소주와 희석식 소주로 분류하였다. 증류식 소주는 곡물 등 전분질원료를 당화시킨 후 증류한 소주로 우리나라의 전통주인 소주와 광주요에서 생산하는 '화요'가 이에 해당한다. 특히 '화요'는 2005년부터 출시된 증류식 소주이지만 전통주 규정에 맞지 않아 전통주로 지정되지 못한 유일한 증류식 소주이다.

희석식 소주는 전분질 원료를 당화시킨 후 연속증류기로 알코올 도수 95도 이상으로 증류하여 주정을 만든 후 이 주정에 물을 타서 희석한 소주로 일반적으로 소주라 하면 이 희석식 소주를 의미한다. 그러나 2013년 「주세법」이 개정되어 기존의 증류식 소주와 희석식 소주라는 용어를 없애고 '소주'라는 용어로 통일하였다. 또 법적 용어는 아니지만 일반적으로 소주의 알코올 도수에 따라 20도 이상은 고도주, 20도 미만은 저도주라고도 한다. 우리나라는 2020년 현재 10개의 희석식 소주 제조회사에서 주력브랜드를 비롯한 다양한 종류의 소주를 판매하고 있다.

2) 소주의 제조공정

① 주정 구입

우리나라는 법적으로 소주회사가 직접 전분질 원료를 발효시키고 증류해 소주를 만들 수 없다. 10개의 소주회사는 원료인 주정을 모두 대한주정판매주식회사에서만 구입해야 한다. 대한주정판매주식회사는 우리나라에서 판매되는 모든 소주의 원료인 주정을 독점 공급하는 업체이다. 2020년 현재 주정제조허가를 받아 주정을 생산하는 9개의 주정제조회사가 대한주정판매주식회사에 주정을 납품하면 소주회사가 이 주정을 구입하여 원료로 사용한다. 주정의 원료는 쌀, 보리, 옥수수, 고구마, 타피오카 같은 전분질 원료와 사탕수수, 사탕수수당밀, 사탕무 등 당분질 원료가 있다. 우리나라는 전분질 원료만을 주정의 원료로 사용하며 소주회사에게 공급하는 주정의 알코올 도수는 95도이다.

② 1차 희석

구입한 95도의 주정에 물을 넣어 알코올 도수를 낮춘다. 이때 회사에 따라 알코올 도수를 20~25도로 낮추기도 하고 30~40도로 낮추기도 한다. 또 이 공정에서 중요한 것은 사용하는 물의 수질이다. 소주의 80% 내외가 물이므로 소주의 맛은 물맛에 크게 영향을 받는다. 따라서 소주도 맥주와 같이 지하 암반수를 사용하는 등 좋은 물을 사용하기 위해 노력한다.

③ 여과

희석된 주정은 활성탄을 이용하여 탈취한다. 여과를 하여 잡냄새를 없앤 후 회사나 상품에 따라 2차 희석을 하기도 바로 소주의 맛과 향을 내는 첨가제를 넣기도 한다.

④ 2차 희석 및 숙성

알코올 도수를 30~40도로 1차 희석한 경우에는 병입하는 알코올 도수까지 2차 희석을 한다.

⑤ 첨가제 첨가

여과된 희석액에 각 소주별 맛과 향을 결정짓는 첨가제를 첨가하는데 첨가제로는 조미료, 감미료, 숙취해소제 등이 들어가며 자세한 내용은 대부분 영업기밀로 취급된다.

⑥ 2차 여과

소주의 종류에 따라 2차 희석 후 바로 1~3회 여과하기도 하고 일정기간 숙성시킨 후 여과하기도 한다.

⑦ 병입 및 포장

첨가제를 넣어 완성된 소주는 자동생산라인에서 병입, 마개 봉입, 상표 부착, 포장되어 출고된다.

주요 희석식 소주회사 및 대표 브랜드

회사명	대표브랜드	소재지	주요 시장
하이트진로	참이슬	경기 이천시	서울시, 경기도, 인천시
	하이트소주	전북 익산시	전라북도
롯데주류	처음처럼	강원 강릉시	강원도
무학	좋은데이	경남 창원시	경상남도, 부산시
금복주	맛있는 참	대구광역시	대구시, 경상북도
보해양조	잎새주, 천년애	전남 장성군	광주시, 전라남도
대선주조	대선, C1	부산광역시	부산시, 경상남도
더맥키스컴퍼니	이제우린, 린21	대전광역시	대전시, 충청남도
충북소주	시원한 청풍	충북 청원군	충청북도
한라산	한라산올레, 한라산	제주시 한림읍	제주도
제주소주	푸른밤	제주도	제주도

참이슬

처음처럼

좋은데이

맛있는 참

잎새주

C1 블루

O2린

시원한 청풍

한라산

하이트소주

10. 중국 백주(白酒; 바이저우)

중국의 술은 크게 양조주인 황주(黃酒), 증류주인 백주(白酒), 혼성주인 배제주(配制酒; 약주), 과실발효주인 과주(果酒), 맥주(麥酒)의 5가지로 분류된다.

황주는 찹쌀, 조, 멥쌀을 주원료로 발효시켜 만들며 색깔이 갈색이어서 황주라고 하며 알코올 도수는 8~20% 정도이다. 특히 황주 중 절강성(浙江省) 소흥현(紹興懸)에서 찹쌀을 주원료로 만든 소흥주는 제1회 중국평주회에서 황주분야의 금장을 받은 명주이며 산동성 일대에서 쌀과 조를 주원료로 만든 노주(老酒)도 유명하다.

백주는 곡물을 발효시킨 후 증류한 술로 색이 무색이어서 백주(白酒)라고 하며 알코올 도수는 30% 이상이어야 한다. 특히 백주는 그 향에 따라 장향형, 농향형, 청향형, 미향형, 기타형의 5가지로 분류하여 상표에 표기해야 한다. 장향형은 모태주와 랑주, 농향형은 노주노교특곡, 오량액, 고정공주, 수정방, 청향형은 분주, 미향형은 계림삼화주, 기타형으로는 약향형의 동주, 봉향형의 서봉주가 대표적인 술이다. 백주는 중북부 지역에서 고량(高粱; 수수)을 중심으로 여러 가지 곡물을 누룩으로 발효시킨 후 증류하고 숙성시켜 만든다. 지역과 원료에 따라 매우 다양한 백주가 생산되며 고량주가 대표적이다. 하북성(河北省; 허베이성)의 한 양조장에서 만들어지던 백주는 그 맛이 너무 좋아 백간(白干; 바이간)이라고 하였는데 여기에서 배갈이라는 말이 생겼다.

배제주는 약주 또는 보건주라고도 하며 백주에 여러 가지 약재를 넣어 만든 술로 죽엽청주, 오가피주가 대표적이다.

과주는 매우 다양한 과실로 만들어지는데 특히 중국 산동성 연태시에 있는 장유(張裕)와인회사는 1892년부터 와인을 생산하여 120년이 넘는 역사를 가지고 있다. 이 회사는 1952년 제1회 중국평주회 당시 적포도주인 연태홍포도주, 베르무트인 연태미미사, 브랜디인 연태금장백란지가 각각 금장을 받기도 했다.

중국은 넓은 영토와 역사를 통해 수많은 술이 생산되고 있는데 1952년 북경(베이징)에서 제1회 중국평주회(中國評酒會)를 시작으로 1989년까지 총 5차례에 걸쳐 중국술에 대한 국가적인 평가(콘테스트)가 시작되었다. 4회까지는 중국에서 생산되는 모든 술이 대상이었으며 5회는 백주만을 대상으로 실시되었다. 평주회 결과 백주분야에서 1회에는 4개, 2회와 3회는 각 8개, 4회에는 13개, 5회에는 17개가 명주의 금장을 받았다. 이 중 모태주, 분주, 노주노교특주는 5차례나 명주에 선정되었으며 오량액, 동주, 서봉주, 고정공주는 4차례나 명주에 선정되었다. 중국 냉주에 선정되면 명예와 더불어 매출이 급속히 신장되는 반면 선정되지 못한 술은 명예가 실추되고 매출액도 급감하여 큰 타격을 입게 되자 평주회에서 수상받기 위한 무리한 활동으로 평주회가 혼탁해져 5회 이후에는 평주회가 개최되지 않고 있다. 1952년 1회 대회 후 60여 년이 지났고 양조과학도 발달하였으며 대규모 자본이 투입되고 생산주체가 달라진 곳도 많기 때문에 평주회의 등급과 현재의 품질등급은 일치하지 않는다. 특히 평주회 이후 출시된 수정방과 주귀주는 우리나라에도 잘 알려진 술이다. 중국 술의 품질은 금장 수상 여부보다는 시장가격이 더 잘 반영하고 있다.

 역대 중국평주회 금장 수상 백주

대회	제1회	제2회	제3회	제4회	제5회
개최연도	1952	1963	1979	1984	1989
개최장소	북경	북경	대련	산서성 태원	안휘성 합비
금장 주	모태주 분주 서봉주 노주대곡	모태주 분주 서봉주 노주노교특곡 오량액 동주 고정공주 전흥대곡	모태주 분주 노주노교특곡 오량액 동주 고정공주 검남춘 양하대곡	모태주 분주 노주노교특곡 오량액 동주 고정공주 검남춘 양하대곡 서봉주 전흥대곡 특제황학루 랑주 쌍구대곡	4회 대회 수상주에 상덕무릉주 보풍주 송하량액 사공타패곡의 4종이 추가됨
금장 수	4	8	8	13	17

1) 모태주(茅台酒; 마오타이지우)

마오타이주는 귀주성(貴州省) 마오타이진(茅台鎭)에서 생산된다. 고량을 밀로 만든 누룩으로 발효시킨 후 7회에 걸쳐 증류한 후 항아리에 넣어 최소 3년 이상 숙성시킨 술로 중국을 대표하는 명주이다. 역사를 거치며 많은 양조장이 흥망성쇠를 거듭했으나 중국 건국 후 양조장을 통합하여 귀주모태주고분유한공사에서 생산하고 있다. 1952년부터 총 5차례 실시된 중국평주회에서 '귀주모태주'가 매회 금장을 받아 중국에서는 유일하게 '국주'라는 별칭을 받고 있다. 알코올 도수는 상표에 따라 35~53%로 다양하게 생산된다.

2) 분주(汾酒; 펀지우)

분주는 중국 산서성(山西省; 산시성) 분양현 행화촌에서 생산되는 백주로 중국의 8대 명주로 알려져 있다. 분양현은 옛 이름이 분주(汾州)로 분하(汾河)라는 강이 이곳을 돌아 황하강으로 흘러가기 때문에 분주(汾州)라고 하였다. 분주의 행화촌(살구꽃 마을)은 5세기부터 신정(神井)이라는 맑은 샘물로 분청(汾淸)이라는 유명한 술을 만들어왔는데 당나라 시인 두보의 시에 행화촌의 술이 나오면서 더욱 유명해졌다. 분주(汾酒)는 분주(汾州)에서 생산되는 술이라는 뜻으로 현재는 1949년 설립된 국영기업인 산서행화촌분주그룹에서 생산하고 있다. 중국평주회에서 5번 금장을 받은 중국 최고의 명주로 20가지가 넘는 다양한 상표로 생산되고 있다. 분주의 원료는 낟알이 크고 껍질이 얇은 일파조 고량으로 보리와 콩으로 만든 누룩을 사용하여 발효시킨다. 2회 발효와 2회 증류라는 과정을 거쳐 블렌딩하고 정제해 생산한다. 과거에는 알코올 도수가 60도를 넘었지만 현재는 28~60%까지 다양한 도수로 생산된다.

3) 노주노교특곡(瀘州老窖特曲; 루저우 랴오자오터취)

장강 중류에 위치한 사천성(四川省; 쓰촨성)의 노주(瀘州; 루저우)시에서 생산되는 백주이다. 이 지역은 오량액을 생산하는 의빈시의 강 하류에 위치해 있으며 기원전부터 술이 좋기로 유명하였다. 원나라시대에 대곡주라는 명칭이 생겼으며 1952년에 여러 노주회사를 국영회사로 통합하였고 1990년부터 노주노교주창이란 회사명으로 바꾸었다. 노주노교특곡은 중국평주회에서 5회까지 모두 금장을 받은 명주이다. 붉은 수수를 밀로 만든 누룩으로 발효하여 증류한 후 2년간 숙성시켜 블렌딩하여 병입한다. 노주에는 1573년부터 시작된 중국에서 가장 오래된 발효지가 있어 오래된 발효시란 뜻의 노교(老窖; 랴오자오)란 이름이 붙었다. 노주노교는 노교가 있어 중국 술로서는 유일하게 국교(國窖; 궈자오)라는 별칭을 받고 있다. 노주노교는 특곡, 두곡, 이곡, 삼곡의 4등급으로 나누어져 수많은 상표로 생산되고 있으며 평주회에서 금장을 받은 것은 특곡이다. 특히 평주회가 끝난 후 다른 회사의 명주와 경쟁을 위해 국교1573(궈자오1573)과 백년노주노교를 생산하고 있다.

4) 수정방(水井坊; 쉐이징팡)

2000년 처음 출시하자마자 아름답고 세련된 디자인과 비싼 가격, 그리고 뛰어난 맛과 향으로 단숨에 널리 알려진 명주이다. 사천성(四川省; 쓰촨성) 청두시는 기원전부터 좋은 술로 유명했으며 1820년부터 성도전흥주창에서 전흥대곡주를 생산하였다. 1963년부터 중국평주회에서 수차례 금상을 받아 국가명주로 인정받았다. 1998년 청두시에서 수정가를 정비할 때 원, 명, 청나라 시대의 양조장 유적이 대거 발굴되어 현존하는 가장 오래된 양조장 유적으로 그 전통성을 인정받자 성도전흥주창은 회사명을 사천수정방공사로 바꾸고 술 이름도 수정방으로 변경하였다. 또 병의 디자인도 새롭게 하여 일약 중국 최고의 술로 도약하였다. 다양한 상표명이 있으며 알코올 도수는 38%, 45%, 52%의 3종류가 있다.

5) 오량액(五粮液; 우량예)

사천성(쓰촨성) 의빈시(宜賓市)에서 생산되는 백주이다. 이 지역은 진나라 때부터 좋은 술로 유명했으며 여러 가지 원료로 술을 만들어 오다 송나라 때부터는 쌀, 찹쌀, 수수, 옥수수, 메밀의 5가지 곡식으로 술을 만들었다. 오량액이란 이름은 1900년대 초에 시작되었다. 현재도 5곡을 밀로 만든 누룩으로 발효시켜 숙성시킨 후 증류시키고 그것을 다시 여러 차례 숙성과 증류를 하여 만든다. 현재 오량액집단유한공사에서 생산하며 이 회사는 직원 수만 3만 명에 달하는 중국 최대의 백주 회사이다. 오량액은 알코올 35~60%까지 30여 가지의 다양한 상표로 출시되고 있다.

6) 고정공주(古井貢酒; 꾸징공지우)

고정공주는 안휘성(安徽省; 안후이성) 박주시(亳州市; 보저우시) 고정진(古井鎭; 꾸징진)에서 생산되는 백주이다. 안휘성은 장강(양쯔강)의 중류지역으로 박주시는 『삼국지』에 나오는 조조의 고향이며 약재로도 유명하다. 이 지역 토양은 염분이 함유되어 있어 수질이 좋지 않으나 특정 지역에 있는 우물은 염분이 없어 예로부터 물맛이 좋기로 유명하였으며 이 물을 사용하여 만든 술 또한 유명했다. 특히 위나라 때의 우물인 위정(魏井)과 송나라 때의 송정(宋井)이 유명한데 이 우물을 천년이나 된 우물 즉 천년고정(千年古井)이라 하였으며 이 물로 만든 술을 고정주(古井酒)라 불러왔다. 특히 『삼국지』

에 나오는 조조는 자기 고향 박주에서 만드는 술(古井酒)을 황제에게 바치며 자랑을 하였는데 이후 고정주는 역대 황실에 진상하는 공품(貢品)이 되었다. 이에 따라 1959년부터 고정주의 명칭이 고정공주(古井貢酒)로 바뀌었다. 고정공주는 수수를 원료로 하며 보리, 밀, 콩으로 만든 누룩으로 여러 차례 발효와 증류를 하여 만든 백주로 총 5차례 실시된 중국평주회에서 4회나 금장을 받은 명주이다. 현재 가격에 따라 고정(古井), 고정공(古井貢), 고정공주(古井貢酒) 등 매우 다양한 상표로 생산되며 알코올 도수는 48~55%이다.

7) 서봉주(西鳳酒; 시펑지우)

서봉주는 섬서성(陝西省; 산시성) 봉상현(鳳翔縣; 펑샹현) 유림진(柳林鎭; 류린진)에서 생산되는 백주이다. 섬서성은 진시황의 병마용과 양귀비의 화정지로 유명한 관광지인 서안(西安; 시안)이 성의 수도이다. 봉상성(鳳翔縣)은 기원전 춘추전국시대부터 좋은 술로 유명했으며 당나라 때 서부(西府)로 승격되면서 서부봉상(西府鳳翔)이라 하여 국가적으로 중요한 지역이 되었다. 이 지역에서 생산된 술은 여러 명칭으로 불리다가 명나라시대에 이르러 서봉주(西鳳酒)라는 이름으로 통일되었다. 서봉주는 수수를 원료로 보리, 밀, 콩으로 만든 누룩으로 여러 차례 발효와 증류를 하여 만든다. 1950년대 국가에서 여러 양조회사를 하나로 통합하였으며 2008년부터 섬서서봉주집단유한회사에서 매우 다양한 상표명으로 생산하고 있다. 고정공주와 마찬가지로 총 5차례 실시된 중국평주회에서 4회나 금장을 받은 명주로 알코올 도수는 38~55%이다.

8) 공부가주(公府家酒; 공푸자지우)

공부가주는 공자 집안의 술이라는 말로 중국 산동성(山東省) 공자의 고향인 곡부(曲阜)에서 생산되는 백주이다. 공자의 고향에서는 2000년 전부터 술을 제조해 왔으며 공자의 집안에도 청나라시대부터 제사용 술을 만들기 시작하면서 공자집안의 술이란 뜻의 공부가주(公府家酒)란 이름이 생겼다. 공부가주는 수수를 주원료로 사용하며 보리로 만든 누룩으로 발효시킨 후 숙성과 증류를 하여 제조한다. 현재 곡부주창에서 매우 다양한 모양의 병과 상표명으로 생산하며 알코올 도수는 36~52%이다. 중국 최고급 명주에는 속하지 않으나 중국에서 가장 많이 수출되는 백주의 하나이다. 가격이 중저가로 향이 매우 진하고 입에서의 맛이 부드러워 우리나라에도 널리 알려져 있다.

9) 죽엽청주(竹葉靑酒; 주예칭지우)

죽엽청주는 산서성 행화촌 분주(汾酒)공장에서 분주를 이용해 만든 배제주(配制酒, 약주)로 중국에서는 보건주라고도 한다. 분주에 대나무 잎과 각종 약재 10여 종을 넣고 숙성시킨 후 정제한 술로 녹색이 도는 연한 금색을 띤다. 약재를 사용하여 쌉쌀하면서도 약한 단맛과 깊은 향이 난다. 알코올 도수는 38%, 42%, 45%이며 중국평주회에서 금장을 받은 중국 명주이다. 중국 공산주의혁명 당시 죽엽청주 장인들이 대만으로 많이 이주하여 현재는 대만산 '옥학' 인장이 있는 죽엽청주의 품질이 더 우수한 편이다.

| 마오타이주 | 분주 | 노주노교특곡 | 수정방 | 오량액 |

| 고정공주 | 서봉주 | 공부가주 | 죽엽청주(중국) | 소흥주(황주) |

제5부

혼성주

Compounded Beverages

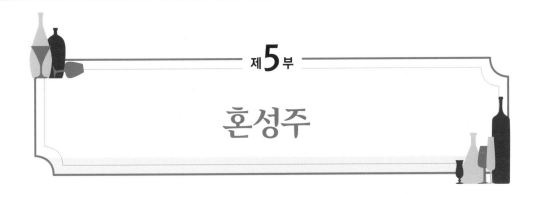

제**5**부

혼성주

제1절_ 혼성주의 개념

양조주(Fermented Beverages)와 증류주(Distilled Beverages)를 제외한 모든 주류는 혼성주(Compounded Beverages)이다. 혼성주는 발효주 또는 증류주에 각종 과일이나 약초, 설탕 등을 넣어 향과 색이 우러나게 한 것으로 그 종류는 셀 수 없이 많다. 이러한 혼성주는 대부분 나라마다 특산품이 있으며 그 제조방법도 회사마다 비법으로 전해지고 있어 기본적인 원료 외에는 그 성분을 알 수 없는 것이 많다. 우리나라는 「주세법」에서 '리큐르'를 혼성주가 아닌 증류주로 규정하고 있으며 「주세법」상 '기타 주류'도 학술적인 개념의 혼성주에 속하는 것과 그렇지 않은 것이 있어 법적으로 혼성주에 대한 규정을 하지 않고 있다.

제2절_ 혼성주의 제조방법

혼성주를 만드는 방법에는 크게 4가지가 있는데 1가지 방법만 이용하기도 하고 2~3가지를 이용하기도 한다.

1. 증류법(Distilled Process)

나무껍질, 과일껍질, 줄기, 꽃, 씨앗 등 비교적 열에 잘 견디면서 열에 의해 향이 잘 우러나는 원료를 이용해서 만드는 방법이다.

Brandy나 Spirits 등 알코올 도수가 높은 기주(Base)에 원료를 담가 부드럽게 한 다음 단식증류기로 증류하고 필요에 따라 색소와 시럽 등을 넣은 후 증류수로 알코올 도수를 조정해 병입한다.

Hot Extraction Method라고도 하며 양질의 향을 얻을 수 있다. Gin은 Gin Head를 설치하고 증류해서 향을 얻으므로 학자에 따라서는 Gin을 혼성주로 분류하기도 한다.

2. 침출법(Infusion Process)

과실 및 향료를 알코올 도수가 높은 기주(Base)에 담가 그 맛과 향 및 색깔이 우러나게 하는 방법이다. 원료를 넣고 밀봉한 후 수개월 또는 수년간 장기 숙성시키는데 색, 맛, 향이 원하는 대로 추출되면 여과한 후 필요에 따라 착색하고 블렌딩하여 병입한다.

열을 가하지 않으므로 Cold Method라고도 하며 Maceration Method라고도 한다.

침출에 소요되는 기간이 매우 긴 것이 단점이나 원료의 내용물을 잘 추출할 수 있다는 장점이 있다. 우리나라의 전통 가양주 중 과실주, 인삼주, 한방약주 등은 대부분 이 방식에 의해 만들어진다.

3. 추출법(Percolation Process)

커피를 추출하는 것과 비슷한 방식으로 맛과 향 및 색깔이 알코올에 쉽게 용해되는 재료일 때 사용하는 방법이다. 탱크의 중간에 선반을 만들어 각종 향료를 얹은 다음 위에서 기주(Base)를 분사시켜 향료를 적시면 추출물이 기주에 녹아서 밑으로 떨어지게 된다. 이 용액을 다시 펌프로 끌어올려 원하는 향과 맛, 색깔이 우러날 때까지 반복하여 원료에 분사시키는 방식이다.

열을 가하지 않기 때문에 침출법과 함께 Cold Method라고 히는데 생산이 용이한 반면 품질이 좋지 않아 많이 이용되지 않는다.

4. 배합법(Essence Process)

기주(Base)에 천연 또는 인공의 향료나 색깔을 배합하는 방법으로 생산이 간편해 대량생산이 용이한 반면 품질이 좋지 않다. 현재 이 방법만으로 만드는 혼성주는 많지 않고 Crème de Menthe Green, Crème de Cacao Brown, Curaçao Blue 등과 같이 증류법(Distilled Process)으로 만든 무색의 혼성주에 착색할 경우 병행해서 많이 쓰인다.

제3절_ 혼성주의 종류

혼성주를 분류하는 기준은 각 나라별 법에 따라 다르며 학술적으로도 다르다. 혼성주는 학술적 분류방법에 의해 크게 쓴맛이 나는 비터(Bitters)와 단맛이 나는 리큐르(Liqueur) 및 칵테일(Cocktail)을 포함한 기타 혼성주로 분류된다.

1. 비터(Bitters)

Bitters는 알코올에 다양한 식물성 재료를 넣어 만든 것으로 약리적 성질을 가진 것이 많다. Bitters는 쓴맛만 강한 것과 쓴맛과 단맛이 함께 강한 것이 있는데 베르무트(Vermouth)와 같이 아페리티프(Aperitif)로 이용되는 것과 Angostura Bitters와 같이 칵테일이나 조리용으로 이용되는 것이 있다.

아페리티프용 비터는 주로 식욕촉진을 위해 식전에 마시고 칵테일이나 조리용 비터는 칵테일이나 조리의 부재료로 사용되기도 하지만 소화를 촉진시키는 작용을 하므로 식후에 주로 이용된다. 이 때문에 칵테일이나 조리용 비터를 소화제 비터(Stomach Bitter, Digestives)라고도 한다.

대개 아페리티프(Aperitif)용 비터의 알코올 도수는 30%이하인데 비해 칵테일이나 조리용 비터는 40~50%로 매우 높아 적은 양을 물이나 소다수에 타서 마신다.

① Campari(캄파리)

1860년 이탈리아의 Gaspare Campari가 개발한 무감미 비터로 가종 식물의 뿌리, 씨, 향초, 껍질 등 여러 가지 재료로 만들어진다.

캄파리의 빨간색은 중남미의 선인장에서 사는 곤충인 코치닐(Cochineal)에서 추출한 색소를 사용한 것이다. Campari는 알코올 도수가 20~28%까지 다양하게 생산되며

Americano, Negroni와 같은 칵테일, On the Rocks, 소다수나 오렌지주스에 넣어 마신다.

② Amer Picon(아메르 피콘)

1837년 프랑스 가에탄 피콘(Gaétan Picon)이 알제리에서 최초로 개발하였다. 중성주에 오렌지 껍질을 넣어 침출시킨 후 이것을 증류한 것에 용담(Gentian)뿌리와 키니네(Quinine) 추출물을 배합하여 만든 비터이다. Amer는 '쓰다'는 뜻의 프랑스 말로 쓴맛이 강하나 시럽과 캐러멜을 넣어 단맛과 캐러멜 향이 난다. 최초에는 알코올 39%로 만들어졌으나 현재는 21%로 생산된다. On the Rocks에 1Dash를 넣은 후 소다수로 채워 마시거나 맥주에 타서 아페리티프로 이용한다.

③ Cynar(시나)

1949년 이탈리아에서 와인에 Artichoke(양엉겅퀴) 등 13가지 허브를 넣어 개발한 진한 흑갈색의 비터이다. Artichoke의 학명인 Cynara Scolymus에서 명칭이 유래되었으며 쓴맛과 단맛이 난다. 알코올 도수는 16.5%로 On the Rocks이나 오렌지주스, 토닉워터, 소다수 등에 타서 아페리티프로 많이 마신다. Campari 그룹에서 운영하고 있으며 Negroni칵테일에 Campari 대신 사용하기도 한다.

④ Jägermeister(예거마이스터)

1935년 독일의 열성적인 사냥꾼인 커트마스트(Curt Mast)가 56가지의 허브와 초근목피를 사용하여 만들었으며 알코올 35%의 비터이다.

Jägermeister는 사냥꾼(Hunter)이란 뜻의 Jäger와 장인, 전문가(Master)란 뜻의 Meister가 합성된 것이다. Jägermeister란 명칭은 생산되기 전부터 독일함대의 유명한 군함인 'Mast-Jägermeister SE'로 인해 일반인에게 잘 알려진 명칭이다. 초기에는 소화촉진과 기침 치료용으로 사용되었으며 현재는 다양한 칵테일과 아페리티프로도 이용된다.

⑤ Angostura Bitters(앙고스투라 비터)

1824년 남미 베네수엘라의 Angostura시(현재는 Ciudad Bolívar시)에서 독일군 의사로 근무하던 Siegert 박사가 아메리카인디언들의 약을 참고하여 제조하였다. 사탕수수 증류주에 용담(Gentian)의 뿌리, 각종 식물성 재료를 넣어 만들었으며 현재는 트리니다드 토바고의 House of Angostura사에 의해 제조되고 있다. 알코올 도수가 44.7%인 Aromatic

Bitters와 28%인 Orange Bitters를 생산하며 주로 칵테일에 사용하거나 소다수 등에 타서 소화촉진용으로 사용한다.

⑥ Orange Bitters(오렌지 비터)

주정에 오렌지 껍질, Cardamon, Caraway Seed, Coriander 등을 넣어 만든 비터이다. 칵테일용으로 사용되나 이 비터를 넣는 칵테일이 많지 않아 시중에서 잘 유통되지 않고 있다. Angostura회사의 Orange Bitters, 미국의 Fee Brothers Orange Bitters 등이 있다.

⑦ Underberg(운더베르크)

1846년 독일 Underberg 가문의 회사에서 수십 종의 허브와 식물을 사용해 만들어 슬로베니아산 오크통에 숙성시킨 비터로 2차대전 중에는 재료가 조달되지 못해 생산이 중단되기도 하였다. 20mL 병에 들어 있으며 알코올은 46%이다. 주로 스트레이트로 마시며 식사 후 소화촉진, 음주 전후 숙취방지, 피로회복을 위해 마신다.

 Bitters의 종류

음료용 Bitters		칵테일 및 조리용 Bitters	
이름	산지	이름	산지
Amer Picon	France	Angostura Bitters	Trinidad and Tobago
Campari	Italy	Peychaud's Bitters	USA
Cynar	Italy	Underberg	Germany
Suze	France	Orange Bitters	USA, England
		Jägermeister	Germany

Campari   Amer Picon   Cynar   Jägermeister

| Angostura | Angostura | Fee Brothers | Underberg |
| Aromatic Bitters | Orange Bitters | Orange Bitters | |

2. 리큐르(Liqueur)

1) Liqueur의 원료

Liqueur는 라틴어의 '녹는다'라는 뜻의 'Liquefacere'에서 유래되었다. 리큐르는 기주(Base)에 각종 과실, 향초 등의 원료를 넣고 설탕 또는 감미료를 넣어 만든 혼성주이다. 기주는 주로 증류주를 사용하나 양조주도 이용된다.

코디얼(Cordial)이라는 말은 라틴어의 'Cor' 또는 'Cordis'라는 말에서 유래되었으며 'Heart' 즉 '심장, 가슴'이란 뜻인데 코디얼이 질병의 치료를 돕고 심장을 자극시키며 마음을 가볍게 한다고 해서 붙여진 이름이다.

Liqueur와 Cordial은 동의어로서 Liqueur는 주로 프랑스 및 유럽에서 사용하고 Cordial은 주로 미국에서 사용하는 말이다. 또 독일에서는 Likör라는 단어를 사용한다.

Liqueur는 나라마다 그 정의가 약간씩 다르며 미국의 경우 당분의 함유량이 최소한 2.5% 이상이면 되지만 단맛을 느낄 수 있도록 10~35%의 당분을 함유하고 있는 것이 대부분이다. 유럽연합(EU)은 1리터당 최소 100g 이상의 설탕을 함유하고 있어야 하며 알코올 도수도 15% 이상이 되어야 한다. Liqueur에 사용되는 당분은 대부분 설탕과 꿀이지만 사탕무의 당분, Maple당, 옥수수당 등이 사용되기도 한다.

Liqueur의 알코올 도수는 대개 15~35% 정도이지만 일부는 55%가 넘는 것도 있다.

2) Liqueur의 분류

(1) 약초, 향초류 리큐르(Herbs Based)

기주(Base Liquor)에 약초, 향초류를 첨가한 리큐르로 주로 치료용, 소화촉진용으로 이용된다. 향초 이외에도 다양한 재료들이 함께 사용된다. Bénédictine D.O.M, Bénédictine B&B, Chartreuse(Green, Yellow), Drambuie, Dubonnet, Galliano 등이 있다.

① Bénédictine D.O.M(베네딕틴 디오엠)

1510년 프랑스 노르망디에 있는 베네딕트파 수도원에서 Dom Bernardo Vincelli에 의해 의약용으로 만들어졌으며 현재 브랜디와 중성주에 50여 가지의 재료를 사용하여 3회의 증류과정과 1회의 침출과정을 거쳐 만들어진다. 진한 호박색으로 알코올은 40%이다. D.O.M은 'Deo Optimo Maximo'의 약자로 '최고 최대의 신에게 바친다'라는 뜻이다.

② Benedictine B&B(베네딕틴 비앤비)

B&B 칵테일은 1937년 미국 맨해튼의 한 바텐더에 의해 Bénédictine D.O.M 60%, Brandy 40%의 비율로 섞어 개발되어 전 세계적으로 큰 인기를 얻었으며 현재는 베네딕틴 회사에서 Bénédictine D.O.M에 Otard VSOP Cognac을 넣어 완제품으로 생산되고 있다. 엷은 호박색으로 알코올은 40%이며 Bénédictine D.O.M보다 당도가 낮다.

③ Chartreuse(샤르트뢰즈)

1740년부터 프랑스 남동부의 La Grand Chartreuse 수도원에서 Carthusian 수도사들에 의해 만들어졌다. 130여 가지의 재료를 증류주에 넣어 만든다. White, Green, Yellow의 3종이 있었으나 White는 현재 생산되지 않는다. Green은 알코올이 55%이며 Yellow는 40%로 향이 부드럽고 단맛이 더 난다.

④ Drambuie(드램부이)

스코틀랜드에서 15년 이상 된 몰트 위스키에 헤더(Heather)꽃의 꿀과 허브를 넣어 만드는 짙은 호박색의 리큐르로 알코올은 40%이다. 어원은 스코틀랜드 게일어로 만족스런 음료란 뜻의 'An Dram Buidheach' 또는 노란 음료란 뜻의 'An Dram Buidhe'에서 유래되었다. 1746년 영국 왕위계승전에서 패배한 Charles Edward가 스코틀랜드로 피신해 있을 때 그를 보살펴준 Mackinnon일가에 대한 보답으로 왕가에 전해져 오는 비법을 전수해

주었으며 그 후 매키논 가문에서 전수되다 1910년 최초로 상업적 판매가 시작되었다.

⑤ Galliano(갈리아노)

야구방망이 모양의 병이 인상적인 노란색의 이탈리아 허브 리큐르이다. 1896년 이탈리아 Tuscany 지역의 증류업자에 의해 개발되었으며 제1차 이탈리아-에티오피아전쟁 당시의 영웅인 Giuseppe Galliano 대령을 기념해 명명되었다. 아니스, 바닐라, 생강, 감귤류, 주니퍼, 라벤더 등 지중해 지역에서 생산되는 다양한 재료가 사용된다. 알코올은 42.3%이며 바닐라 갈리아노는 30%이다.

| Benedictine D.O.M | Chartreuse Green, Yellow | Drambuie | Galliano |

(2) 감귤류 리큐르(Citrus Based)

오렌지, 레몬 등 감귤류를 주재료로 사용한 리큐르이다. Cointreau, Curacao, Grand Marnier(Rouge, Blanc), Triple Sec 등이 유명하다.

① Grand Marnier(그랑 마니에르)

1880년 프랑스의 Louis-Alexandre Marnier-Lapostolle가 Cognac에 Curacao 오렌지를 사용해 만든 세계적인 오렌지 리큐르이다. Eau de Vie에 오렌지를 넣고 침용시켜 증류한 것과 5년 이내로 숙성시킨 Cognac을 블렌딩한 후 오크통에서 숙성시켜 만든다. Cordon Rouge(붉은 리본)는 알코올 40%로 주력 상품이며 Cordon Jaune(황색 리본)은 유럽의 일부 국가에서 판매되고 있다. Cordon Jaune은 Cognac 대신 중성주를 사용하여 Cordon Rouge보다 품질이 낮아 칵테일이나 디저트 요리용으로 많이 사용된다. 이외에도 몇 가지의 상표명으로 생산되고 있다.

② Cointreau(쿠앵트로)

Cointreau는 프랑스 루아르 강 중류의 앙주 지역에서 Edouardan Cointreau에 의해 개발되어 1875년부터 판매되는 세계적으로 유명한 오렌지 리큐르로 알코올은 40%이다. 사탕무로 만든 중성주에 카리브 지역과 스페인, 브라질 등에서 생산하는 오렌지 껍질 및 설탕 등을 넣어 만들며 사각형 병모양으로 잘 알려져 있다. 단맛이 강하지만 쌉쌀한 오렌지 맛과 향이 강해 아페리티프로도 많이 이용된다.

③ Curacao(퀴라소)

Curacao섬은 베네수엘라 북쪽 카리브해에 위치한 네덜란드령 섬으로 이 섬에서 생산되는 Laraha라는 오렌지로 만든 리큐르를 Curacao라고 하였으나 현재는 여러 지역의 오렌지를 사용하여 제조된다. Laraha 오렌지는 스페인 발렌시아에서 전파된 오렌지로 이 지역의 기후와 토양에 적응하지 못해 쓴맛이 강하므로 Bitter Orange라고도 한다. 과실로는 적합하지 않으나 쓴맛이 강한 껍질을 말려 오렌지 리큐르에 사용하고 있다. De Kuyper, Bols, Marie Brizard 등 세계적인 리큐르 회사에서 대부분 생산하고 있다. 색깔에 따라 White, Orange, Blue, Green, Red 등 다섯 종류가 있으며 알코올 도수도 다양해 칵테일의 재료로 많이 사용된다.

④ Triple Sec(트리플 섹)

Curaçao Triple Sec의 준말로 Curacao 오렌지의 껍질을 사용한 Curacao 리큐르의 일종이다. 프랑스의 Cointreau사를 비롯해 여러 회사에서 최초로 제조했다고 하나 1878년 파리 세계박람회 때 'Curaço Triple Sec', 'Curaço Doux' 등 여러 명칭으로 전시되어 독점적 명칭을 사용하지 못한다. 따라서 세계 각국에서 생산되며 알코올 도수도 다양하나 색깔만큼은 모두 무색으로 칵테일용으로 많이 사용된다.

| Grand Marnier Rouge, Jaune | Cointreau | Curacao Blue | Curacao Orange | Triple Sec |

(3) 핵과류 리큐르(Stone Fruit Based)

복숭아, 살구, 체리 등 과일의 씨가 크고 하나인 과일을 주재료로 만든 리큐르이다. 세계 각국에서 다양한 종류의 핵과류가 생산되어 리큐르의 종류도 매우 다양하다. 우리나라에서는 매실을 원료로 한 매실주가 많이 생산되고 있다. Apricot Brandy, Cherry Brandy, Peter Herring, Peach Liqueur, Southern Comfort, Sloe Gin 등이 대표적이다.

① Apricot Brandy(애프리콧 브랜디)

살구를 주원료로 만든 리큐르로 여러 나라에서 제조된다. 프랑스 Marie Brizard사의 Apry 등 명칭과 알코올 도수가 다양하다.

② Cherry Brandy(체리 브랜디)

버찌를 주원료로 만든 리큐르로 여러 나라에서 제조된다. 대규모 리큐르회사에서 대부분 생산하며 덴마크의 Peter Herring, Grand Marnier사의 Cherry Marnier, Bols사의 Kirsch Liqueur, 크로아티아(Croatia)의 Maraschino 등 명칭과 알코올 도수가 다양하다.

③ Peach Liqueur(피치 리큐르)

복숭아를 주원료로 만든 리큐르로 여러 나라에서 다양한 이름으로 제조된다. Southern Comfort는 1874년 M.W. Heron가 개발하였으며 현재 미국 미주리주에서 Bourbon Whisky에 복숭아를 주원료로 감귤류 등을 첨가해 알코올 50%와 35% 등 5가지를 생산하고 있다.

④ Sloe Gin(슬로 진)

Gin에 흑청색 야생자두(Blackthorn)의 일종인 Sloe Berry를 넣어 만든 붉은색의 리큐르이다. 전통적으로는 Gin에 Sloe Berry를 넣고 침출시켜 만들었으나 현재는 중성주에 Sloe Berry의 향을 넣어 착향하고 설탕이나 아몬드를 첨가하기도 한다. 여러 나라에서 다양한 명칭과 알코올 도수 및 색깔로 생산된다.

Apricot Brandy　　Cherry Brandy　　Peach Brandy　　Southern Comfort　　Sloe Gin

(4) 종과류 리큐르(Seed Fruit Based)

사과, 배같이 작은 씨가 여러 개 들어 있는 과실을 주원료로 사용해 만든 리큐르이다. 여러 나라에서 다양한 이름으로 만들어지며 그중 Apple Pucker(애플퍼커)는 네덜란드의 De Kuyper사가 제조한 연녹색의 사과 리큐르로 알코올 도수 15%이며 칵테일에 많이 이용된다.

(5) 견과류 리큐르(Nuts Based)

아몬드, 개암 같은 견과류를 주원료로 만든 리큐르이다. 그중 Amaretto(아마레토)는 이탈리아 롬바르디아 주에 있는 Saronno 마을에서 최초로 생산된 아몬드향의 리큐르이다. 전설에 의하면 1525년 젊은 과부가 Saronno교회의 그림을 그리던 레오나르도 다빈치의 제자를 흠모하여 브랜디에 살구의 씨를 넣어 만들었다고 전해진다. 현재 여러 나라에서 아몬드, 살구씨 또는 이것을 함께 넣거나 향만 넣어 제조하며 다양한 이름으로 생산된다. 대표적 브랜드는 이탈리아의 Disaronno Originale로 알코올 도수는 28%이며 유리공예로 유명한 무라노(Murano)섬의 장인이 만든 사각모자와 책을 상징한 병으로 유명하다.

(6) 장과류 리큐르(Berry Based)

딸기, 블랙베리 등 딸기류를 주원료로 만든 리큐르이다. Blackberry Brandy, Boggs Cranberry, Chambord, Raspberry Liqueur, Strawberry Liqueur 등이 있다.

① Blackberry Brandy(블랙베리 브랜디)

Blackberry는 우리나라의 복분자와 유사한 검은색의 나무딸기로 브랜디에 소량의 적포도주나 다른 과일의 농축액을 넣고 만든다. 여러 나라에서 생산된다. Chambord는 프랑스에서 블랙베리, 레드베리, 바닐라, 감귤류, 꿀 등을 Cognac에 넣어 만든 대표적 브랜드이다.

② Raspberry Brandy(라즈베리 브랜디)

라즈베리는 서양에서 자라는 붉은색의 나무딸기로 우리나라에도 많이 알려져 있다. 브랜디나 증류주에 라즈베리 열매를 주원료로 당분 등을 넣고 만든 리큐르가 라즈베리 브랜디로 여러 나라에서 생산된다.

| Apple Pucker | Amaretto Disaronno | Blackberry Brandy | Raspberry Brandy |

(7) 크렘 리큐르(Crème Liqueur)

Crème은 영어로 Cream을 말하나 Crème Liqueur에는 유지방이 있는 크림을 전혀 사용하지 않는다. Crème Liqueur는 프랑스에서 브랜디에 많은 설탕을 넣고 원료의 향이 강하게 나도록 만든 리큐르이다. 현재 여러 나라에서 생산되며 사용하는 원료에 따라 이름이 달라진다. Crème de Almond, Crème de Ananas(파인애플), Crème de Banana, Crème de Cacao, Crème de Café, Crème de Cassis(Black Current), Crème de Celery, Crème de Menthe, Crème de Moka(커피), Crème de Noyaux(아몬드), Crème de Rose(장미), Crème d'Yvette(바이올렛) 등이 있다.

① Crème de Menthe(크렘 드 망트)

여러 가지 Mint를 주원료로 사용한 리큐르이다. 색깔에 따라 Green, White의 두 가지가 있다. 칵테일에 많이 사용하며 곱게 간 얼음에 부어 차갑게 마신다.

② Crème de Cacao(크렘 드 카카오)

카카오열매의 씨를 주원료로 사용한 리큐르로 색깔에 따라 Brown, White의 두 가지가 있다. 여러 가지 칵테일에 많이 사용한다.

③ Crème de Cassis(크렘 드 카시스)

Cassis는 프랑스 부르고뉴 지방에서 생산되는 검은색의 작은 열매로 영어로는 Black Currant라고 한다. 쌉쌀한 산미가 있어 와인에 넣어 아페리티프로 많이 사용한다. 와인에 넣으면 Kir, 샴페인에 넣으면 Kir Royal이라는 칵테일이 된다.

(8) 크림 리큐르(Cream Liqueur)

크림 리큐르는 증류주에 유지방인 크림을 넣고 벌꿀이나 설탕 등으로 단맛을 낸 리큐르이다. 대표적 브랜드인 Baileys Original Irish Cream은 아일랜드에서 Irish Whisky에 크림과 카카오를 넣어 만든 알코올 17%의 리큐르로, 차게 해서 스트레이트 또는 On the Rocks로 마시며 칵테일 재료로도 많이 사용된다.

| Creme de Menthe Green | Creme de Menthe White | Creme de Cacao Brown | Creme de Cacao White | Creme de Cassis | Bailey Irish Cream |

(9) 아니스 리큐르(Anise Based)

Anise는 지중해 연안에서 자라는 미나리과의 1년생 풀로 아니스의 씨에서 추출한 성분을 원료로 여러 나라에서 다양한 리큐르를 만들며 주로 지중해 연안과 유럽에서 널리 이용된다. 일부 리큐르는 중독성이 있어 나라에 따라 판매가 금지되는 곳도 있다. Anisette, Absinthe, Ojen, Ouzo, Pastis, Pernod, Raki, Ricard, Sambuca 등이 유명하다.

① Absinthe(압생트)

Artemisia Aabsinthium(wormwood)이라는 쑥과 아니스, Fennel(회향풀)을 비롯한 여러 가지 허브를 넣어 만든 리큐르로 녹황색이 기본이나 무색, 노란색, 청색 등 다양하다. 알코올 도수도 45~74%까지 다양하며 심지어 80%가 넘는 것도 있다. 녹색의 마주라고도 하며 물을 넣으면 오팔색으로 변하고 햇빛에 비추면 무지개색이 난다. 최초의 압생트는 프랑스 의사인 피에르 오르디네르(Dr. Pierre Ordinaire)가 스위스에서 1792년에 만들었으며 사위인 앙리루이 페르노(Henry-Louis Pernod)에 의해 1805년부터 생산되었다. Absinthe는 중독성이 있어 1915년 프랑스에서 판매 중지되었으며 이때부터 Absinthe보다 약리성과 알코올을 낮춘 Pastis(파스티스)가 생산되었다. 유럽 대부분의 나라에서 생산이 중단되었다가 1981년 유럽공동체(EC)가 합법화되면서 여러 나라에서 다양한 이름으로 생산되고 있다. 이탈리아의 Sambuca(삼부카), 스페인 안달루시아 지방의 소도시 Ojen(오헨)에서 생산되는 Ojen, 그리스의 Ouzo(오조), 터키의 Raki(라크), 독일의 Hausgemacht(하우스게마크트) 등은 유명한 Absinthe계열의 리큐르이다.

② Pernod(페르노)

1915년 Absinthe 제조가 금지된 후 기존의 Absinthe보다 약리성과 알코올을 낮추어 만든 새 상품이며 현재는 프랑스 Pernod Ricard회사에서 생산되는 알코올 45%의 연한 녹황색의 Absinthe이다. Pernod Ricard사는 상표명이 Pernod로 표시된 것은 Absinthe, Ricard(리카르)라고 표시된 것은 Pastis로 만들어 판매하고 있다.

③ Anisette(아니세트)

Anise열매를 주원료로 만든 무색의 리큐르이다. 프랑스, 스페인, 포르투갈, 이탈리아에서 많이 이용되며 아니스 리큐르 중 가장 당도가 높으며 다른 아니스 리큐르와 달리 감초를 사용하지 않는 것이 특징이다.

④ Sambuca(삼부카)

Anise는 미나리과의 1년생 풀인 Anise와 우리나라에서 팔각이라고 하는 나무인 Star Anise의 2종류가 있다. Sambuca는 Star Anise의 씨를 주원료로 만든 무색의 리큐르로 알코올 도수는 36~40%이며 지중해 연안에서 많이 생산된다.

| La Fee Absinthe | Ouzo | Pernod (Absinthe) | Ricard (Pastis) | Anisette | Sambuca |

(10) 계란 리큐르(Eggs Based)

발트해 연안국과 스칸디나비아 국가에서 증류주에 계란 노른자를 넣어 만든 리큐르로 리큐르로서는 유일하게 동물성 원료를 사용했다. 계란이 병 밑에 가라앉아 있으므로 사용 시 병을 잘 흔들어야 한다. 개봉한 병은 가능한 오래 보관하지 않는 것이 좋다. 영어로는 Advocate, 덴마크, 핀란드, 스웨덴, 노르웨이에서는 Advokat, 리투니아에서는 Advokatas라고 한다.

(11) 꽃 리큐르(Flower Based)

꽃을 주원료로 사용한 리큐르이다. 장미, 제비꽃, 국화 등이 주로 이용된다. Rosolio(장미), Parfait Amour(제비꽃) 등이 유명하다.

(12) 커피 리큐르(Coffee Based)

커피를 주원료로 만든 리큐르이다. 커피의 산지마다 다양한 리큐르가 생산되고 있으며 주요 리큐르로는 Kahlua, Tiamaria, Café Brizard, Coffee Lolita, Coffee Liqueur, Gala Café, Irish Velvet, Pasha 등이 있다.

① Kahlua(칼루아)

1936년 멕시코의 Pedro Domecq사에서 Rum을 기주(Base)로 멕시코산 커피와 Vanilla를 첨가해서 만든 20%의 리큐르이다.

② Tia Maria(티아마리아)

2차대전 후 자메이카에서 Dr. Evans가 개발한 알코올 31.5%의 커피 리큐르이다. 자메이카산 럼에 자메이카산 아라비카종 커피와 바닐라 등을 넣고 만든다.

(13) 코코넛 리큐르(Coconut Based)

코코넛야사의 열매를 주원료로 만든 리큐르로 코코넛 향이 특징이다. 여러 회사에서 Coconut Liqueur라는 이름으로 생산하며, 특히 Rum에 코코넛 추출물을 넣어 만든 Malibu Coconut Flavored Rum이 유명하다.

(14) 바닐라 리큐르(Vanilla Based)

바닐라콩을 주원료로 만든 리큐르로 순하고 부드러운 단맛이 특징이다. 매우 여러 회사에서 생산된다.

(15) 기타 리큐르(Others Liqueur)

기타 다양한 원료를 사용하여 만든 리큐르로 그 종류는 셀 수 없이 많다. 주요 리큐르로는 Irish Mist(꿀), Kümmel(캐러웨이), Melon Liqueur(멜론), Mead(꿀), Banana Liqueur(바나나) 등이 있다.

① Irish Mist(아이리시미스트)

아일랜드에서 생산되는 리큐르로 Irish Whiskey에 헤더(Heather)꽃의 꿀을 넣어 만든 리큐르이다.

② Kümmel(퀴멜)

캐러웨이(Caraway)를 독일말로 Kümmel이라고 한다. Kümmel은 16세기경부터 발트해 연안국에서 Caraway의 씨를 주원료로 해서 만든 무색의 소화촉진용 리큐르로 단맛이 있으며 알코올은 35~40%이다. Kümmel은 Kummel, Kimmel로도 표기된다.

| Advokat | Kahlua | Tia Maria | Malibu | Vanilla |

| Irish Mist | Kümmel | Melon Liqueur | Mead | Banana Liqueur |

 ## 주요 혼성주 원료

너트메그(Nutmeg)

캐러웨이(Caraway)

아니스(Anise)

스타아니스(Star Anise)

애플민트(Applemint)

스피어민트(Spearmint)

감초(Licorice)

콜라열매(Cola Fruit)

헤더(Heather)

복분자

카시스(Cassis)

슬로베리(Sloe Berry)

아티초크(Artichoke)

아몬드(Almond)

카카오(Cacao)

바닐라(Vanilla)

비알코올성 음료

Non-Alcoholic Beverages

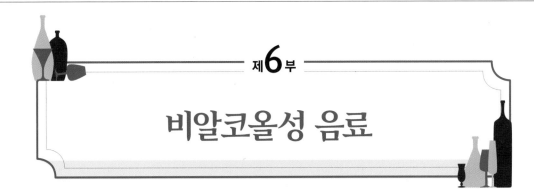

제6부

비알코올성 음료

제1절_ 커피(Coffee)

Coffee나무는 분류학적으로 꼭두서니과(Rubiaceae)의 코페아속(Coffea) 나무로 코페아 아라비카종(Coffea Arabica), 코페아 로부스타종(Coffea Robusta), 코페아 리베리카종(Coffea Liberica)의 3종이 있다.

다년생 상록 관목이며 자연상태에서는 3~12m까지 자라나 3~5m로 재배한다. 전 세계 70여 개국에서 생산되며 70%는 중남미에서 생산된다.

커피는 남북회귀선(23.5도) 사이의 고온다습한 열대와 아열대 지역의 고산지대에서 재배하는데 잎은 계란 모양 또는 길쭉한 형태이고 꽃은 백색으로 재스민 향이 난다. 녹색의 열매는 익으면 붉게 변하는데 이 열매를 따 과육을 제거하고 속의 씨를 볶아 분쇄한후 물로 추출하여 마신다. 일반적으로 'Coffee'라는 용어는 커피열매, 원두, 분쇄커피, 인스턴트커피, 추출커피 등 여러 가지 의미로 사용되고 있다.

🍷 2017/2018 수확기 세계 커피생산 현황

순위	국가	생산량(t)	점유율(%)
1	Brazil	3,892,500	37.5
2	Vietnam	1,801,440	17.4
3	Colombia	831,480	8.0
4	Indonesia	577,080	5.6
5	Ethiopia	452,460	4.4
6	Honduras	439,680	4.2
7	India	360,120	3.5
8	Uganda	282,240	2.7
9	Mexico	261,060	2.5
10	Guatemala	240,420	2.3
11	Nicaragua	169,200	1.6
12	Côte d'Ivoire	137,640	1.3
13	Costa Rica	85,620	0.8

순위	국가	생산량(t)	점유율(%)
14	Tanzania	70,500	0.7
15	Cameroon	18,660	0.2
전세계 생산량		10,370,520	100.0

출처 : 세계커피협회(ICO). 2020.04.01.

1. 커피의 역사

Coffee의 어원은 신의 땅이란 뜻의 에티오피아 지명인 Caffa에서 유래되었다는 설과 힘과 정열을 뜻하는 그리스어의 Kaweh에서 유래되었다는 설이 있다. 커피의 역사도 어원만큼이나 명확하지 않으나 6세기경 에티오피아 Kaffa 지역에서 목동인 Kaldi가 염소들이 커피열매를 따먹고 흥분하는 것을 보고 이용하기 시작했다는 설이 유력하다.

7세기에는 예멘의 수도원에서 재배하기 시작했으며 9세기 초에는 아라비아 상인들이 재배하게 되었다. 특히 10세기 아라비아의 의사인 Rhazes는『의학집성』이란 책에 커피를 Bunchum이라 기록하고 커피의 효능에 대한 최초의 기록을 남겼다. 이후 11세기 이슬람 의사이자 철학자인 Avisenna도 Bunchum의 효능에 대한 기록을 남겼다.

13세기 말 사라센제국의 쇠락 시 수도원에서 일반인에게 급속히 보급되었으며 15세기에는 예멘에서 대량재배가 시작되었다. 또 16세기에는 오스만제국의 이스탄불에 커피점이 출현하였으며 17세기에는 북아메리카와 제국주의 식민지에서 대규모로 커피가 생산되기 시작했다.

18세기에는 브라질, 중남미, 서인도제도의 각국으로 전파되었고 19세기에는 콩고에서 로부스타종이 발견되었다.

우리나라에는 구한말 러시아 공사관과 일본 등 외국 외교관들에 의해 전해진 것으로 알려졌으며 독일인 손탁(Sontag)이 지은 손탁호텔에서 최초로 커피를 판매한 것으로 알려져 있다. 6·25전쟁으로 미군에 의해 커피가 일반인에게도 널리 알려지게 되었으며 1970년에 국내 최초로 동서식품에서 인스턴트커피가 생산되었다.

70~80년대는 다방을 중심으로 커피문화가 형성되었으며 이때는 대부분 인스턴트커피나 분쇄커피를 추출한 커피가 판매되었다.

1988년 서울올림픽을 전후해 서울의 특급호텔을 중심으로 전자동 커피기계가 도입되기 시작했으며 현재 각광받는 바리스타용 반자동 커피는 1990년대 중반부터 보급되기 시작했다.

2. 커피의 종류

Coffee는 여러 가지 기준에 의해 다양한 명칭으로 분류된다. 커피의 원종에 따라 Arabica종 커피, Robusta종 커피, Liberica종 커피로 구분하며 각 원종은 다시 수많은 품종이 있다. 카페인 유무에 따라 Regular Coffee와 Decaffeinated Coffee 또는 Caffeine Free Coffee로 구분하며 가공상태에 따라 원두커피와 인스턴트커피로 구분한다. 원두커피는 다시 한 가지 품종만 사용한 스트레이트커피(Straight Coffee)와 여러 품종을 섞은 블렌디드커피(Blended Coffee)로 나누며 블렌디드커피는 다시 향을 첨가하지 않은 보통커피(Regular Coffee)와 별도의 향을 첨가한 가향커피(Flavored Coffee)로 나눈다.

 커피의 분류

구분 기준	종 류		
커피 원종에 따라	Arabica종, Robusta종, Liberica종		
카페인 유무에 따라	Regular Coffee, Decaffeinated Coffee(Caffeine Free Coffee)		
가공상태에 따라	원두커피	Straight Coffee	
		Blended Coffee	Regular Coffee
			Flavored Coffee
	인스턴트커피		

1) 커피 원종에 따른 분류

(1) 아라비카종(Arabica)

에티오피아가 원산지로 해발 1,000~2,000m 고산지대의 산록에서 재배된다. 재배 적온은 15~25°C이며 나무는 5~6m로 크고 생두는 길고 녹색의 타원형이다. 카페인 함유량이 0.5~1.5%로 로부스타종보다 적고 향미가 우수한 고급품종이지만 병충해에 약하다.

주품종은 Typica, Bourbon, National, Moka, Catuai, Caturra 등이 있으며 세계 생산량의 70%를 차지한다. 브라질, 멕시코, 콜롬비아, 자메이카, 과테말라, 코스타리카, 하와이, 인도, 에티오피아, 케냐, 탄자니아가 주산지이다.

(2) 로부스타종(Robusta)

콩고가 원산지로 해발 600~1,200m 중산간 지역에서 재배된다. 나무는 12m로 크고 24~30°C의 고온과 연강수량 1,500~2,000mm에서 잘 자란다.

체리는 작고 커피콩은 볼록하고 둥글며 홈이 일직선이다. 카페인 함유량이 2.0~2.5%로 아라비카종보다 2배나 많으며 향미가 부족하고 쓴맛이 강하나 병충해에 강하고 다수확 품종으로 경제성이 있어 인스턴트커피의 주원료로 사용된다.

베트남, 인도네시아, 우간다, 콩고, 가나, 필리핀에서 주로 재배되며 세계 생산량의 약 30%를 차지한다. 주품종은 Uganda, Conillon, Urentii, Oka, Bukobensis, Erecta 등이 있다.

(3) 리베리카종(Liberica)

라이베리아가 원산지로 해발 100~200m의 저지대에서 재배된다. 저온과 병충해에 강하나 향기와 맛이 좋지 않아 거의 재배되지 않는다.

Arabica   Robusta   Liberica

2) 카페인 유무에 따른 분류

(1) 레귤러 커피(Regular Coffee)

Regular Coffee는 카페인(Caffeine)이 들어 있는 일반적인 커피를 말한다. 또 품질과 관련해서는 고급(Premium)커피에 비해 보통품질의 커피를 지칭하는 말로도 사용된다.

카페인은 60종 이상의 식물에 자연적으로 존재하며 커피, 차, 초콜릿, 콜라 등에 특히 다량 들어 있다. 카페인은 무색무취의 화합물로 쓴맛이 나며 70도 이상의 물에 녹는다. 1820년 스위스의 루게(Ruge)에 의해 발견되었으며 중추신경계와 교감신경계(흥분 시 작용)에 작용하여 심장박동 수를 증가시켜 혈압을 상승시키고 맥박을 증가시킴으로써 혈액순환을 촉진시킨다. 또 이뇨작용을 촉진시키고 위를 자극하여 위산분비를 촉진시킨다. 신경계를 자극하여 긴장시킴으로써 피로와 나른함을 제거한다. 성인 1인당 1일 카페인 권장 소비량은 400mg 이하(하루 3~4잔)이다. 과다 섭취 시 불안, 초조, 긴장, 신경과민, 흥분, 불면증, 호흡상승, 심장질환 등이 유발된다. 커피의 카페인은 중독성이나 내성이 생기지 않고 축적되지 않으며 인스턴트커피는 에스프레소보다 2~3배 많은 카페인을 함유하고 있다.

(2) 디카페인 커피(Decaffeinated Coffee)

카페인을 대부분 제거한 커피로 Caffeine Free라고도 한다. 1903년 독일의 Ludwig Raselius가 개발하였으며 현재 최대 97%의 카페인을 제거할 수 있다. 유럽연합(EU)에서는 로스팅하지 않은 커피의 카페인 허용범위를 0.1% 이하로 하고 있으며 마시는 커피의 카페인 허용범위는 0.3% 이하로 하고 있다. 카페인은 70도 이상의 물에 녹기 때문에 수증기나 유기용매(벤젠, 클로로포름, 트리클로로에틸렌) 또는 임계상태의 CO_2가스로 추출한다.

3) 가공상태에 따른 분류

(1) 원두커피

생두(Green Bean)는 이물질을 제거하고 품종별 특징을 살릴 수 있도록 블렌딩을 한 후 배전기(Roaster)에 넣어 볶는다. 볶아진 원두를 냉각시켜 원두상태로 포장하거나 분쇄하여 포장한 것이 원두커피이다.

(2) 인스턴트커피

인스턴트커피는 뜨거운 물에 타서 바로 마실 수 있도록 건조시킨 커피로 편리성으로 인해 많이 이용된다. 인스턴트커피는 원두커피와 동일한 선별, 블렌딩, 로스팅과정을 거친다.

로스팅이 끝난 원두는 분쇄하여 뜨거운 물로 커피액을 추출한다. 이 추출된 액을 건조시켜 만든 것이 인스턴트커피이며 건조의 방법은 분무건조와 동결건조가 있다.

① 분무건조 커피(Spray Dried Coffee)

농축된 커피원액을 고압으로 분무시켜 고온의 바람으로 건조시킨 커피로 분말형태가 된다. 만들기는 간편하나 고온에서 건조시키므로 향이 소실되는 단점이 있다. 분무건조 시킨 분말커피를 아주 작은 입자로 분쇄한 후 습기를 가하면 입자들이 엉켜 과립형태의 커피가 되는데 이것을 그래뉼커피(Granule Coffee)라고 한다.

그래뉼커피는 녹는 속도가 빠르고 찬물에서도 잘 녹아 아이스커피용으로 많이 사용된다.

② 동결건조 커피(Freeze Dried Coffee)

농축된 커피 원액을 영하 40도 정도로 냉동시켜 수분을 승화시킨 커피로 결정형태가 된다. 1960년대 말부터 세계적인 커피회사들이 사용한 방법으로 원액의 향이 소실되지 않는 장점이 있어 품질이 우수하나 제조시설과 비용이 많이 든다.

3. 커피의 제조과정

1) 재배(Planting)

커피나무는 적도를 중심으로 북위 28도~남위 30도 사이에서 재배된다. 이 지역을 Coffee Belt 또는 Coffee Zone이라 한다. 일반적으로 커피의 수확은 3년생부터 가능하나 경제적인 수확은 5년생부터이며 가장 좋은 품질의 커피는 15~25년생 나무에서 생산된다.

2) 수확(Harvesting)

커피열매는 품종과 기후에 따라 개화한 뒤 8~11개월 후부터 수확한다. 커피열매는 처음에는 녹색이며 익을수록 붉어지나 일부 품종은 노랗게 익기도 한다. 수확하지 않고 그대로 두면 과육이 적갈색을 거쳐 검은색으로 마르게 된다. 커피는 전통적으로 손으로 수확하나 대규모 농장에서는 기계를 사용하여 수확한다.

🍷 커피의 수확방법

손수확	Picking	숙련된 채집자가 잘 익은 체리만 선별하여 알알이 수확하는 방법으로 고품질 커피 또는 경사지에서 사용되며 인건비가 많이 든다.
	Stripping	커피열매가 달린 가지를 한번에 훑는 방법으로 가지에 달린 커피체리가 70% 이상 동시에 익었을 때 사용하는 방법이다. Picking에 비해 생산성이 높으나 미성숙 체리도 함께 수확되어 품질이 낮아질 우려가 있다.

기계수확	대규모 농장에서 기계를 사용하여 수확하는 방법으로 커피체리가 70% 이상 익었을 때 수확한다. 미성숙 체리도 함께 수확되어 고급품질의 커피를 생산하는 데 한계가 있으나 생산성과 경제성이 매우 높다.
동물수확	루왁커피(Kopi Luwak), 베트남의 사향족제비 위즐커피(Weasel Coffee) 등이 유명하며 매우 고가이다.

3) 건조(Drying)

수확한 커피는 과육을 제거하고 씨만 말려 도정을 한다. 과육을 제거하고 씨를 말리는 건조방법에는 건식법과 습식법이 있다. 건식법은 수확한 체리를 햇빛에 건조하거나 건조기로 건조하여 마른 과육의 껍질을 비벼 분리하는 방법이며, 습식법은 체리의 껍질을 기계로 분리한 후 씨에 붙어 있는 과육과 점액질을 물에 담가 발효시킨 후 깨끗이 씻어 말리는 방법이다. 대규모 커피생산에는 주로 습식법이 이용되며 건조된 씨의 수분은 10~12% 정도 된다.

4) 도정(Hulling)

도정은 건조된 커피콩의 딱딱한 겉껍질(Parchment)을 기계로 벗겨내는 것이다. 도정하여 나오는 커피콩은 선별기를 통과하며 크기에 따라 분류된다. 겉껍질을 벗겨낸 콩은 얇은 은막(Silver Skin)으로 덮여 있으며 약한 녹색을 띤다. 이를 생두(Green Bean)라고 한다.

5) 로스팅(Roasting)

배전이라고도 하며 생두(Green Bean)를 200~230℃의 열로 볶아 커피콩에 물리적·화학적 변화를 일으킴으로써 커피 특유의 맛과 향을 생성시키는 과정이다. 커피콩을 볶으면 맛과 향에 영향을 주는 700여 가지의 화학물질이 생성되어 커피 고유의 향미가 생성된다. 로스팅 방법은 커피의 생산지, 품종, 결실 정도, 수확시기, 크기, 수분함량, 저장상태, 저장기간에 따라 큰 영향을 받는다. 신맛은 로스팅 시간이 길수록 줄어들며 쓴맛은 로스팅 시간이 길수록 증가한다. 또 단맛은 로스팅 시작 후 점점 증가하다 감소한다. 따라서 커피의 품종에 따라 신맛과 쓴맛, 단맛이 조화를 이루는 시점에 로스팅을 중지하게 된다.

로스팅 강도에 따른 분류

로스팅의 단계	Coffee Bean의 변화
Light Roasting	감미로운 향기. 쓴맛, 단맛, 깊은 맛은 거의 느낄 수 없음.
Cinnamon Roasting	뛰어난 신맛, 계피색, 커피 생두의 외피가 제거되기 시작함.
Medium Roasting	American Roasting. 신맛이 강조되고 식사와 함께 마시는 아메리칸 커피용. 추출해서 마실 수 있는 기초단계. 담갈색.
High Roasting	가장 일반적인 로스팅. 신맛이 줄고 단맛이 나기 시작함. 갈색.
City Roasting	German Roasting. 균형 잡힌 강한 맛과 향. 풍부한 갈색.
Full City Roasting	에스프레소커피용. 짙은 갈색. 신맛은 거의 없어지고 쓴맛과 진한 맛이 커피 맛의 정점에 달한 단계. 아이스커피, 크림을 넣은 유럽식 커피용.
French Roasting	쓴맛, 진한 맛, 중후한 맛. 기름이 표면에 생김. 검은 갈색.
Italian Roasting	쓴맛과 진한 맛이 최대치. 에스프레소용으로 많이 선호되었으나 점차 줄어들고 있음.

6) 블렌딩(Blending)

볶아진 커피는 품종별로 맛과 향이 다르다. 따라서 신맛, 쓴맛, 풍미, 향을 조화시키고 더 증가시키기 위해 여러 품종의 커피를 서로 혼합하는 것을 블렌딩이라고 한다. 이외에도 자기 회사 브랜드의 맛과 이미지를 유지해 경쟁제품과 차별화하며 매년 균일한 맛을 내고 각 산지별 작황 차이로 인한 제조원가를 낮추기 위해서 블렌딩을 하게 된다.

블렌딩은 로스팅 전에 하는 방법과 로스팅 후에 하는 방법이 있다. 로스팅 전의 블렌딩은 맛과 색과 향이 균일하게 되나 원두별로 정점에서의 로스팅이 불가한 단점이 있다. 이와 반대로 로스팅 후 블렌딩은 원두별로 정점에서 로스팅하여 우수한 맛과 향의 조화가 가능하나 색깔이 균일하지 않은 단점이 있다. 블렌딩은 보통 3종 내외로 한다.

7) 포장(Packing)

생두(Green Been)는 국제적으로 60kg 단위로 포장되어 유통되나 로스팅한 커피는 다양한 규격과 용기로 포장된다. 로스팅이 종료되면 충분히 냉각시키며 발생하는 이산화탄소를 날려 보낸 뒤 2~3일 후 캔이나 팩에 넣어 포장을 한다. 이때 CO_2가스를 충분히 방출하지 않고 포장할 경우 봉지가 터지는 현상이 발생하므로 CO_2가스 배출용 밸브

(Ball Check)가 붙은 봉지를 사용하는 것이 좋다. 로스트 커피는 원두상태로 빛, 공기(산소), 습기가 차단된 15℃의 상온에서 보관하는 것이 좋다. 냉동실은 커피콩의 표면에 습기가 흡착되어 맛이 변질되므로 보관하지 않으며 한번 개봉한 용기는 향이 급속히 소실되므로 2주 이내에 사용하는 것이 좋다.

🍷 커피의 보관기간

커피상태	포장방법	유통기간
Green Bean	60kg 포대. 보관온도 최대 30℃, 습도 약 60%	약 1년
Roasted Bean	일반용기 : 대기와 같은 환경(온도 15℃, 습도 40%)에서 Ball Check 밸브가 달리지 않은 밀폐용기	약 10~15일
	Ball Check 용기 : 발생된 가스와 향기는 배출되고 공기는 들어가지 않는 Ball Check 밸브가 달린 밀폐용기	약 1년
	진공포장 : 공기를 제거하고 완전히 진공포장한 용기	약 2년
	질소충전 : 공기를 제거하고 질소가스로 충전한 캔용기	약 2년

🍷 커피의 제조과정

| 커피 꽃 | 커피 Cherry | Cherry 수확 |

| 과육 및 점액질 제거 | 건조 | 도정 |

| Parchment와 Silver Skin | 생두(Green Bean) | 로스팅(Roasting) |

4. 커피 서비스

1) 커피의 조리

커피의 맛은 수질과 원두의 배합비, 그리고 끓이는 온도와 추출시간 등에 의해 좌우된다.

① 물
광물질이 섞인 경수보다는 연수가 적합하다.

② 온도
추출수의 온도는 88~96℃가 최적이다. 100℃가 넘으면 카페인이 변질돼 이상한 쓴맛이 발생되며, 70℃ 이하에서는 타닌의 떫은맛이 남게 되기 때문이다. 추출된 커피를 잔에 따랐을 때의 적정온도는 80~83℃이며, 설탕과 크림을 넣어 마시기에 최적온도는 66℃ 내외이다.

③ 배합비
레귤러 커피의 경우 10g 내외의 커피를 130~150cc의 물을 사용하여 100cc를 추출하는 것이 적당하다. 3인분이면 400cc의 물에 커피 30g을 넣어 300cc를 추출한다. 인스턴트 커피는 1인분에 커피 1.5~2g 정도가 적당하다.

④ 크림
커피에 크림을 넣는 경우, 액상 또는 분말 어느 경우에도 설탕을 먼저 넣고 저은 다음에 넣는다. 커피의 온도가 85℃ 이하로 떨어진 후에 크림을 넣어야 고온의 커피에 함유된 산과 크림의 단백질이 걸쭉한 형태로 응고되는 것(Feathering 현상)을 방지할 수 있기 때문이다.

⑤ 시간
커피맛과 향의 완벽한 추출을 위해서는 충분한 시간이 필요하다. 맛과 향이 담긴 섬유조직이 팽창되어 분해되어야 하기 때문이다.

2) 커피 추출 기물

① 체즈베(Cezve)

터키식 커피추출기로 손잡이가 달린 종지모양의 금속제 기구이다. 뚜껑이 있는 것은 Ibrik, 없는 것은 체즈베(Cezve)라고도 하나 명칭을 반드시 구분하지는 않는다. 가장 오래된 커피추출기로 커피를 아주 곱게 갈아 용기에 넣고 적당량의 물과 설탕을 넣어 직화로 끓이는 도구이다. 끓이는 정도에 따라 농도가 달라지며 매우 강하고 진한 커피를 추출할 수 있으나 혼탁함이 있다.

② 핸드 드리퍼(Hand Dripper)

드리퍼는 가장 간편한 커피추출기이다. 필터와 포트, 또는 필터와 컵으로 구성되어 있으며 필터 안에 여과지를 깔고 적당량의 분쇄된 커피가루를 넣은 후 끓는 물을 부어 커피를 추출하는 방법이다. 분쇄된 커피가루 중 가장 굵은 가루를 사용하며 조작이 간편하고 커피의 섬세한 맛과 향을 추출할 수 있다.

③ 모카 포트(Mocha Pot)

Moka Pot, Moka Express라고도 하며 가운데 있는 관으로 끓는 물이 위로 올라가 분쇄 커피에서 커피가 추출되게 하는 기구이다. 일정 분량의 물을 붓고 열을 가하면 끓는 물이 관을 통하여 위쪽 여과판에 있는 커피가루에서 커피를 추출해 위쪽의 포트에 담기도록 한 기구로 진한 에스프레소커피가 추출된다.

④ 프렌치 프레스(French Press)

Press Pot라고도 하며 원통형 프레스기에 굵게 분쇄한 커피가루를 넣고 뜨거운 물을 부은 후 천천히 거름망을 눌러 우려내기와 가압하기를 반복해 커피를 추출하는 도구이다. 거름망은 여과지 대신 금속으로 만든다. 찻잎을 우려낼 때도 많이 사용한다.

⑤ 사이폰(Siphon)

사이폰은 하부 플라스크와 상부 로드로 구성되어 있다. 플라스크에 물을 붓고 여과지를 깐 로드에 커피를 넣은 후 램프로 물을 끓이면 증기압에 의해 물이 중앙의 관을 통하여 위쪽 로드로 올라간다. 이 끓는 물이 분쇄커피를 적셔 커피를 추출하며 추출이 완료되어 램프를 치우면 기압차이로 인해 추출된 커피가 여과지를 통해 아래쪽 플라스크로 다시 내려온다. 사이폰은 커피의 추출과정을 보는 즐거움과 커피 본래의 향을 잘 우려낼 수 있으나 대량추출이 불가하고 세척시간이 필요한 단점이 있다.

⑥ 전기 드리퍼(Electric Dripper)

전기로 분쇄커피에서 자동적으로 커피를 추출하는 기계이다. 종이 여과지 위에 분쇄된 커피를 적당량 넣고 물탱크에 물을 채운 후 스위치를 켜면 전열기에서 끓는 물을 드리퍼에 있는 커피에 분출시켜 커피를 추출하는 기구이다. 매우 다양한 기계가 있으며 분쇄커피의 보관상태에 따라 맛과 향이 많이 차이가 나는 단점이 있으나 조작이 간편하고 대량추출도 가능해 에스프레소커피 기계가 보급되기 전에 영업용으로 많이 사용된 기계이다.

⑦ 에스프레소 기계(Espresso Machine)

1817년 이탈리아인이 발명한 커피기구로, 원두의 분쇄부터 추출까지 One-touch로 이루어지는 최첨단 컴퓨터제어 방식의 기계이다. 원두를 즉석에서 분쇄하여 압축된 증기로 추출하기 때문에 맛이 신선하고 순하다. 전자동식과 바리스타가 추출하는 반자동식이 있다.

| Cezve | Hand Dripper | Mocha Pot | French Press |

| Siphon | Electric Dripper | Espresso Machine |
| | | (전자동)　　(반자동) |

3) 커피 메뉴

① 카페 에스프레소(Caffè Espresso)

Espresso는 Express란 뜻의 진한 이탈리아식 커피이다. 커피기계로 90도 정도의 뜨거운 물을 9기압으로 25~30초간 7~9g의 분쇄커피에 분사시켜 25~30mL를 추출한 진한 커피이다. Demi Tasse라는 에스프레소 전용 잔으로 마시며 기호에 따라 설탕이나 우유거품을 넣기도 하나 크림은 넣지 않는다.

② 카페 도피오(Caffè Doppio)

Doppio는 Double이란 뜻의 이탈리아어로 Espresso와 만드는 방법은 같으나 분쇄커피를 14~18g 사용하며 추출량도 55~60mL이다.

③ 카페 리스트레토(Caffè Ristretto)

Ristretto는 Limited란 뜻의 이탈리아어로 만드는 방법과 분쇄커피의 사용량은 Espresso와 같으나 추출량이 15~20mL로 에스프레소커피보다 더 진한 커피이다.

④ 카페 룽고(Caffè Lungo)

Lungo는 Long이란 뜻의 이탈리아어로 만드는 방법과 분쇄커피의 사용량은 Espresso와 같으나 30~35초간 추출하여 추출량이 50~55mL로 에스프레소커피보다 더 많이 추출한 커피이다.

⑤ 카페 카푸치노(Caffè Cappuccino)

에스프레소커피 위에 우유의 거품을 올린 커피이다. 기호에 따라 계핏가루를 뿌려 마시기도 한다. '카푸치노'라는 말은 이탈리아 프란체스코 교회의 한 종파인 카푸친 수도사들의 모자모양에서 유래되었다.

⑥ 카페 아메리카노(Caffè Americano)

에스프레소커피 1잔(25~30mL)에 뜨거운 물 120~150mL를 부어 희석한 커피이다.

⑦ 에스프레소 마키아토(Espresso Macchiato)

Macchiato는 '얼룩의, 반점의'란 뜻의 이탈리아어로 에스프레소커피에 우유거품을 올린 것이다. 미니 카푸치노라고도 한다.

⑧ 카페라테(Caffè Latte)

Latte는 Milk의 이탈리아어로 Caffè Latte는 이탈리아식 밀크커피이다. 에스프레소커피에 거품을 낸 뜨거운 우유를 약 150mL 부어 만든다. 카푸치노와 만드는 방법이 비슷하나 카푸치노는 거품층이 두꺼워야 하며 카페라테는 거품이 많이 들어가지 않도록 하고 커피와 우유가 잘 섞이도록 만들어야 한다.

⑨ 카페오레(Café au Lait)

Lait는 Milk의 프랑스어로 카페오레는 프랑스식 밀크커피이다. 주로 아침에 마시는 커피로 프랑스에서는 카페오레(Café au Lait), 영국에서는 밀크커피(Milk Coffee)라고 한다. 진하게 추출한 보통 커피와 뜨거운 우유를 반씩 섞어 만든다. 이탈리아나 우리나라에서 카페오레는 에스프레소커피를 같은 양의 뜨거운 물로 희석한 후 따뜻한 우유 100~120mL를 부어 만든다.

⑩ 카페모카(Caffè Mocha)

에스프레소커피에 초콜릿과 우유를 넣어 만든 단맛이 강한 커피이다. 카푸치노컵에 초콜릿 가루나 시럽을 넣은 후 에스프레소커피를 추출하고 그 위에 우유거품을 부어 카푸치노와 같이 만든 후 초콜릿 시럽으로 여러 가지 무늬를 만들어 장식한 것이다.

⑪ 아이리시 커피(Irish Coffee)

아이리시 커피용 유리잔에 Irish Whiskey 15~30mL와 뜨거운 커피 120~150mL를 넣고 섞은 후 휘핑크림을 얹고 계핏가루를 뿌려 만드는 커피이다. 설탕 1teaspoon을 유리잔에 넣고 Irish Whiskey를 1~2온스 넣은 다음 전용 워머(Warmer)에 올려 불을 붙여 쇼잉(Showing)하여 만들면 분위기를 고조시키는 데 매우 효과적이다. Irish Coffee 대신 Scotch Whisky를 넣으면 Gaelic Coffee라고 한다.

| Espresso | Doppio | Ristretto | Espresso Macchiato | Cappuccino |

제2절_ 차(Tea)

1. 차(Tea)의 개념

차나무는 티베트와 중국 쓰촨성 일대가 원산지인 상록수로 우리나라, 중국, 일본, 동남아시아 등지에서 널리 재배된다. 우리나라는 신라시대에 당나라에서 전파된 것으로 알려져 있으며 남부지방과 제주도에서 자란다. 차(茶; Tea)는 차나무에서 딴 잎을 가공하여 뜨거운 물에 우려낸 것이다. 여러 가지 과일, 꽃, 식물의 뿌리, 곡물 등으로 만든 차도 있으나 일반적으로 차(Tea)라고 부르는 것은 찻잎을 우려낸 것을 말한다.

2. 차의 종류

1) 발효의 정도에 따른 분류

찻잎의 발효는 찻잎 속에 들어 있는 효소에 의해 화학반응이 일어나 색깔이 변하고 독특한 향기와 맛이 생성되는 과정이다. 발효가 진행될수록 녹색의 찻잎이 갈색과 흑색으로 변하며 우려낸 물의 색도 갈색, 홍색, 흑색으로 변하게 된다.

(1) 불발효차

찻잎을 전혀 발효시키지 않고 엽록소를 그대로 보존시켜서 만든 차로 녹차가 이에 속한다. 녹차는 찻잎의 효소를 열로 파괴시켜 발효가 일어나지 않도록 한 차로 가마에서 덖어내는 덖음차와 증기로 쪄내는 증제차가 있다.

① 덖음차

덖음차는 채엽한 찻잎을 그늘에서 시들게 하여 수분함량을 줄인 후 덖음솥에 넣어 덖은 후 건조한 차이다. 덖는 도중 열에 의해 찻잎의 효소가 파괴되어 발효되지 않으며 차를 우려냈을 경우 엷은 녹색이 된다. 차의 모양은 덖는 과정에서 구부러져 찻잎이 말려 있으며 구수한 맛과 향이 뛰어나 예로부터 우리나라에서 즐겨 마시던 대표적인 차이다.

찻잎의 수확

수분 감소시키기

덖기

건조하기

② 증제차

찻잎을 100도 정도의 고압 수증기로 30~40초 찐 차로 찻잎의 색이 그대로 살아 있어 색상이 아름답다. 차의 모양은 거의 침상(針狀)이며 맛이 담백하고 부드러운 것이 특징이다.

(2) 반발효차

찻잎에 발효 효소를 조금 남겨두어 찻잎이 10~65% 발효되도록 만든 차이다. 대개 녹황색이나 적황색을 띠며 중국의 오룡차(우롱차), 철관음차, 포종차, 황차, 청차, 재스민차 등이 이에 해당된다.

(3) 발효차

찻잎의 효소를 그대로 두어 찻잎이 85% 이상 발효되도록 만든 차이다. 색상은 붉은 오렌지색, 적갈색 등 다양하며 홍차가 이에 속한다. 주로 인도네시아, 스리랑카, 인도, 중국남부 등 더운 지역에서 생산된다. 인도의 다르질링(Darjeeling), 중국의 기문(祁門)차, 스리랑카의 우바(Uva)차는 세계 3대 홍차로 유명하다. 영국에서는 English Breakfast, Earl Grey, Darjeeling을 전통차(Classic Tea)로 분류하고 있다.

불발효차 반발효차 발효차 후발효차

(4) 후발효차

찻잎의 효소를 파괴하여 녹차와 같이 만든 후 일정한 모양으로 성형한 후 공기 중에 있는 미생물의 번식을 유도해 재발효가 일어나게 만든 차로 숙성기간이 길수록 품질이 좋아진다. 중국 운남성의 보이차, 광서성의 육보차 등이 이에 속한다.

2) 제조형태에 따른 분류

① 잎차

잎차는 만드는 방법과 관계없이 찻잎이 그대로 보전된 차이다. 잎차는 제다방법, 차나무 산지, 제다회사, 찻잎 채취시기 등에 따라 명칭과 가격이 달라진다.

② 말차

찻잎을 증기로 쪄서 말린 다음 가루를 내어 만든 가루차이다.

③ 병차(떡차)

찻잎을 증기로 찌거나 절구에 찧어서 틀에 넣어 성형한 고형차이다. 여러 가지 형태가 있으며 마실 때는 작게 부스러뜨리거나 가루 또는 덩어리째 우려 마신다.

3) 채엽시기에 따른 분류

주로 우리나라에서 찻잎의 채엽시기에 따라 분류하는 방법으로 우전, 세작, 중작, 대작으로 나눈다. 또 채엽 횟수에 따라 첫물차부터 네물차까지 있다. 첫물차는 대개 세작과 채엽시기가 비슷하기 때문에 맛과 향이 뛰어나 품질이 가장 우수하다. 두물차와 세물차는 무더운 여름철에 채엽하는 차로 떫은맛이 강해 품질이 떨어지며, 네물차는 찻잎에 섬유질이 많고 모양이 거칠어 번차 또는 가루모양의 말차용으로 사용한다.

🍷 녹차의 분류

기준	명칭	내용
채엽 시기	우전	곡우(4월 20일경) 전에 채엽한 어린 찻잎으로 만든 차. 보통 1창 2기로 만듦. 참새의 혀 모양 같다 하여 작설차라고도 함.
	세작	곡우에서 입하(5월 초순) 전까지 채엽한 어린 찻잎으로 만든 차.
	중작	5월 초순에서 중순 사이에 채엽한 잎이 조금 자란 찻잎으로 만든 차.
	대작	5월 중순에서 6월 초에 채엽한 두껍고 큰 찻잎으로 만든 차로 상품성이 낮아 많이 생산되지 않음.
채엽 횟수	첫물차	4월 중순부터 5월 초순까지 채엽한 차.
	두물차	6월 중순부터 하순까지 채엽한 차.
	세물차	8월 초순에서 중순까지 채엽한 차.
	네물차	9월 하순부터 10월 초순에 채엽한 차.

4) 색상에 따른 분류

① **백차** : 백차는 솜털이 덮인 차의 어린 싹을 따서 덖거나 비비기를 하지 않고 그대로 건조한 차로 찻잎이 은색의 광택을 낸다. 향기가 맑고 맛이 산뜻하다.

② **녹차** : 찻잎을 따서 바로 증기로 찌거나 솥에서 덖어 발효과정을 거치지 않기 때문에 차의 색깔이 녹색이 나는 차이다.

③ **황차** : 찻잎을 습열상태로 쌓아두어 찻잎의 엽록소가 파괴되어 황색을 띠고, 쓰고 떫은맛을 내는 카테킨성분이 감소되므로 맛이 순하고 부드럽게 된 차이다. 차의 색과 우려낸 수색, 차엽 찌꺼기 모두 황색을 띤다.

④ **오룡차** : 오룡차는 녹차와 홍차의 중간 정도로 발효된 차로 반발효차로 분류된다. 중국 남부의 복건성과 광동성, 대만에서 생산되며 완성된 차의 모양이 까마귀와 같이 검고 용처럼 구부러져 있다고 하여 이름이 붙었다.

⑤ **홍차** : 찻잎을 85% 이상 발효시킨 차로 색은 홍갈색으로 떫은맛이 강하다.

⑥ **흑차** : 완성된 차가 흑갈색을 나타내고 수색은 갈황색이나 갈홍색을 띤다. 볏짚냄새와 같은 곰팡이 냄새가 나며 압착하여 덩어리로 만든 고형차가 주로 생산된다. 숙성기간이 길수록 고급차로 간주된다.

3. 다기(茶器)

① **다기** : 차를 마시기 위해 사용되는 도구를 다기라고 한다. 다기의 종류는 나라와 차의 종류에 따라 다양하다. 한식당, 중식당, 일식당에서는 각 나라의 차에 어울리는 전통적인 다기세트를 사용하지만 Bar나 연회장에서는 각 나라별 전통적인 방법으로 차를 제공하기가 어렵다. 따라서 Bar와 연회장에서는 개량형 다기나 스테인리스 또는 은기로 만든 포트(Pot)를 주로 사용한다.

② **다관** : 찻잎을 넣고 끓인 물을 부어 차를 우려내는 도구이다. 손잡이의 위치에 따라 윗손잡이형, 뒷손잡이형, 옆손잡이형이 있으며 주전자 형태의 윗손잡이형은 일본에서 주로 사용한다.

③ **숙우** : 끓인 찻물을 식히거나 재탕, 또는 양이 많은 차를 낼 때 사용하는 큰 사발이다.

④ **퇴숙우** : 예열했던 물이나 남은 차를 버리는 그릇으로 개수그릇이라고도 한다.

⑤ **찻잔** : 차를 마실 때 사용하는 작은 그릇으로 잔, 구, 종, 완 등 다양한 형태가 있다.

⑥ **차호** : 차를 덜어놓는 작은 종지로 뚜껑의 모양에 따라 차호와 차합으로 불린다.

⑦ **개반** : 다관의 뚜껑, 차호의 뚜껑을 올려놓는 받침이다.

한국 전통 다기세트

다관

숙우

퇴숙우

찻잔   차호   개반

제3절_ 청량음료

청량음료란 청량감을 주는 알코올 도수 1도 미만의 음료로 탄산음료(Sparkling Beverage)와 비탄산음료(Still Beverage)로 대별된다. 청량음료는 일반적으로 탄산음료를 의미하나 우리나라의 식품공전에는 청량음료라는 용어가 없다. 영어로 Soft Drink라고 하면 주로 탄산음료를 지칭하나 Hard Drink(술)에 대한 반대개념도 크기 때문에 청량음료에 대한 명확한 명칭은 아니다. 탄산음료는 무향탄산음료와 착향탄산음료가 있다. 비탄산음료는 주로 먹는 물(생수) 등이 있다.

1. 탄산음료(Carbonated Drinks)

1) 탄산음료의 개념

탄산음료에 대한 기준은 나라에 따라 차이가 있다. 우리나라는 식품공전에서 "탄산음료류라 함은 탄산가스를 함유한 탄산음료, 탄산수를 말한다"라고 정의하고 있다.

탄산음료는 먹는 물에 식품 또는 식품첨가물과 탄산가스를 혼합한 것이거나 탄산수에 식품 또는 식품첨가물을 가한 것으로 가스압이 1kg/㎠ 이상일 것을 규정하고 있다.

탄산수는 천연적으로 탄산가스를 함유하고 있는 물이거나 먹는 물에 탄산가스를 가한 것으로 가스압이 0.5kg/㎠ 이상일 것을 규정하고 있다. 탄산음료라도 과즙함유율이 10% 이상이면 탄산음료로 분류하지 않고 과즙음료로 구분한다.

2) 탄산음료의 종류

(1) 착향탄산음료

① 콜라(Cola, Kola)

Kola라고도 표기하는 Cola나무는 중부 아프리카 지역, 인도, 인도네시아, 브라질 등에서 주로 재배되는 상록교목이다. 1886년 미국 조지아 주 애틀랜타 시의 약사인 존 펨버턴(John Pemberton)이 콜라나무의 씨와 코카(Coca)나무잎의 추출물을 탄산수와 설탕에 넣어 Coca-Cola는 이름으로 개발하였으며 현재 코카(Coca)나무의 잎은 코카인(Cocaine)이라는 마약성분 때문에 더 이상 사용하지 못한다. 콜라열매에는 다량의 카페인(Caffeine)과 콜라닌(Colanine), 타닌, 페놀화합물이 들어 있다. 현재 제조되는 콜라의 주된 향미는 오렌지, 라임, 레몬, 계피, 호두, 바닐라 등이며 캐러멜로 착색한다. 콜라음료의 브랜드는 대단히 많으나 우리나라는 Coca-Cola, Pepsi-Cola가 주상품이다.

② 사이다(Cider)

영어로 사이더(Cider), 프랑스어로 시드르(Cidre)는 사과를 발효시켜 만든 사과와인(Apple Wine)이다. 우리나라는 일제강점기 말 일본에서 일본사이다가 들어오면서 일본말인 사이다를 그대로 사용하게 되었다. 우리나라에서 사이다는 주로 구연산과 각종 감미료 및 시럽을 넣은 탄산음료를 말한다. 사이다와 유사한 청량음료로 세븐업(7-Up), 스프라이트(Sprite) 등이 있다.

③ 토닉 워터(Tonic Water)

영국인들이 말라리아가 많이 발병하는 동남아시아와 아프리카에서 개발한 음료로 알려져 있다. 레몬과 라임을 주원료로 여러 가지 향료와, 특히 말라리아에 특효인 퀴닌 (Quinine; Kinine)을 넣어 만든 탄산음료이다. 칵테일 Gin Tonic으로 인해 전 세계에서 많이 생산되고 있다. 키니네의 함유량은 나라에 따라 허용치가 다르며 미국은 1리터에 83mg(83ppm) 이하이다.

④ 카린스 믹서(Collins Mixer)

칵테일 조주기법상 Collins(콜린스)라 함은 증류주에 레몬이나 라임주스와 설탕을 넣고 소다수를 채우는 것을 말한다. 카린스 믹서(Collins Mixer)는 칵테일을 만들기 편리하게 증류수에 이산화탄소와 향료 및 보존료 등을 넣어 만든 탄산음료의 상표이다.

⑤ 진저 에일(Ginger Ale)

생강(Ginger)을 주원료로 레몬, 계피, 정향(Clove) 등의 향료를 섞어 캐러멜로 착색시킨 탄산음료이다. Ale은 영국의 흑맥주이나 'Ginger Ale'은 고유명사로 알코올은 들어 있지 않다.

Ginger Ale은 Ginger Beer라고도 하며 1860년대 미국 군의관인 Dr. Thomas Cantrell이 발명한 것으로 알려져 있다. 현재 여러 나라에서 다양한 상표로 생산된다.

| Cola | Cider | Sprite | Tonic Water | Collins Mixer | Ginger Ale |

(2) 무향탄산음료

① 소다수(Soda Water)

정수·살균한 물에 이산화탄소를 넣어 청량감이 있도록 만든 탄산수이다. 모든 착향 탄산음료의 기본이 되며 소화를 위해 그대로 마시거나 칵테일의 재료로 사용한다. Club Soda, Sparkling Water, Fizzy Water라고도 한다.

② 광천수(Mineral Water)

광천수는 칼슘, 마그네슘, 칼륨 등의 광물질이 대량 함유되어 있는 물을 말한다. 광천 수는 천연광천수와 인공광천수가 있으며 천연광천수는 탄산가스가 있는 것과 없는 것 이 있다. 대표적인 탄산광천수로는 프랑스 중부 알리에(Allier) 주에 있는 Vichy시에서 생 산되는 비시수(Vichy Water), 프랑스 남부 Bergez에서 생산되는 페리에수(Perrier Water), 독일의 온천도시 비스바덴(Wiesbaden)에서 생산되는 셀처수(Seltzer Water), 우리나라의 초정약수 등이 있다.

| Soda Water | Vichy Water | Perrier Water | Seltzer Water |

2. 비탄산음료(Noncarbonated Water)

1) 먹는물

(1) 먹는물의 개념

우리나라는 일반적으로 식수로 수돗물과 생수라는 용어를 사용하여 왔으나 1995년 먹는물의 수질과 위생을 합리적으로 관리하여 국민건강을 증진하는 데 이바지하는 것 을 목적으로 「먹는물관리법」이 제정되었다. 이 법에서 "먹는물이란 먹는 데 통상 사용하는 자연상태의 물, 자연상태의 물을 먹기에 적합하도록 처리한 수돗물, 먹는샘물, 먹는염지하수, 먹는해양심층수(해양심층수) 등을 말한다."고 규정하고 있다.

(2) 먹는물의 종류

① 수돗물

② 먹는샘물

샘물이란 암반대수층(岩盤帶水層) 안의 지하수 또는 용천수 등 수질의 안전성을 계속 유지할 수 있는 자연상태의 깨끗한 물을 먹는 용도로 사용할 원수(原水)를 말한다. 먹는샘물이란 샘물을 먹기에 적합하도록 물리적으로 처리하는 등의 방법으로 제조한 물로 일반적인 샘물을 말한다.

③ 먹는염지하수

염지하수란 물 속에 녹아 있는 염분(鹽分) 등의 함량(含量)이 환경부령으로 정하는 기준 이상인 암반대수층 안의 지하수로서 먹는염지하수란 염지하수를 먹기에 적합하도록 물리적으로 처리하는 등의 방법으로 제조한 물을 말한다.

④ 먹는해양심층수

해양심층수를 먹는 데 적합하도록 물리적으로 처리하는 등의 방법으로 제조한 물을 말한다.

2) 세계의 주요 비탄산음료

① 에비앙수(Evian Water)

프랑스 남동부 알프스산맥에 있는 Evian시에서 나는 무탄산 천연광천수로 다량의 광물질을 함유하고 있으며 세계적으로 유명하다.

② 볼빅수(Volvic Water)

프랑스 중부 오베르뉴(Auvergne) 주의 화산지대에서 생산되는 광천수이다.

Evian Water   Volvic Water

제4절_ 영양음료(Nutritious)

1. 주스류(Juice)

1) 주스의 개념

주스(Juice)는 과실이나 야채의 즙을 짜 걸러낸 후 원액이 95% 이상 함유되도록 만든 음료이다. 우리나라 식품공전에서는 과·채주스라고 한다. 주스는 착즙 시 손이나 기계에 의한 착즙은 가능하나 가열하거나 녹이는 것은 허용되지 않는다. 착즙된 즙은 보존을 위해 병, 캔, 농축, 분말형태로의 보관이 가능하다. 주스의 원료는 과실이 많이 사용되며 각종 채소류도 사용된다. 주스는 그 종류와 색깔, 향기, 맛의 다양성으로 인해 음료로 소비되기도 하고 칵테일이나 요리의 재료로도 많이 사용된다. 주스는 원료의 맛과 향 및 당분의 특성을 잘 나타내야 하기 때문에 과일주스는 최저 기준당도가 포도 11도, 사과·라임 10도, 귤·자몽·파파야 9도, 배 8도, 복숭아·살구·딸기·레몬 7도, 자두·멜론·매실 6도 이상이어야 한다.

2) 주스의 종류

주스의 종류는 과일이나 야채의 종류만큼이나 다양하나 칵테일에 사용되는 주요 주스는 다음과 같다.

① 음료용 주스

오렌지주스(Orange Juice), 파인애플주스(Pineapple Juice), 토마토주스(Tomato Juice), 자몽주스(Grapefruit Juice), 크랜베리주스(Cranberry Juice), 애플주스(Apple Juice), 포도주스(Grape Juice), 야채주스(Vegetable Juice)

② 조리 및 칵테일용 주스 : 레몬주스(Lemon Juice), 라임주스(Lime Juice)

| Cranberry Juice | Grapefruit Juice | Lime Juice |

2. 발효음료류

발효음료류라 함은 유가공품 또는 식물성 원료를 유산균, 효모 등 미생물로 발효시켜 가공한 음료로 유산균음료와 효모음료 및 기타 발효음료가 있다. 유산균음료와 효모음료는 유산균과 효모균이 각각 1mL당 1백만 마리 이상이 되어야 한다.

3. 우유류(Milk)

우유는 순수한 의미에서의 음료는 아니나 칵테일의 부재료로 많이 사용된다. 또 우유로 만든 생크림(Fresh Cream)과 휘핑크림(Whipping Cream)도 칵테일에 많이 사용된다.

1) 성분에 따른 종류

① **일반우유** : 원유 또는 원유에 비타민이나 무기질을 강화하여 살균 또는 멸균한 것이다.

② **발효유** : 요구르트와 같이 우유를 발효시킨 것으로 무지유 고형분이 3% 이상이며 유산균이 1mL당 1천만 마리 이상이 되어야 한다.

③ **기능성 우유** : 우유에 커피, 초콜릿, 과일 등을 넣어 만든 우유로 가공유라고도 한다.

2) 살균방법에 따른 분류

① **살균우유(Pasteurized Milk)** : 병원균은 전혀 존재하지 않지만 젖산균이나 일부 무해한 균이 남아 있도록 처리한 우유이다. 따라서 보존 시 변질될 수도 있다.

- **저온살균법(LTLT : Low Temperature Long Time)** : 60~65°C에서 30분간 살균
- **고온단시간살균법(HTST : High Temperature Short Time)** : 75°C에서 15초간 살균

② **멸균우유(Sterilized Milk)** : 원유를 초고온으로 멸균하여 무균상태로 만든 우유로 장기저장이 가능하다.

- **초고온살균법(UHT : Ultra High Temperature)** : 130~135°C에서 1~4초간 멸균

3) 기타 유제품

① **생크림(Fresh Cream)** : 우유의 유지방분만을 원심분리기로 추출하여 유지방이 18% 이상 함유되도록 농축한 크림으로 주로 액상으로 사용한다.

② **휘핑크림(Whipping Cream)** : 유지방이 30~50%가 되도록 농축한 생크림에 식물성 기름을 넣어 가공한 크림으로 주로 거품을 내어 사용한다.

제**7**부

칵테일

Cocktail

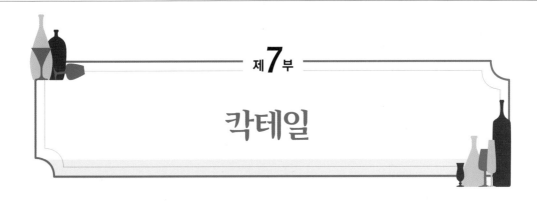

제**7**부

칵테일

제1절_ 칵테일의 개념

전통적 의미에서의 칵테일은 증류주에 다른 술이나 부재료를 넣어 만든 알코올성 혼합음료(Alcoholic Mixed Drink)로 Mixology라고도 한다. 오늘날에도 Cocktail은 일반적으로 알코올성 혼합음료를 말하나 비알코올성 혼합음료에도 칵테일이라는 명칭이 사용되고 있다.

칵테일은 여러 가지 술에 또 다른 술이나 다양한 부재료를 혼합하여 색(Color), 향(Flavor), 맛(Taste)을 조화롭게 만든 알코올성 혼합음료이다. 따라서 칵테일은 단순히 여러 가지 음료를 섞었다고 해서 칵테일이라고 할 수 없으며 상품성과 예술성을 갖추어야 한다.

① 칵테일은 주재료와 부재료의 특성을 충분히 나타내야 한다.
② 칵테일은 맛이 지나치게 달거나 시거나 쓰지 않아야 한다.
③ 칵테일은 향이 지나치게 자극적이지 않아야 한다.
④ Aperitif Cocktail은 충분히 식욕을 촉진시킬 수 있어야 한다. 따라서 너무 달거나 양이 많지 않아야 한다.
⑤ After Dinner Cocktail은 맛과 함께 예술적 가치와 분위기를 증대시킬 수 있어야 한다.
⑥ 차가운 칵테일은 차게, 뜨거운 칵테일은 뜨겁게 제공해야 한다.
⑦ 국제적으로 공인된 칵테일은 레시피(Recipe)를 준수해야 한다.

제2절_ 칵테일의 분류

1) 양에 의한 분류

(1) 롱 드링크 칵테일(Long Drink Cocktail)

Long Drink Cocktail은 비교적 양이 많은 칵테일로 일반적으로 4온스(120mL) 이상인 칵테일이다. 하이볼(Highball), 트로피컬 칵테일(Tropical Cocktail), 맥주칵테일, 와인칵테일 등이 대표적이다.

(2) 쇼트 드링크 칵테일(Short Drink Cocktail)

Short Drink Cocktail은 비교적 양이 적은 칵테일로 일반적으로 4온스(120mL) 이하인 칵테일이다. 셰이킹(Shaking)이나 휘젓기(Stirring)방법으로 조주하여 전통적인 칵테일 잔에 제공되는 것이 많다.

Short Drink Cocktail 중 일반적으로 2Ounce 이하의 칵테일을 슈터(Shooter)라고 하며 대표적인 것으로 B-52가 있다. 슈터는 샷글라스(Shot Glass)나 리큐르 글라스에 제공한다. Shot Glass는 술을 한입에 넣어 단번에 마실 때 사용하는 텀블러(Tumbler)형의 잔으로 각 나라별로 생산되는 술과 음주문화에 따라 1~4oz까지 용량이 다양하다. 미국의 경우 Shot Glass의 용량은 Small이 1oz, Single이 1.5oz이며 우리나라의 소주잔은 2oz가 기준이나 양주는 일반적으로 1oz를 기준으로 한다.

2) 용도에 의한 분류

(1) 식전 칵테일(Aperitif Cocktail)

Before Dinner Cocktail이라고도 하며 식욕을 촉진하기 위해 마시는 칵테일로 신맛, 쓴맛 등으로 침의 분비를 촉진시키고 식욕을 자극시키는 칵테일이다. 각종 신맛의 칵테일, 비터류 칵테일, 맥주칵테일, 와인칵테일 등이 있다.

(2) 식후 칵테일(After Dinner Cocktail)

Dessert Cocktail이라고도 하며 식후음료(After Dinner Drink)로 마시는 칵테일이다. 단맛의 리큐르 칵테일, 향이 좋은 브랜디 칵테일 등이 있다.

(3) 일반 칵테일(All Day Type Cocktail)

모든 칵테일은 식사와 상관없이 마실 수 있기 때문에 All Day Cocktail은 식사에는 마시지 않는 칵테일이란 의미가 더 크다. 많은 주스와 과일이 사용되는 Tropical Cocktail이나 양이 많은 칵테일, 식욕을 저해할 정도의 단 와인, 계란을 사용하여 열량이 매우 높은 Pink Lady, Million Dollar 등이 있다.

3) 맛에 따른 분류

(1) 감미 칵테일(Sweet Cocktail)

단맛이 강한 칵테일이다.

(2) 무감미 칵테일(Dry Cocktail)

단맛이 거의 없는 칵테일이다.

(3) 신맛 칵테일(Sour Cocktail)

레몬주스, 라임주스를 사용하여 신맛이 강한 칵테일이다.

4) 형태에 의한 분류

(1) 에이드(Ade)

Highball 글라스에 과즙과 설탕을 넣은 후 물을 부어 차게 만든 비알코올성 칵테일이다. 레모네이드(Lemonade)가 대표적이다.

(2) 코블러(Cobbler)

강화와인 또는 증류주에 오렌지 등 감귤류와 설탕을 넣어 만든 후 Goblet Glass에 따라 과일로 장식하고 빨대(Straw)를 꽂아 제공하는 칵테일이다. 알코올 도수가 낮고 산뜻하고 시원해 여름철에 음료같이 마시는 칵테일이다. Sherry Cobbler, Port Cobbler, Brandy Cobbler 등 다양하다.

(3) 콜린스(Collins)

12온스의 Tall Highball 글라스에 얼음과 기주(Base)를 넣고 레몬 또는 라임 주스와 설탕을 넣고 소다수로 채우는 칵테일이다. 모든 증류주가 사용가능하며 대표적인 칵테일로는 Tom Collins, John Collins, Brandy Collins 등이 있다. 간편하게 기주에 Collins Mixer를 직접 부어 만들기도 한다.

(4) 쿨러(Cooler)

더운 지역에서 주로 마시는 대용량의 칵테일이다. 기주에 레몬 또는 라임 주스, 설탕, 탄산음료를 필요에 따라 넣고 과일로 장식한다. Apricot Cooler, Rum Cooler 등 다양한 칵테일이 있다.

(5) 크러스타(Crusta)

증류주에 감귤류 주스와 리큐르 등을 넣고 셰이킹한 후 설탕 스노 스타일 잔에 레몬 껍질이나 오렌지 껍질을 나선형으로 장식해 제공하는 칵테일이다. Brandy Crusta, Rum Crusta 등 다양하다.

(6) 컵(Cup)

Brandy에 Triple Sec과 Wine 및 탄산음료를 넣어 만든 칵테일이다. 피처(Pitcher)에 얼음과 재료를 넣은 후 차게 저은 후 큰 와인잔에 따라 제공한다. Claret Cup, Champagne Cup 등 다양하다.

(7) 데이지(Daisy)

Shaker에 잘게 부순 얼음과 증류주, Grenadine Syrup(또는 단맛의 리큐르), 레몬주스(또는 라임주스)를 넣고 머그잔(Beer Mug)이나 금속제 컵(Metal Cup)에 넣어 과일로 장식하는 칵테일이다. Whisky Daisy, Brandy Daisy 등 다양하다.

(8) 에그노그(Eggnog)

미국 남부지방에서 유래된 열량이 매우 높은 칵테일로 기주에 날계란을 통째로 넣고 설탕과 우유를 넣은 후 세차게 흔들어 Highball 글라스나 컵에 따르고 Nutmeg를 뿌려 만드는 칵테일이다. 겨울철에 마시는 칵테일로 Brandy Eggnog, Whisky Eggnog 등 다양하다.

(9) 픽스(Fix)

Highball 글라스에 곱게 간 얼음을 넣고 증류주와 레몬주스, 설탕을 넣은 후 과일로 장식하고 빨대를 꽂아 제공하는 칵테일이다. Mini-Cobbler라고도 한다. Brandy Fix, Rum Fix, Gin Fix 등 다양하다.

(10) 피즈(Fizz)

Fix에 탄산음료를 넣은 칵테일이다. Fizz는 탄산음료를 개봉하거나 따를 때 '피시식'하고 나는 소리를 말한다. 달고 청량감이 있어 Gin Fizz, Sloe Gin Fizz 등 대단히 많은 종류의 칵테일이 있다.

(11) 플립(Flip)

Eggnog에 탄산음료를 넣어 Fizz로 만든 후 Nutmeg를 뿌려 만든 칵테일이다. 차게 제공하거나 뜨겁게 제공하는 두 종류가 있다. Brandy Flip, Port Wine Flip 등 다양하다.

(12) 프라페(Frappé)

얼음을 곱게 갈아 칵테일 잔에 가득 채운 후 그 위에 술을 부어 빨대를 꽂아 만드는 칵테일이다. Menthe Frappé 등 주로 색깔이 아름다운 리큐르를 사용한다.

(13) 하이볼(Highball)

Highball은 원통형 유리잔 중 보통 6온스(180mL) 이상의 글라스를 말한다. 칵테일에서 하이볼 칵테일이라 함은 하이볼 잔으로 제공되는 모든 칵테일을 의미한다. 주로 Whisky나 증류주에 각종 탄산음료나 주스 등을 넣어 Stir기법으로 조주하는 Long Drink 칵테일이다.

(14) 줄렙(Julep)

Highball 글라스에 얼음과 증류주, 설탕, 물을 넣어 달게 만든 후 향초류 잎을 넣어 향이 나도록 만든 칵테일이다. Mint Julep이 대표적이다.

(15) 펀치(Punch)

Punch Bowl과 같은 큰 용기에 술, 주스, 작게 자른 과일, 설탕, 물 등을 넣고 큰 덩어리 얼음(Lumped Ice)을 넣어 차게 해서 잔에 떠 마시는 칵테일이다. Fruits Punch같이 술이 들어가지 않는 것도 있다.

(16) 푸스카페(Pousse-Café)

Pousse-Café는 식후 커피 다음에 제공되는 2온스 이하의 작은 리큐르로 칵테일에서는 리큐르 글라스에 술의 비중을 이용해 층층이 다른 색이 나도록 Floating한 칵테일을 말한다. Pousse-Café는 공식 레시피가 없으며 바텐더가 평소 Bar에 있는 술로 다양하게 개발하여 자체적인 레시피를 가지고 있어야 한다. B-52칵테일은 공식적인 레시피가 있는 푸스카페의 일종이다.

(17) 리키(Rickey)

Highball 글라스에 얼음을 넣고 증류주와 라임주스를 넣은 후 소다수로 채운 칵테일이다. Gin Rickey, Rum Rickey 등 다양하다.

(18) 생거리(Sangaree)

주로 와인에 물, 설탕, 레몬주스 등을 넣어 만든 칵테일로 Port Wine Sangaree, Claret Sangaree, Madeira Sangaree 등 다양하다.

(19) 슬링(Sling)

Fizz에 색깔 있는 리큐르를 첨가하고 오렌지와 체리로 장식한 후 빨대를 꽂아 제공하는 칵테일이다. Singapore Sling 등 다양하다.

(20) 스매시(Smash)

Julep과 비슷하나 Shaved Ice를 사용하며 설탕, 물을 넣고 민트 줄기로 장신한 칵테일이다. Brandy Smash, Whisky Smash 등이 있다.

(21) 스노 스타일(Snow Style)

Snow Style은 레몬즙을 칵테일 글라스의 테두리(Rim)에 바른 후 얇게 펼친 백설탕이나 소금에 찍어 하얀 눈이 내린 것같이 테두리를 만드는 방법이다. Frosting, Rimming 또는 Ring이라고도 한다. 대표적인 Snow Style 칵테일은 Salt Rimming의 Magarita와 Sugar Rimming의 Kiss of Fire가 있다.

(22) 사워(Sour)

Sour는 '신맛'을 의미한다. 증류주에 신맛이 나는 레몬주스와 설탕을 넣고 셰이크해 Sour Glass에 따르고 레몬과 체리로 장식한 칵테일이다. 소다수를 채우는 것과 채우지 않는 것이 있다. Whisky Sour, Brandy Sour 등 다양하다.

(23) 스쿼시(Squash)

Highball 글라스에 과즙과 설탕을 넣은 후 소다수를 부어 차게 만든 비알코올성 칵테일이다. Lemon Squash가 대표적이다.

(24) 스위즐(Swizzle)

증류주에 라임주스, 오렌지주스, 파인애플주스 등을 넣고 Shaved Ice와 함께 글라스에 서리가 맺히도록 저어 만드는 칵테일이다. Smash와 비슷하나 알코올 도수가 훨씬 낮으며 Rum Swizzle이 대표적인 칵테일이다.

(25) 토디(Toddy)

증류주에 뜨거운 물과 설탕을 넣고 만든 하이볼로 슬라이스 레몬과 정향(Clove) 몇 개를 넣어 제공한다. Whisky Hot Toddy, Brandy Toddy 등 다양하며 찬물을 넣기도 한다.

(26) 트로피컬 칵테일(Tropical Cocktail)

더운 열내지방에서 갈증을 해소하기 위해 음료수 대용으로 마시는 용량이 많고 알코올 도수가 낮은 칵테일이다. 주스와 다양한 시럽 등을 사용해 산뜻하고 시원하며 큰 과일로 장식해 화려하다. Mai Tai, Pinacolada, Chi Chi 등 다양하다.

제3절_ 칵테일 조주기법(Cocktail Method)

칵테일을 만드는 기본적인 기법은 크게 5가지로 구분된다. 이외에도 다양한 칵테일 기법을 통해 칵테일이 조주된다. 주요 칵테일 기법은 다음과 같다.

1) 직접넣기(Building, Build Method)

고객에게 제공하는 글라스에 얼음과 재료를 넣은 후 바스푼(Bar Spoon)으로 잘 저어 완성하는 방법이다. 주로 Whisky Coke, Gin Tonic 등 Highball 종류가 이 방법으로 조주 된다.

2) 휘젓기(Stirring, Stir Method)

Mixing Glass에 얼음과 재료를 넣은 후 바스푼(Bar Spoon)으로 잘 저어 차게 한 다음 고객에게 제공하는 글라스에 따라 완성하는 방법이다. 젓기만 해도 잘 섞이는 재료들로 칵테일을 만들 때 사용하는 방법이다. Manhattan, Martini, Gibson 등 다양한 칵테일이 있다.

3) 흔들기(Shaking, Shake Method)

저어서는 잘 섞이지 않는 재료들로 칵테일을 만들 때 사용하는 방법이다. 셰이커 (Shaker)에 얼음과 재료를 넣고 세차게 흔들어서 잘 섞이도록 하는 방법으로 계란, 우유, 크림, 설탕의 농도가 높은 리큐르, 과일주스 등을 사용해 칵테일을 만들 때 사용하는 방법이다. 셰이커에 기주(Base)를 먼저 넣고 부재료를 넣으며 단시간에 세차게 흔들어 충분히 섞이고 차게 만들어야 한다. Grasshopper, Brandy Alexander, Kiss of Fire 등 다양한 칵테일이 있다.

4) 띄우기(Floating, Float Method)

술이나 재료의 비중을 이용하여 각 재료가 섞이지 않고 층층이 쌓이도록 하는 방법이다. 술의 비중은 당도가 높을수록 무거워 밑으로 가라앉게 된다. Floating할 때는 Bar Spoon을 뒤집어 스푼의 등쪽에 재료를 천천히 따라 재료가 글라스의 벽면을 타고 흘러

내려 서로 섞이지 않고 쌓이도록 한다. B-52, Angel's Kiss 등 다양한 칵테일이 있다.

5) 블렌딩(Blending, Blend Method)

전기 블렌더에 잘게 부순 얼음과 부재료를 넣고 회전날개를 강하게 돌려 만드는 방법이다. 주로 양이 많고 혼합이 쉽지 않은 열대칵테일(Tropical Cocktail)이나 차갑고 양이 많은 Frozen 칵테일 조주 시 사용한다. Mai-Tai, Pina-Colada 등 다양한 칵테일이 있다.

제4절_ 주장 기물(Bar Equipment) 및 용품

1. 칵테일 기물(Cocktail Equipment)

1) 셰이커(Shaker)

잘 섞이지 않는 재료로 칵테일을 만들 때 사용하는 도구로 Cubed Ice와 여러 가지 재료를 넣어 세게 흔들 때 사용한다. 아랫부분의 바디(Body), 중간부분의 스트레이너(Strainer), 꼭대기의 뚜껑(Cap)의 3부분으로 구성되어 있다. 스테인리스제의 일반셰이커와 유리 Mixing Cup과 플라스틱 덮개로 구성된 Boston Shaker가 있다.

2) 믹싱 컵(Mixing Cup or Mixing Glass)

비교적 쉽게 섞이는 재료로 칵테일을 만들 때 사용하는 크고 두꺼운 유리컵이다. Mixing Cup이 없을 경우에는 Shaker를 사용하거나 대형 텀블러를 사용하기도 한다. Bar Spoon으로 저을 때 Mixing Cup의 아랫부분을 잡아 차가워지는 정도를 확인하고 충분히 차가워지면 Strainer를 덮어 칵테일 글라스에 따른다.

3) 스트레이너(Strainer)

Mixing Glass에서 조주한 칵테일을 잔에 따를 때 사용하는 도구로 손잡이가 달린 원형 철판에 스프링이 달려 있다. Mixing Glass 위에 덮어 얼음이 떨어지는 것을 막는다.

| Shaker | Boston Shaker | Mixing Cup | Strainer |

4) 계량컵(Jigger, Measure Cup)

칵테일을 만들 때 술이나 주스 등 액체의 양을 계량하는 기물이다. 깔때기 모양의 계량컵이 양쪽에 달려 있으며 한쪽은 1oz(약 30mL), 다른 쪽은 1.5oz, 2oz 등의 컵이 달려 있다. Jigger는 기물 이름이지만 도량형의 단위이기도 하다. 1 Jigger는 1.5oz(45mL)이다.

5) 바스푼(Bar Spoon)

Bar에서 조주 시 사용하는 작고 긴 스푼이다. 양쪽에 작은 스푼과 포크가 달려 있어 칵테일의 재료를 젓거나 과일 등의 장식물을 다룰 때 사용한다. Bar Spoon의 모양과 길이는 다양하다.

6) 머들러(Muddler)

칵테일을 젓거나 칵테일 글라스 안에 있는 레몬 등의 과일을 눌러 짤 때 사용하는 막대이다. Bar Spoon은 주로 바텐더가 사용하나 Muddler는 칵테일 글라스에 넣어 고객에게 제공하며 고객이 사용한다. 주로 플라스틱 재질로 되어 있으며 과일을 눌러 짜기 편하도록 끝부분이 둥글게 되어 있다.

7) 스퀴저(Squeezer)

오렌지나 레몬 등 감귤류의 주스를 짜기 위한 도구이다. 오렌지나 레몬을 반으로 잘라 용기 가운데의 돌출된 부분을 눌러 짜는 것과 얇게 자른 레몬(Sliced Lemon)의 즙을 짜는 2가지 종류가 있다.

| Jigger | Bar Spoon | Muddler | Squeezer |

8) 포러(Pourer)

Pouring Lip이라고도 하며 병에 꽂아 술이나 시럽 등이 가늘고 일정하게 나오도록 만든 도구이다. 와인용 포러와 칵테일용 포러가 있으며 칵테일용 포러에는 공기가 들어가는 구멍과 술이 나오는 구멍이 있다. 사용 시 술이 나오는 구멍을 밑으로 해야 잘 따라진다. 포러는 위생상 자주 세척해 사용해야 한다.

9) 아이스 패일(Ice Pail)

얼음을 담아두는 작은 통으로 플라스틱, 금속, 유리 등 다양한 재질로 만들어진다. 고객용 아이스 패일은 결로가 생기지 않도록 보온 처리된 플라스틱제가 좋다. 아이스 버킷(Ice Bucket)이라고도 한다.

10) 아이스 텅(Ice Tongs)

스테인리스로 만들어진 칵테일용 얼음집게이다. 얼음이 미끄러지지 않도록 끝이 톱니모양으로 되어 있다.

11) 아이스 스쿠퍼(Ice Scooper)

Ice Shovel이라고도 하며 Shaker, Mixing Glass, Glass 등에 얼음을 퍼 담을 때 사용하는 작은 얼음 삽이다. 재질은 주로 스테인리스나 플라스틱이며 용량과 모양이 다양하다.

12) 아이스 픽(Ice Pick)

덩어리 얼음(Lumped Ice)을 작게 부술 때 사용하는 얼음송곳이다. 칵테일용 제빙기와 아이스크러셔(Ice Crusher)의 발달로 현재는 거의 사용하지 않는다.

13) 타트뱅(Tate-vin)

타스트뱅(Taste-Vin)이라고도 하며 와인을 시음하는 손잡이가 달린 작고 납작한 용기 이다. 와인의 색을 잘 분간할 수 있도록 은색이며 안쪽은 작고 둥근 요철이 있다. 소믈리에가 목에 걸고 다닌다고 하여 소믈리에 체인(Sommelier Chain)이라고도 한다.

Cocktail Pourer   Wine Pourer   Ice Pail & Ice Tongs   Ice Scooper   Ice Pick   Tate-vin

14) 코르크스크루(Corkscrew)

와인의 코르크마개를 뺄 때 사용하는 도구로 단순히 와인 오프너(Wine Opener)라고 도 한다. 기능과 형태가 매우 다양하며 특별한 명칭을 사용하기도 한다. 가장 많이 사용 하는 것은 Waiter's Knife이다.

15) 와인쿨러(Wine Cooler)

Champagne Cooler라고도 하며 White Wine, Champagne 등을 제공할 때 사용하는 용기이다. 얼음과 물을 넣은 후 와인을 넣어 차게 하며 스테인리스, 주석, 유리 등 다양한 재질로 만들어진다.

16) 와인 크래들(Wine Cradle)

Red Wine을 눕혀 담아놓는 바구니를 말한다. Wine Basket, Wine Pannier라고도 하며 갈대나 덩굴줄기로 만들기도 하지만 대부분 가는 금속으로 만든다. 쇠막대로 만든 것은 Wine Holder라고 한다.

17) 글라스 홀더(Glass Holder)

뜨거운 칵테일을 제공할 때 뜨거운 글라스를 넣는 도구로 손잡이가 달려 있다. 모양과 재질은 다양하다.

18) 블렌더(Electric Blender)

잘 섞이지 않는 재료로 대용량의 칵테일을 만들 때 사용하는 전기 블렌더이다. Tropical Cocktail이나 Frozen Style 칵테일을 만들 때 사용한다. 스테인리스 통에 Cracked Ice와 재료를 넣고 고속으로 날개를 회전시켜 짧은 시간에 블렌딩한다. 너무 오래 블렌딩할 경우 거품이 많이 생겨 좋지 않다. 칵테일용 블렌더는 스핀들믹서(Spindle Mixer)라고 하며 일반 믹서(Mixer)는 주로 생과일이나 야채 등을 갈 때 사용한다.

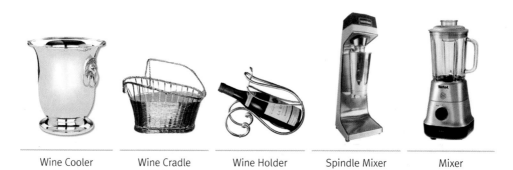

| Wine Cooler | Wine Cradle | Wine Holder | Spindle Mixer | Mixer |

2. 장식 및 소모품(Decoration & Supply)

1) 빨대(Straw)

과일이나 칵테일 우산 등으로 장식한 칵테일이나 Crushed Ice를 사용한 칵테일 등을 마실 때 칵테일의 모양이 망가지거나 마시기 불편하지 않도록 글라스에 넣어 제공한다. 색깔, 모양, 길이는 칵테일과 어울리는 것을 넣어 조화를 맞추어야 한다.

2) 칵테일 픽(Cocktail Pick)

칵테일의 장식에 사용되는 레몬, 오렌지, 올리브, 체리 등을 꽂는 데 사용한다. 주로 플라스틱이나 나무로 만들며 서양의 검(劍)같이 생긴 것은 스워드 픽(Sword Pick)이라고도 한다. 다양한 색상이 있으므로 칵테일과 어울리는 것을 사용한다.

3) 칵테일 우산(Cocktail Umbrella)

Cocktail Parasol이라고도 한다. 칵테일 장식용 종이우산으로 칵테일과 조화를 이루는 색을 사용한다.

4) 코스터(Coater)

칵테일 글라스를 올려놓는 잔받침으로 주로 종이로 만드나 면, 비닐수지, 나무, 압착 코르크 등으로도 만든다. 특히 Highball은 잔에 얼음이 들어 있어 잔에서 물방울이 흘러 내려 바닥을 적시므로 반드시 제공한다.

Straw

Sword Pick

Umbrella

Coaster

3. 유리용품(Glassware)

Glassware는 유리로 만든 식기류를 말한다. Bar에서 사용하는 Glassware는 음료의 제공에 사용하는 칵테일용 글라스와 음식의 제공에 사용하는 접시 및 물주전자와 같이 서비스에 사용하는 서비스 용품이 있다. 칵테일 글라스는 형태에 따라 Tumbler, Stemmed Glass, Footed Glass의 3가지로 구분된다. Tumbler는 손잡이가 없는 원통형의 글라스로 Cylindrical Glass라고도 하며 Highball Glass가 대표적이다. Stemmed Glass는 Stem(목)이 달린 글라스 종류로 칵테일 글라스, 와인 글라스 등이 대표적이다. Footed Glass는 잔받침(Foot)이 붙어 있거나 아주 짧은 Stem이 달린 것으로 Brandy Snifter 등이 있다.

1) 텀블러 글라스(Tumbler Glass)

① 스트레이트 글라스(Straight Glass)

Whisky 등 증류주를 스트레이트로 마실 때 사용하는 글라스로 기준 용량은 1oz(30mL)이다. Shot Glass, Whisky Tumbler라고도 한다. 용량이 2oz인 것은 Double Straight Glass라고 한다.

② 올드패션드 글라스(Old Fashioned Glass)

폭이 넓고 높이가 낮은 원형의 텀블러로 얼음(Rock)만 넣고 증류주를 따라 마실 때 주로 사용하여 On the Rock Glass라고도 한다. 기준 용량은 6~8oz이며 Double은 12~16oz이다. Old Fashioned, Negroni 칵테일에 사용한다.

③ 하이볼 글라스(Highball Glass)

Tumbler 중 8~10oz 용량의 글라스로 Old Fashioned Glass보다 폭이 좁고 높은 글라스이다. Highball 칵테일은 물론 각종 음료의 제공에 가장 널리 사용되는 글라스이다. 용량이 적은 4~6oz Highball Glass는 양식 조찬(Breakfast) 때 주스를 제공하는 용도로 사용되어 Juice Glass라고도 한다.

④ 콜린스 글라스(Collins Glass)

Tumbler 중 10~14oz 용량의 글라스로 Highball Glass보다 폭이 좁고 높은 글라스이다.

Tall Highball Glass라고도 하며 특히 Tom Collins, Singapore Sling, Brandy Eggnog 등의 칵테일에 사용된다.

Straight Glass   Old Fashioned Glass   Highball Glass   Collins Glass
Tall Highball Glass

2) 스템드 글라스(Stemmed Glass)

① 리큐르 글라스(Liqueur Glass)

Cordial Glass라고도 하며 리큐르나 증류주 등을 스트레이트로 마실 때 사용하는 Stem이 달린 작은 글라스이다. 용량이 보통 1~2oz로 B-52, Pousse-Cafe, Angel's Kiss 칵테일에 사용한다.

② 칵테일 글라스(Cocktail Glass)

Short Drink 칵테일에 사용하는 글라스로 역삼각형과 반달형의 두 종류가 있다. 역삼각형 글라스는 특별히 Martini Glass라고도 한다. 반달형 글라스는 Saucer Cocktail Glass라고 한다. Short Drink 칵테일은 3~4oz가 대부분이므로 글라스의 총용량은 4.5oz가 기본이다.

③ 사워 글라스(Sour Glass)

Whisky Sour, Brandy Sour 등 Sour 칵테일에 사용되는 글라스로 샴페인 글라스와 비슷하나 볼(Bowl)부분이 더 작고 낮다.

| Liqueur Glass (Cordial Glass) | Cocktail Glass (Martini Glass) | Cocktail Glass (Saucer) | Sour Glass |

④ 와인 글라스(Wine Glass)

와인 글라스는 White Wine Glass, Red Wine Glass, Champagne Glass를 기본으로 와인의 산지별·당도별·품종별로 매우 다양하다. 특히 Red Wine Glass는 Claret Glass라고 불리는 Bordeaux Wine Glass와 둥근 형태의 Bourgogne Wine Glass로 구분된다. Wine Glass는 와인의 향을 모으기 위해 입구가 오므라져 있다. 용량은 다르나 형태(Pattern)가 같은 글라스를 함께 사용할 경우 White Wine은 Red Wine보다 용량이 적은 것을 사용한다. 와인 1잔은 국제적으로 4oz(120mL)가 기준이므로 와인잔의 총 용량은 5oz 이상이어야 한다.

⑤ 샴페인 글라스(Champagne Glass)

Champagne이나 Sparkling Wine을 마실 때 사용하는 글라스로 입구가 좁고 깊은 튤립(Tulip 또는 Flute)형과 입구가 넓고 낮은 소서(Saucer 또는 Coupe)형의 두 종류가 있다. 튤립형은 기포가 빨리 사라지지 않기 때문에 시간이 걸리는 식사 때 이용하는 것이 좋으며 Saucer형은 기포가 빨리 사라지므로 건배용으로 사용된다. 둥근 와인잔은 헬렌스컵(Hellen's Cup), Saucer형 샴페인 글라스는 앙투아네트컵(Antoinette Cup)이라고도 한다.

⑥ 셰리 와인 글라스(Sherry Wine Glass)

Sherry Wine이나 Port Wine은 강화주로 알코올 도수가 15~20도이다. Sherry Wine Glass의 용량은 4oz이며 15도의 강화주는 3oz, 20도의 강화주는 2oz가 제공된다. 일반적인 와인잔 모양과 역삼각형 모양 등 다양하다.

⑦ 고블릿(Goblet)

고블릿은 짧은 Stem이 달린 물잔으로 Water Goblet이라고 한다. Bowl부분은 와인글 라스 형태이나 Stem이 짧다. 용량은 보통 6oz 이상이다.

| White Wine | Red Wine
(Bordeaux, Bourgogne) | Champagne
(Tulip, Saucer) | Sherry Wine
Port Wine | Goblet |

3) Footed Glass

① 브랜디 스니프터(Brandy Snifter)

Cognac 같은 브랜디나 향이 좋은 술의 향을 즐길 때 사용하는 글라스로 Bowl이 충분히 둥글고 입구가 많이 오므라져 있다. 향은 온도가 높을수록 잘 나기 때문에 짧은 Stem을 손가락 사이에 끼우고 손으로 Bowl을 감싸 잡아 술을 덥혀 향을 즐긴다. 글라스의 크기에 관계없이 1oz(30mL)를 따르며 단번에 마시지 않는다.

② 맥주 글라스(Beer Glass)

맥주잔은 여러 종류가 있으며 글라스로 만든 것은 필스너(Pilsner)가 대표적이다. 필스너는 8oz(240mL) 이상 다양한 용량이 있으며 기본형과 받침이 달린 것(Footed Pilsner), Hour Pilsner 등 여러 가지가 있다. Mug Glass는 Beer Mug라고도 하며 생맥주를 제공할 때 사용되는 손잡이가 달린 글라스이다. Stein은 독일말로 돌(Stone)이란 뜻이며 돌이나 도기 등으로 만들어 조각과 채색을 한 뚜껑이 있는 맥주컵으로 용량은 500mL 이상이며 예술성과 장식품의 가치가 크다. Tankard도 뚜껑이 있는 맥주컵으로 주로 주석이나 은 기물로 만들며 나무나 도기로도 만든다. 따라서 Beer Stein이나 Tankard는 거의 동의어로 사용된다.

③ 아이리시 커피 글라스(Irish Coffee Glass)

Irish Coffee를 마실 때 사용하는 글라스로 손잡이가 달린 Footed Glass와 손잡이가 없는 Stemmed Glass의 2가지 형태가 있다.

| Brandy Snifter | Standard Pilsner | Footed Pilsner | Beer Stein Tankard | Irish Coffee Glass |

4) 기타 글라스 용기(Others)

① 칵테일 디캔터(Cocktail Decanter)

증류주를 마실 때 제공하는 물이나 탄산수 등의 체이서(Chaser)를 담는 작은 용기이다.

② 와인 카라페(Wine Carafe)

와인을 소량 담아 제공할 때 쓰는 용기로 보통 2잔 분량(240mL)이 들어간다.

③ 와인 디캔터(Wine Decanter)

레드와인의 호흡을 촉진하거나 오래된 와인의 침전물을 제거하기 위해 사용하는 대형 글라스이다. 와인 한 병의 기본용량이 750mL이므로 와인디캔터의 용량은 대개 1,000mL 이상이다.

④ 피처(Pitcher)

Pitcher는 손잡이가 달린 1리터 이상의 뚜껑이 없는 용기로 물이나 맥주 또는 펀치 (Punch) 등을 담아 작은 잔에 서비스할 때 주로 사용한다.

| Cocktail Decanter | Wine Carafe | Wine Decanter | Pitcher |

5) 글라스의 취급방법

(1) 글라스를 닦는 방법

① 용기에 뜨거운 물을 준비한다.

② Cloth Napkin을 왼손바닥에 펴고 그 위에 글라스를 올려 감싸 잡는다.

③ 잔을 닦기 전에 잔이 깨지거나 금이 가지 않았는지 먼저 확인한다.

④ 세척된 유리컵의 입구를 뜨거운 물의 수증기를 쏘여 닦는다.

⑤ 냅킨의 모서리를 오른손 엄지로 글라스 안쪽에 넣고 나머지 손가락은 바깥을 잡는다.

⑥ 냅킨을 돌려가면서 글라스의 안팎을 닦은 후 글라스의 손잡이를 닦고 밑바닥을 닦는다.

⑦ 수증기를 쏘여 닦아도 잘 닦이지 않을 때는 뜨거운 물에 담갔다가 닦는다.

⑧ 닦은 후에는 깨끗하게 닦였는지 철저히 점검한다.

(2) Glassware의 취급 시 주의사항

① 글라스는 모든 기물 중 파손율이 가장 높으므로 물리적 충격에 극히 주의한다.

② 글라스는 Chinaware나 Flatware와 함께 세척하거나 운반하지 않는다.

③ 글라스에 갑자기 뜨거운 물을 붓거나 뜨거운 글라스에 얼음물을 부으면 깨지므로 주의한다.

④ 뜨거운 음료를 따를 경우 따뜻한 물로 미리 글라스를 덥힌 후에 따른다.

⑤ 글라스는 사용 후 즉시 남은 내용물을 쏟아버리고 글라스별로 규격에 맞는 전용 Rack에 넣어 세척한다.

⑥ 글라스를 잡을 때는 반드시 밑을 잡아야 하고 Stemmed Glass는 Stem을 잡아야 하며 글라스 입구(Rim)나 글라스 안에 손가락을 넣어 잡지 않는다.

⑦ Tray로 운반할 때는 Glass가 미끄러지지 않도록 Tray에 Mat 또는 Napkin을 깔고 무게가 한쪽으로 쏠리지 않도록 가운데부터 Glass를 놓는다.

⑧ Stemmed Glass를 손으로 운반할 때는 손잡이(Stem)부분을 손가락 사이에 끼워서 윗부분이 아래쪽으로 향하도록 거꾸로 들고, 글라스가 서로 부딪치지 않도록 조심하며 놓을 때는 맨 마지막에 끼운 글라스부터 역순으로 내려놓는다.

⑨ 글라스를 운반할 때는 전후좌우를 확인한다.

⑩ 글라스를 포개어 쌓아두지 않는다.

⑪ 글라스를 바쁘게 빨리 세척하면 파손되기 쉬우므로 영업 전 충분한 양을 준비한다.

⑫ 세척기에서 세척할 경우 반드시 글라스에 맞는 전용 랙(Rack)을 사용한다.

⑬ 글라스에 얼음을 넣을 경우 반드시 플라스틱 삽(Scoop)을 사용한다.

⑭ 칵테일 글라스와 맥주 글라스는 글라스 전용 냉장고에서 차게 보관하며 전용 냉장고가 없을 경우 칵테일 조주 전에 얼음을 채워 차게 하고 칵테일을 따를 때 얼음을 버린다.

제5절_ 칵테일의 부재료

1. 장식용 과일 및 향신료(Fruits Garniture & Spice)

1) 과일류

① 체리(Cherry)

벚나무의 열매로 우리나라에서는 버찌라고 한다. 벚나무는 크게 유럽종과 아시아종이 있다. 유럽종은 열매가 크고 단맛이 강한 품종과 신맛이 강한 품종이 있으며 아시아종은 열매가 작아 상품성이 떨어져 주로 가로수로 재배한다. 칵테일용 체리는 단맛이 강한 유럽종의 씨를 빼고 착색해 Red Cherry와 Green Cherry로 만들어 칵테일 등 장식에 사용한다.

② 올리브(Olive)

터키를 중심으로 한 지중해 연안이 원산지이며 녹색열매가 적색을 거쳐 흑색으로 변하며 익는다. 칵테일용 올리브는 완전히 익지 않은 녹색열매의 씨를 빼고 그 안에 붉은 피망을 넣어 염장한 것이다.

③ 오렌지(Orange)

레몬과 함께 칵테일의 장식용 과일로 가장 많이 이용된다. 오렌지는 다양한 모양으로 잘라 장식에 이용하며 껍질만을 장식에 이용하기도 한다.

④ 레몬(Lemon)

레몬은 노란 색깔과 특유의 향 및 신맛으로 칵테일의 장식과 부재료로 널리 이용된다. 다양한 모양으로 잘라 장식에 사용하며 칵테일 위에서 껍질을 비틀어 향을 뿌려 사용하기도 한다. 레몬주스는 혼탁한 뿌연 색깔이며 신맛의 칵테일에 널리 사용된다.

⑤ 라임(Lime)

라임은 아열대와 열대 지방에서 생산되며 레몬과 모양이 비슷하나 레몬보다 작고 둥글다. 완전히 익으면 껍질은 녹황색을 띠고 과육은 엷은 녹색을 띠며 레몬에 비해 신맛이 더 강하다. 라임도 칵테일의 장식에 사용되나 주스를 내어 칵테일의 부재료로 더 많이 사용한다. 라임주스는 엷은 노란색으로 투명성이 있다.

⑥ 파인애플(Pineapple)

솔방울 모양의 겉모양과 노란색의 과육 및 향으로 트로피컬 칵테일의 장식용으로 널리 사용된다. 파인애플주스도 단맛과 향이 좋아 칵테일의 부재료로 널리 이용된다.

⑦ 칵테일 어니언(Cocktail Onion)

진주양파(Pearl Onion)라고도 하며 품종과 색깔이 다양하다. 보통양파보다 단맛이 강하며 소금과 산에 절여 사용한다. 각종 요리와 칵테일의 장식으로 이용되며 칵테일에는 White Onion을 사용한다. Gibson 칵테일이 유명하다.

| Cherry | Olive | Lemon | Lime | Cocktail Onion |

 과일의 장식기법

명 칭	기 법
Slice	오렌지, 레몬 등을 얇게 자르는 방법이다. 잘라진 모양에 따라 원형(Round), 반원형 또는 반달형(Half Round or Half Moon), 고깔형(Quarter Round) 등이 있다.
Wedge	오렌지, 멜론 등 둥근 과일의 과피 쪽을 안쪽보다 넓게 자르는 방법이다. Tropical Cocktail같이 장식을 겸해 과일을 먹는 칵테일에 사용하는 방법이다.
Horse's Neck	Horse's Neck 칵테일은 레몬 껍질을 가늘고 길게 나선형으로 잘라 장식한 것이 말의 목과 비슷하다고 해서 붙여진 이름이다. 이에 따라 오렌지나 레몬 등의 과일 껍질을 가늘고 길게 나선형으로 자르는 방법도 Horse's Neck이라고 한다.
Twist	감귤류의 껍질을 가늘고 길게 잘라 칵테일 잔 위에서 비틀어 그 향과 기름(Oil)을 칵테일에 뿌리고 껍질은 칵테일에 넣는 기법이다. 주로 레몬이 이용되기 때문에 Twist of Lemon Peel이라고도 한다.

2) 향신료(Spice)

① 너트메그(Nutmeg)

너트메그나무는 육두구과의 상록활엽수로 인도네시아 몰루카제도의 런섬(Run Island)이 원산지이다. 호두같이 생긴 열매는 익으면 과육이 벌어져 속의 씨가 떨어지게 된다. 씨는 호두만한 크기로 붉고 갈빗대처럼 갈라진 속껍질(Mace)에 싸여 있다. 이 속껍질을 벗겨낸 후 속의 씨를 말려 갈아서 향료로 사용한다. 육두구의 향은 계피향과 후추향이 섞인 것 같은 약한 향이 나며 달걀이나 생크림 등을 사용한 칵테일의 비린 맛을 제거하기 위해 사용한다.

② 계피(Cinnamon)

계피나무의 껍질을 벗겨 말린 것으로 특유의 강한 향과 맛이 있어 약재와 요리 및 음료에 널리 사용된다. 향이 너무 강해 칵테일에서는 많이 사용하지 않으며 Hot Buttered Rum 등에 이용된다.

③ 박하(Mint)

박하는 Peppermint, Applemint, Spearmint 등 많은 종류가 있으며 멘톨이라고 하는 강하고 산뜻한 향이 나는 성분으로 인해 약재, 음료, 리큐르, 요리와 칵테일의 부재료 등으로 널리 쓰인다. 칵테일에서는 장식용으로 잎을 사용하며 향이 너무 강하므로 잎을 찢거나 으깨지 않고 통째로 사용한다.

④ 후추(Pepper)

후추는 인도 남부가 원산지인 상록덩굴나무로 인도와 동남아시아 지역 등 열대와 아열대 지역에서 널리 재배된다. 꽃은 희고 열매는 붉게 익으며 완전히 익기 전에 따서 말리면 검게 된다. 완전히 익은 열매의 껍질을 벗겨서 건조시키면 백색의 후추가 된다. 익지 않은 푸른 후추를 줄기째 따서 소금과 식초에 절여 사용하기도 하고 붉은 껍질 그대로 말려서 사용하기도 한다. 열매의 지름은 5~6mm이며 갈아서 향료로 사용한다. 칵테일에는 Bloody Mary 등에 사용된다.

⑤ 핫소스(Hot Sauce)

핫소스는 고추를 원료로 만든 매운맛의 소스로 여러 회사에서 생산된다. 칵테일 Bloody Mary에 사용된다.

⑥ 우스터소스(Worcestershire Sauce)

간장과 같이 짜면서도 강한 향이 나는 검은색의 소스로 Bloody Mary 칵테일에 사용된다. 영국 중서부의 Worcestershire주(우스터셔 주)에서 1850년대부터 야채와 각종 향신료, 식초, 소금 등을 가미해 제조한 소스로 우리나라에서는 우스터소스라 부르고 있다.

| 너트메그(Nutmeg) | 계피(Cinnamon) | 후추(Pepper) | Hot Sauce | Worcestershire Sauce |

2. 얼음(Ice)

과거에는 Bar에서 큰 얼음덩어리를 용도에 맞게 깨어서 사용하였으나 제빙기의 발달로 얼음덩어리를 사용할 필요가 없게 되었다. 제빙기에서 만들어지는 얼음은 주사위 모양의 각얼음(Cubed Ice)인데 제빙기마다 얼음덩어리의 크기가 다르므로 확인하여야 한다.

① 블록 아이스(Block Ice)

Fruits Punch를 차게 하기 위해 띄우거나 팥빙수를 만들기 위해 사용하는 큰 덩어리 얼음으로 용도에 따라 다양한 크기로 생산된다.

② 럼프 아이스(Lump Ice)

Rock Ice라고도 하며 Whisky on the Rock같이 증류주만 부어 마실 때 주로 사용한다. Block Ice를 글라스에 2~3개가 들어갈 수 있도록 3~8cm로 깬 얼음이다.

③ 아이스 볼(Ice Ball)

On the Rock Glass에 한 개가 들어갈 수 있도록 만든 공모양의 얼음이다. Whisky on the Rock 같은 칵테일에 사용되며 Block Ice를 손으로 다듬어 만들거나 기성제품을 사용한다.

④ 크랙트 아이스(Cracked Ice)

Lump Ice를 칵테일 송곳으로 작게 깨놓은 얼음으로 제빙기가 없던 시대에는 Shaking 이나 Stirring 등에 Cracked Ice를 대부분 사용하였으나 현재는 주로 Cubed Ice를 사용한다.

⑤ 큐브드 아이스(Cubed Ice)

Cocktail Ice라고도 하며 제빙기에서 주사위 모양으로 만들어지는 얼음이다. 거의 모든 칵테일은 이 Cubed Ice를 그대로 쓰거나 깨어서 사용하므로 칵테일에 가장 많이 사용되는 얼음이다.

⑥ 크러시드 아이스(Crushed Ice)

Cubed Ice를 Ice Crusher에 넣고 잘게 부순 얼음이다. 대형 제빙기는 Crushed Ice와 Cubed Ice를 동시에 만들 수 있으나 일반적인 Bar에서는 제빙기와 Ice Crusher를 별도로 구입해 필요할 때마다 Crushed Ice를 만드는 것이 효과적이다. 주로 블렌딩 칵테일에 사용한다.

⑦ 셰이브드 아이스(Shaved Ice)

덩어리 얼음을 기계에 올려놓고 곱게 간 얼음으로 팥빙수 등에 사용하는 얼음이다. 얼음을 가는 기계가 없는 경우에는 Ice Crusher에서 곱게 얼음이 깨어지도록 조절해 사용한다. 프라페(Frappe) 스타일의 칵테일 조주에 사용한다.

Lump Ice   Ice Ball   Cracked Ice   Cubed Ice   Crushed Ice

3. 시럽(Syrup)

시럽은 깨끗한 물에 당분과 향료, 색소 등을 넣어 농축하거나 사탕수수, 사탕무, 단풍나무, 옥수수당 등 당분을 함유한 과일이나 식물의 즙을 내어 농축시킨 후 정제한 착향·착색 음료로 각종 칵테일이나 음료의 부재료로 사용된다. 시럽은 원료와 향에 따라 그 종류가 대단히 다양하나 칵테일에 사용되는 주요 시럽은 다음과 같다.

① 심플 시럽(Simple Syrup)

플레인 시럽(Plain Syrup)이라고도 하며 끓는 물에 백설탕을 넣으며 천천히 저어 설탕과 물의 비율이 1 : 1 ~ 2 : 1이 되도록 만든 후 식혀서 사용한다.

② 검 시럽(Gum Syrup)

프랑스어로 Gomme Syrup이라고도 하며 Simple Syrup에 검(Gum)을 첨가하여 당도를 높인 시럽이다. Simple Syrup은 당도가 일정 수준 이상 높아지지 않고 그대로 두면 설탕의 결정이 가라앉아 당도가 약해진다. Simple Syrup에 검 분말을 첨가하여 농축하면 시럽의 농도가 매우 높아질 뿐만 아니라 시간이 지나도 설탕이 결정이 되어 가라앉지 않는다.

③ 그레나딘 시럽(Grenadine Syrup)

Simple Syrup에 석류의 향이 나는 향료를 넣어 만든 붉은색의 착향 시럽이다. 단맛과 붉은색으로 인해 칵테일의 색을 내는 데 많이 사용한다.

④ 라즈베리 시럽(Raspberry Syrup)

Simple Syrup에 서양나무딸기인 Raspberry의 향을 첨가한 시럽이다. 케이크나 디저트에 많이 사용되며 칵테일에서는 전통주 칵테일인 진도(Jindo)에 사용된다.

⑤ 피냐콜라다 믹스(Pinacolada Mix)

옥수수당에 코코넛주스, 파인애플주스를 기본으로 구연산 등 여러 재료를 넣어 만든 크림형태의 시럽으로 피냐콜라다를 만들 때 사용한다.

⑥ 스위트 & 사워 믹스(Sweet & Sour Mix)

Simple Syrup에 오렌지향, 레몬향과 여러 가지 합성착향료를 넣어 새콤한 맛이 나도록 만든 것으로 액상인 것과 분말인 것이 있다. 분말은 기호에 따라 믹스와 분말을 1 : 3 ~ 1 : 5 정도의 비율로 섞어서 사용한다.

Grenadine Syrup	Raspberry Syrup	Pinacolada Mix	Sweet & Sour Mix	
			(용액)	(분말)

제6절_ 조주기능사 지정 칵테일

1. Whisky Base Cocktail

칵테일명	Manhattan(맨해튼)
주재료	Bourbon Whiskey $1\frac{1}{2}$ oz
부재료	Sweet Vermouth 3/4oz Angostura Bitters 1dash
장식	Red Cherry
글라스	Cocktail Glass
조주기법	Stir

칵테일명	Old Fashioned(올드패션드)
주재료	Bourbon Whiskey $1\frac{1}{2}$ oz
부재료	Cubed Sugar 1ea Angostura Bitters 1dash Soda Water 1/2oz
장식	A Slice of Orange and Cherry
글라스	Old Fashioned Glass
조주기법	Build

칵테일명	Rusty Nail(러스티 네일)
주재료	Scotch Whisky 1oz
부재료	Drambuie 1/2oz
장식	없음
글라스	Old Fashioned Glass
조주기법	Build

칵테일명	New York(뉴욕)
주재료	Bourbon Whiskey $1\frac{1}{2}$oz
부재료	Lime Juice 1/2oz Powdered Sugar 1tsp Grenadine Syrup 1/2tsp
장식	Twist of Lemon Peel
글라스	Cocktail Glass
조주기법	Shake

칵테일명	Whiskey Sour(위스키 사워)
주재료	Bourbon Whiskey $1\frac{1}{2}$oz
부재료	Lemon Juice 1/2oz Powdered Sugar 1tsp On Top with Soda Water 1oz
장식	A Slice of Lemon and Red Cherry
글라스	Sour Glass
조주기법	Shake / Build

2. Gin Base Cocktail

칵테일명	Dry Martini(드라이 마티니)
주재료	Dry Gin 2oz
부재료	Dry Vermouth 1/3oz
장식	Green Olive
글라스	Cocktail Glass
조주기법	Stir

칵테일명	Singapore Sling(싱가포르 슬링)
주재료	Dry Gin $1\frac{1}{2}$ oz
부재료	Lemon Juice 1/2oz Powdered Sugar 1tsp Fill with Club Soda On Top with Cherry Flavored Brandy 1/2oz
장식	A Slice of Orange and Cherry
글라스	Pilsner Glass
조주기법	Shake / Build

칵테일명	Negroni(니그로니)
주재료	Dry Gin 3/4oz
부재료	Sweet Vermouth 3/4oz Campari 3/4oz
장식	Twist of Lemon Peel
글라스	Old Fashioned Glass
조주기법	Build

칵테일명	Long Island Iced Tea(롱아일랜드 아이스티)
주재료	Dry Gin 1/2oz Vodka 1/2oz Light Rum 1/2oz Tequila White 1/2oz Triple Sec 1/2oz
부재료	Sweet & Sour Mix $1\frac{1}{2}$ oz On Top with Cola
장식	A Wedge of Lemon or Lime
글라스	Collins Glass
조주기법	Build

3. Vodka Base Cocktail

칵테일명	Kiss of Fire(키스 오브 파이어)
주재료	Vodka 1oz
부재료	Sloe Gin 1/2oz Dry Vermouth 1/2oz Lemon Juice 1tsp
장식	Rimming with Sugar
글라스	Cocktail Glass
조주기법	Shake

칵테일명	Apple Martini(애플 마티니)
주재료	Vodka 1oz
부재료	Apple Pucker 1oz Lime Juice 1/2oz
장식	A Slice of Apple
글라스	Cocktail Glass
조주기법	Shake

칵테일명	Cosmopolitan Cocktail(코즈모폴리턴 칵테일)
주재료	Vodka 1oz
부재료	Triple Sec 1/2oz Lime Juice 1/2oz Cranberry Juice 1/2oz
장식	Twist of Lemon Peel
글라스	Cocktail Glass
조주기법	Shake

칵테일명	Bloody Mary(블러디 메리)
주재료	Vodka 1½oz
부재료	Worcestershire Sauce 1tsp Tabasco Sauce 1dash Pinch of Salt and Pepper Fill with Tomato Juice
장식	A Slice of Lemon or Celery
글라스	Highball Glass
조주기법	Build

칵테일명	Black Russian(블랙 러시안)
주재료	Vodka 1oz
부재료	Coffee Liqueur 1/2oz
장식	없음
글라스	Old Fashioned Glass
조주기법	Build

칵테일명	Moscow Mule(모스코 뮬)
주재료	Vodka $1\frac{1}{2}$oz
부재료	Lime Juice 1/2oz Fill with Ginger Ale
장식	A Slice of Lime or Lemon
글라스	Highball Glass
조주기법	Build

칵테일명	Harvey Wallbanger(하비 월뱅어)
주재료	Vodka $1\frac{1}{2}$oz
부재료	Fill with Orange Juice On Top Galliano 1/2oz
장식	없음
글라스	Collins Glass
조주기법	Build / Float

칵테일명	Seabreeze(시브리즈)
주재료	Vodka $1\frac{1}{2}$oz
부재료	Cranberry Juice 3oz Grapefruit Juice 1/2oz
장식	A Wedge of Lemon or Lime
글라스	Highball Glass
조주기법	Build

4. Rum Base Cocktail

칵테일명	Bacardi Cocktail(바카디 칵테일)
주재료	Bacardi Rum White $1\frac{3}{4}$oz
부재료	Lime Juice 3/4oz Grenadine Syrup 1tsp
장식	없음
글라스	Cocktail Glass
조주기법	Shake

칵테일명	Daiquiri(다이키리)
주재료	Light Rum $1\frac{3}{4}$oz
부재료	Lime Juice 3/4oz Powdered Sugar 1tsp
장식	없음
글라스	Cocktail Glass
조주기법	Shake

칵테일명	Mai-Tai(마이타이)
주재료	Light Rum $1\frac{1}{4}$oz
부재료	Triple Sec 3/4oz Lime Juice 1oz Pineapple Juice 1oz Orange Juice 1oz Grenadine Syrup 1/4tsp
장식	A Wedge of Pineapple(Orange) and Red Cherry
글라스	Footed Pilsner Glass
조주기법	Blend

칵테일명	Pinacolada(피냐콜라다)
주재료	Light Rum $1\frac{1}{4}$oz
부재료	Pinacolada Mix 2oz Pineapple Juice 2oz
장식	A Wedge of Pineapple and Cherry
글라스	Footed Pilsner Glass
조주기법	Blend

칵테일명	Blue Hawaiian(블루 하와이안)
주재료	Light Rum 1oz Blue Curacao 1oz Coconut Flavored Rum 1oz
부재료	Pineapple Juice $2\frac{1}{2}$oz
장식	A Wedge of Pineapple & Cherry
글라스	Footed Pilsner Glass
조주기법	Blend

칵테일명	Cuba Libre(쿠바 리브레)
주재료	Light Rum $1\frac{1}{2}$oz
부재료	Lime Juice 1/2oz Fill with Cola
장식	A Wedge of Fresh Lemon
글라스	Highball Glass
조주기법	Build

5. Tequila Base Cocktail

칵테일명	Margarita(마가리타)
주재료	Tequila $1\frac{1}{2}$oz
부재료	Triple Sec 1/2oz Lime Juice 1/2oz
장식	Rimming with Salt
글라스	Cocktail Glass
조주기법	Shake

칵테일명	Tequila Sunrise(테킬라 선라이즈)
주재료	Tequila $1\frac{1}{2}$oz
부재료	Fill with Orange Juice Grenadine Syrup 1/2oz
장식	없음
글라스	Footed Pilsner Glass
조주기법	Build / Float

6. Brandy Base Cocktail

칵테일명	Brandy Alexander(브랜디 알렉산더)
주재료	Brandy 3/4oz
부재료	Creme de Cacao Brown 3/4oz Light Milk 3/4oz
장식	Nutmeg Powder
글라스	Cocktail Glass
조주기법	Shake

칵테일명	Sidecar(사이드카)
주재료	Brandy 1oz
부재료	Cointreau or Triple Sec 1oz Lemon Juice 1/4oz
장식	없음
글라스	Cocktail Glass
조주기법	Shake

칵테일명	Honeymoon Cocktail(허니문 칵테일)
주재료	Apple Brandy 3/4oz
부재료	Benedictine D.O.M 3/4oz Triple Sec 1/4oz Lemon Juice 1/2oz
장식	없음
글라스	Cocktail Glass
조주기법	Shake

7. Liqueur Base Cocktail

칵테일명	Pousse Cafe(푸스카페)
주재료	Grenadine Syrup 1/3part Creme de Menth(Green) 1/3part Brandy 1/3part
부재료	없음
장식	없음
글라스	Stemmed Liqueur Glass
조주기법	Float

칵테일명	B-52(비-52)
주재료	Coffee Liqueur 1/3part Bailey's Irish Cream 1/3part Grand Marnier 1/3part
부재료	없음
장식	없음
글라스	Sherry Glass(2oz)
조주기법	Float

칵테일명	Apricot Cocktail(애프리콧 칵테일)
주재료	Apricot Flavored Brandy $1\frac{1}{2}$oz
부재료	Dry Gin 1tsp Lemon Juice 1/2oz Orange Juice 1/2oz
장식	없음
글라스	Cocktail Glass
조주기법	Shake

칵테일명	Grasshopper(그래스호퍼)
주재료	Creme de Menthe Green 1oz
부재료	Creme de Cacao White 1oz Light Milk 1oz
장식	없음
글라스	Cocktail Glass(Saucer형)
조주기법	Shake

칵테일명	June Bug(준 벅)
주재료	Midori(Melon Liqueur) 1oz
부재료	Coconut Flavored Rum 1/2oz Banana Liqueur 1/2oz Pineapple Juice 2oz Sweet & Sour Mix 2oz
장식	A Wedge of Pineapple & Cherry
글라스	Collins Glass
조주기법	Shake

칵테일명	Sloe Gin Fizz(슬로진 피즈)
주재료	Sloe Gin $1\frac{1}{2}$oz
부재료	Lemon Juice 1/2oz Powdered Sugar 1tsp Fill with Soda Water
장식	A Slice of Lemon
글라스	Highball Glass
조주기법	Shake / Bulid

8. Wine Base Cocktail

칵테일명	Kir(키르)
주재료	White Wine 3oz
부재료	Creme de Cassis 1/2oz
장식	Twist of Lemon Peel
글라스	White Wine Glass
조주기법	Build

9. 전통주 Base Cocktail

칵테일명	힐링(Healing)
주재료	Gam Hong Ro(40% VOL)(감홍로 40도) 1½oz
부재료	Benedictine D.O.M 1/3oz Creme de Cassis 1/3oz Sweet & Sour Mix 1oz
장식	Twist of Lemon Peel
글라스	Cocktail Glass
조주기법	Shake

칵테일명	진도(Jindo)
주재료	Jindo Hong Ju(40% VOL)(진도홍주 40도) 1oz
부재료	Creme de Menthe White 1/2oz White Grape Juice(청포도주스) 3/4oz Raspberry Syrup 1/2oz
장식	없음
글라스	Cocktail Glass
조주기법	Shake

칵테일명	풋사랑(Puppy Love)
주재료	Andong Soju(35% VOL)(안동소주 35도) 1oz
부재료	Apple Pucker 1oz Triple Sec 1/3oz Lime Juice 1/3oz
장식	A Slice of Apple
글라스	Cocktail Glass
조주기법	Shake

칵테일명	금산(Geumsan)
주재료	Geumsan Insamju(43% Vol)(금산인삼주 43도) $1\frac{1}{2}$oz
부재료	Coffee Liqueur(Kahlua) 1/2oz Apple Pucker 1/2oz Lime Juice 1tsp
장식	없음
글라스	Cocktail Glass
조주기법	Shake

칵테일명	고창(Gochang)
주재료	Sunwoonsan Bokbunja Wine(19% VOL)(선운산 복분자주 19도) 2oz
부재료	Cointreau or Triple Sec 1/2oz Fill with Sprite
장식	없음
글라스	Champagne
조주기법	Stir

제8부

주장실무영어

Bar Practice English

제1절_ 주장 서비스 영어
제2절_ 호텔·외식 관련 영어

제8부

주장실무영어

제1절_ 주장(Bar) 서비스 영어

1. 예약(Reservation)

1) 안녕하세요. 미스터 김입니다. 무엇을 도와드릴까요?

Hello, Mr. Kim speaking. May I help you, sir?

2) 7시에 2인용 테이블로 예약하고 싶습니다.

I'd like to reserve (book) a table for two at seven.

3) 죄송합니다. 예약이 다 찼습니다.

I'm afraid we are fully booked.

4) 이름을 알려주시겠습니까?

May I have your name, please?

Could you tell me your name?

Could you give me your name?

5) 여권번호를 알려주세요.

Could you tell me your passport number?

6) 휴대폰 번호를 알려주세요.

Could you tell me your <u>mobile phone</u> number?

(cell phone)

(cellular phone)

7) 전화를 잘못 거신 것 같습니다.

I think you must have the wrong number.

I'm afraid you have the wrong number.

8) 몇 번에 전화하셨습니까?

What number are you calling?

What number did you dial?

9) 미스터 김이 통화 중입니다. 잠시 기다려주시겠습니까?

Mr. Kim is on another line. Would you like to hold?

10) 실례합니다. 전화 왔습니다. (전화 받으세요.)

Excuse me, sir? You are wanted on the phone.

11) 다시 한 번 말씀해 주세요.

Pardon, sir?

Pardon me, sir?

I beg your pardon.

Could you repeat that, please.

12) 잘 안 들립니다. 좀 더 천천히 말씀해 주시겠습니까?

I can't hear you. Would you speak a little slowly?

13) 우리 바는 지하층에 있습니다.

Our bar is on the basement floor.

14) 이곳에 오는 가장 좋은 방법은 지하철을 이용하는 것입니다.

The best way to get here is by subway.

15) 택시로는 요금이 얼마 정도 나옵니까?

How much does it cost to go by taxi?

16) 택시를 잡아드릴까요?

Would you like me to catch a taxi for you?

17) 거기까지 가는 데 얼마나 걸립니까?

How long does it take to go there?

18) 우리 셔틀버스가 여기서 하루에 10번 출발합니다.

Our shuttle bus leaves here 10 times a day.

19) 오후 5시부터 오전 2시까지 문을 엽니다.

We're open from 5 p.m. until 2 a.m.

20) 바는 5시 이전에는 열지 않습니다.

The bar doesn't open until 7 o'clock.

21) 정확한 시간을 알려주시겠습니까?

Can You tell me the correct time?

22) 전에 여기 오신 적이 있습니까?

Have you ever been to here before?

23) 입장료가 얼마입니까?

How much is the admission (entrance fee)?

How much is it to get in?

How much does it cost to get in?

What is the admission fee?

2. 영접(Reception)

1) 만나서 반갑습니다.

I'm glad to meet you.

Nice to meet you.

Very pleased to meet you.

2) 오랜만입니다.

It's been a long time.

I haven't seen you for a long time.

I haven't seen you for ages.

Long time no see.

3) 그동안 어떻게 지내셨습니까?

How have you been?

4) 잘 지냈습니다. 감사합니다.

I've been fine, thank you.

5) 내가 여기 온 지 10년이 지났습니다.

Ten years have passed since I came here.

6) 저를 소개하겠습니다.

Let me introduce myself.

I'd like to introduce myself.

Allow me to introduce myself.

Permit me to introduce myself.

7) 이리로 오십시오.

Come this way, please.

This way, please.

Follow me, please.

8) 잠깐 기다려주십시오.

One moment, please.

Just a moment, please.

Wait a minute, please.

Just a minute, please.

Would you wait a moment, please?

9) 이 바는 미성년자 출입금지입니다.

This bar closed to minors.

Minors Not Allowed.

10) 미안합니다만 아무도 우리를 맞이해 주지 않네요.

Excuse me, but no one has waited on us yet.

11) 우리 바에 처음 오셨습니까?

Is this your first visit to our bar?

12) 누구를 찾으십니까?

Are you looking for someone?

13) 누구를 기다리십니까?

Are you waiting for someone?

Who are you waiting for?

14) 회전문을 조심하십시오.

Please watch out for the revolving door.

15) 발(계단) 조심하세요.

Please watch your step.

16) 바(Bar) 안에서 흡연을 삼가주십시오.

Refrain from smoking in the bar.

17) 협조해 주셔서 감사합니다.

I appreciate your cooperation.

18) 예약하셨습니까?

Did you make a reservation, sir?

19) 몇 분이십니까?

How many persons?

How many persons are in your company?

How many persons are there in your party?

20) 2인용 테이블이 있습니까?

Do you have a table for two?

A table for two, please.

21) 이 바에 빈 개실이 있습니까?

Do you have any vacant room in this bar?

22) 화장실이 어디 있습니까?

Where is the restroom?

Where can I wash my hands?

23) 여자화장실이 어디 있습니까?

Where is the ladies' room?

Where is the powder room?

24) 영어 하시는 분이 있습니까?

Is there anyone who can speak English?

25) 이 테이블은 예약되어 있습니다.

This table is reserved, sir.

This table is booked, sir.

This seats are reserved, sir.

26) 코너의 테이블은 어떻습니까?

How about that table in the corner?

27) 여기는 너무 시끄러운 것 같습니다.

I think it's too noisy here.

28) 이 테이블에 합석해도 괜찮습니까?

Would you mind sharing this table.

29) 앉으십시오.

Please take a seat.

Please have a seat.

Please be seated.

30) 이 좌석은 너무 편해 소파에 누워 있는 것 같습니다.

It is a comfortable seat. I feel like lying on a sofa.

31) 직업이 무엇입니까?

What do you do for a living?

What is your job?

What is your occupation?

3. 주문 받기(Order Taking)

1) 실례합니다.

Excuse me, sir?

Excuse me for a second, sir.

May I interrupt you, sir?

Can I bother you for a moment?

2) 죄송합니다. 제 잘못(실수)입니다.

I'm sorry. That's my mistake, sir.

I'm sorry. That's my fault, sir.

3) 죄송합니다. 용서해 주세요.

I'm sorry. I beg your pardon, sir.

4) 괜찮습니다.

Never mind, sir.

It's quite all right, sir.

5) 천만에요.

Don't mention it.

You're welcome.

6) 별일 아닙니다. (아무것도 아닙니다.)

Think nothing of it.

I don't mind it at all, sir.

Oh, never mind, sir.

Oh, that's nothing, sir.

7) 오해하지 마시기 바랍니다.

Please don't misunderstand me.

8) 무슨 일(문제)이십니까?

What's the matter with you?

What's the problem?

What's wrong?

What seems to be the trouble?

9) 불평(불만)이 있습니다.

I have a complaint.

I have a complaint to make.

10) 걱정하지 마세요.

Don't worry!

Don't worry about it!

11) 실수해서 대단히 죄송합니다.

I'm very sorry for the mistake.

12) 바로 확인해 드리겠습니다.

I'll check into it immediately.

13) 그에게 요청하면 도와주실 겁니다.

If you ask him, he will help you.

14) 근무 후에 한잔 하러 갑시다.

Let's go for a drink after work.

15) 초청해 주셔서 감사합니다.

Thank you for inviting me.

Thank you for asking me.

16) (입장 시) 복장규정이 있습니까?

Do you have a dress code?

17) 나는 오늘 술 마실 기분이 아닙니다.

I don't feel like a drink today.

18) 미스터 김, 왜 시무룩한 얼굴입니까?

Mr. Kim, Why the long face?

19) 어디 근무하십니까? 킹 바에 근무합니다.

Where do you work? I work for the King Bar.

20) 바에서 얼마나 근무하셨습니까?

How long have you worked for your bar?

21) 킹 바에서 3년간 근무하고 있습니다.

I've been with the King Bar for three years.

22) 메뉴 좀 보여주세요.

I'd like to see the menu.

May I see the menu?

Can you bring me the menu?

23) 도와드릴까요?

May I help you?

Shall I guide for you?

24) 주문하시겠습니까?

May I take your order, sir?

Are you ready to order, sir?

Would you like to order, sir?

25) (메뉴를 결정하기 위해) 잠깐 시간을 주시겠습니까?

Can I have a couple of minutes?

26) 나중에 주문하겠습니다.

We'll order later.

We'll call you later.

27) ⟨메뉴를 결정한 후⟩ 잠시 후 부르겠습니다.

We'll call you in a minute.

We'll call you in a moment.

We'll call you soon.

28) 곧 주문받으러 다시 오겠습니다.

I'll be right back to take your order.

29) 무엇을 마시겠습니까?

What would you like to drink?

What will you have for drink?

Would you care for some drinks?

30) 칵테일 드시겠습니까?

Would you care for cocktail?

Would you like some cocktail?

31) 기다리시는 동안 칵테일 한 잔 드시겠습니까?

Would you like to have a cocktail, while you are waiting?

32) 코냑은 어떤 상표가 있습니까?

What brand of cognac do you have?

What kind of cognac do you have?

33) 스카치 위스키는 주로 보리로 만듭니다.

Scotch whisky is made mainly from barley grain.

34) 죄송합니다만 캐나다산 라이위스키는 품절되었습니다.

I'm sorry, sir. We have run out of Canadian rye whisky.

35) 죄송합니다만, 소주는 음료리스트에 없습니다.

I'm sorry, but Soju is not on the beverage list.

36) 원하시는 대로 마음껏 드십시오.

Please help yourself as much as you like.

37) 우리에게 차가운 맥주를 주시겠습니까?

Could you bring us some chilled beer?

38) 레드아이는 맥주와 토마토주스로 만듭니다.

Red eye is made of beer and tomato juice.

39) 마티니를 온더록으로 해드릴까요, 스트레이트업으로 해드릴까요?

How would you like your martini, on the rocks or straight up?

40) 맨해튼 한 잔 주세요. 아주 차갑고 독(진)하지 않게요.

I want a Manhattan please. Make it very cold, but not too strong, please.

41) 이 칵테일은 우리가 직접 개발한 것입니다.

This cocktail is our own recipe, sir.

42) 칵테일을 만드는 데 흥미를 가지고 계십니까?

Are you interested in making cocktail?

43) 저는 술맛을 잘 모릅니다.

I'm a stranger to the taste of drink.

44) 나는 술이 싫습니다. 커피로 주세요.

I don't like liquor (alcohol), I'd like a cup of coffee, please.

45) 안주는 어떤 것으로 드릴까요?

What kind of hors d'oeuvres would you like, sir?

46) 스카치 온더록 더블로 주세요.

I'd like some Scotch on the rocks, a double.

47) 더 주문하실 것이 있습니까?

Is there anything else?

48) 한 잔씩 더 드시겠습니까?

Would you like to have another round of drink?

49) (같은 것으로) 한 잔 더 주세요.

I'd like to have one more glass, please.

I'd like to have another drink, please.

I'd like to have another round, please.

50) 이 진토닉이 좀 진합니다. 조금 약하게 해주세요.

This Gin and Tonic is a little strong for me. Can you make it a little bit weaker?

51) 레몬 한 조각 더주세요.

Could you add a slice of lemon please?

52) 우리는 국산과 수입위스키를 많이 가지고 있습니다.

We have a lot of domestic (local) and imported whisky.

53) 이 오렌지주스가 상한 것 같습니다.

I think this orange juice has gone bad.

54) 죄송합니다만 이 칵테일은 제가 주문한 것이 아닙니다.

Excuse me, but this is not the cocktail I ordered.

55) 그레나딘시럽은 석류로 만듭니다.

Grenadine syrup is made by pomegranate.

56) 앙고스투라 비터는 트리니대드의 비밀제법으로 만들어집니다.

Angostura Bitters is made from a Trinidadian Secret recipe.

57) 80proof의 위스키는 알코올 도수 40%입니다.

A 80 proof whisky is 40 percent alcohol by volume.

58) 토할 것 같습니다.

I feel like throwing up.

I feel like vomiting.

I'm going to throw up.

59) 그는 아픈 것처럼 보입니다.

He looks as if he were sick

60) 코너에 한 사람이 쓰러져 있습니다. 정신을 잃은 것 같습니다.

A man fell down in the corner. I think he passed out.

61) 건배!

Cheers!

Toast!

Bottoms up!

Here's to us.

To your health!

4. 계산(Payment)

1) 계산서 여기 있습니다.

Here is your bill.

Here is your check.

2) 얼마입니까?

How much is it?

How much does it cost?

How much do I owe you?

What's the price of it?

3) 신용카드로 계산해도 됩니까?

    May I pay by credit card?

    Do you take credit card?

    Do you accept credit card?

4) 모두 150달러입니다.

    That comes to 150 dollars.

    The total comes to 150 dollars.

5) 함께 계산해 드릴까요, 아니면 각자 계산해 드릴까요?

    Shall I make out one bill or separate bill?

    How are you going to pay, one bill or separate bill?

    How would you like to pay, together or separate?

6) 선불하겠습니다.

    I'll pay in advance.

7) (우리 식당은) 선불을 받습니다.

    You have to pay before, sir.

    We receive a payment in advance.

8) 3개월 할부로 계산 바랍니다.

    I'd like to pay installments for 3 months.

9) 내 계산서에 올려주세요.

    Please charge it to me.

    Please charge it to my bill.

    Please charge it to my check.

10) 내가 계산하겠습니다.

Be my guest.

It's on me.

It's my treat this time.

I'll pick up the tab.

Let me treat you to a drink.

11) 각자 계산합시다.

Let's go Dutch.

Let's split the bill.

Let's share the bill.

12) 계산은 나가실 때 해주세요.

Please pay the cashier on your way out.

13) 사인을 하셔도 되고 현금으로 지불하셔도 됩니다.

You can either sign or pay in cash.

14) 봉사료와 세금을 포함해 5만 원입니다.

It's 50,000 Won including service charge and tax.

15) 요금계산서에 10%의 봉사료와 10%의 부가가치세가 추가됩니다.

The 10% service charge and the 10% Value Added Tax will be added in your bill.

16) 요금계산서(영수증)가 잘못된 것 같습니다.

I think you've made a mistake in the bill.(receipt)

I think you've miscalculated.

17) 추가요금을 내셔야 합니다.

You have to pay an additional charge.

You are to pay an additional charge.

18) 오늘의 환율은 미화 1달러에 1,200원입니다.

Today's exchange rate is 1,200 Won to one U.S. Dollar.

19) 죄송합니다만 한국 원화만 받습니다.

I'm sorry but we only accept Korean Won.

20) 죄송합니다만 다른 화폐는 받지 않습니다.

I'm sorry but we don't take any other currency.

21) 거스름돈을 한국 원화로 드려도 괜찮습니까?

Do you mind if I give you Korean won for your change?

22) 할인해 줄 수 있습니까?

Can you come down?

Can you make it down?

Can you give me a discount?

Can I get a discount?

23) 여기에 서명해 주세요.

Would you sign here, sir?

24) 영수증 여기 있습니다.

Here is your receipt.

5. 환송(Farewell Service)

1) 좋은 서비스에 감명 받았습니다.

I'm impressed with your good service.

2) 칭찬해 주셔서 감사합니다.

Thank you for the complement.

Thank you for the praise.

3) 몸조심하십시오. (건강히 지내십시오.)

Please take care of yourself.

4) 다시 뵙겠습니다(뵙기를 바랍니다).

See you later.

See you again.

We hope to see you again.

We are looking forward to seeing you.

5) 다시 모시면 기쁘겠습니다.

We'll be happy to serve you again.

6) 즐거운 여행 되시기 바랍니다.

Hope you have a pleasant trip, sir.

Have a nice trip, sir.

7) 연락합시다.

Let's keep in touch.

8) 우리 모두 집에 갈 시간입니다. (모두 집에 갑시다.)

It's time (that) we all went home.

제2절_ 호텔 · 외식 관련 영어

1) 식전음료 드시겠습니까?

   Would you like some aperitif?

2) 아페리티프는 식사 전에 마시는 알코올성 음료입니다.

   Aperitif is an alcoholic drink taken before a meal.

3) 우리는 식사 전에 국산술을 마시고 싶습니다.

   We want to try some domestic drinks before we have our dinner.

4) 레드와인은 스테이크와 잘 어울립니다.

   Red wine would go very well with your steak, sir.

5) 주문하신 2006년산 보르도 와인입니다.

   This wine you order, sir, is vintage wine of 2005 produced in Bordeaux.

6) 레드와인은 차게 하지 않고 실내온도로 제공해야 합니다.

   Red wines should be served not chilled but at room temperature.

7) 와인잔을 채워드리겠습니다.

   Shall I fill your wine glass?

8) "Flat"은 와인의 맛 중 부정적인 특성입니다.

   "Flat" is the negative characteristic in taste of wine.

9) 브런치는 아침과 점심 사이의 늦은 아침식사입니다.

   Brunch is a late morning meal between breakfast and lunch.

10) 이곳의 특별음식은 무엇이 있습니까?

What's your speciality here?

11) 이 메뉴는 품절되었습니다. (모두 팔렸습니다.)

I'm afraid we run out of this menu, sir.

I'm afraid this menu is all sold out, sir.

12) 나는 일품요리 메뉴에서 고르겠습니다.

I'd like to choose from the a la carte menu.

13) 당신 뜻대로 하십시오. (당신이 결정하십시오.)

It's up to you.

14) 일품요리메뉴는 메뉴판에서 각 품목을 따로 주문할 수 있는 메뉴를 말합니다.

"a la carte menu" means each item can be ordered separately from the menu.

15) 틀림없이 입맛에 맞으실 겁니다.

I'm sure it will agree with you.

16) 한국 김치는 맵고 자극적입니다. 괜찮겠습니까?

Korean Kimchi would be hot and spicy, is it okay for you, sir?

17) 나는 아몬드 알레르기가 있습니다.

I'm allergic to almond.

18) 전채요리는 어떤 것이 있습니까?

What kind of appetizer do you have?

19) 오늘의 수프는 무엇입니까?

What is the soup of the day?

20) 양송이크림수프 대신 다른 것으로 바꾸어주실 수 있습니까?

Can I have something else instead of Cream of Mushroom soup, please?

21) 이 수프는 좀 싱거운 것 같습니다.

This soup wants a touch of salt.

22) 소금 좀 주세요.

Please pass me the salt.

23) 감자를 곁들인 소고기스테이크를 주세요.

I'd like to have beef steak with potatoes.

24) 스테이크는 Rare, Medium, Well-done 중 어떻게 해드릴까요?

How would you like your steak, sir? Rare, medium, or well-done?

25) 서로인 스테이크에는 어떤 소스가 제공됩니까?

What sauce will be provided with Sirloin Steak?

26) 나는 질긴 고기가 싫습니다. 부드러운 고기로는 어떤 것이 있습니까?

I don't like tough meat. Do you have any tender meat?

27) 샐러드바와 메인메뉴는 별도로 값을 지불하셔야 합니다.

Salad bar and the main menu are to be paid separately.

28) 드레싱은 어떤 것으로 드릴까요?

Which dressing do you prefer, sir?

29) 이 샐러드를 둘로 나누어주세요.

Please make this salad 1 by 2.

30) 디저트에는 아이스와인이 잘 어울립니다.

Ice wine goes well with dessert.

31) 이 커피는 너무 뜨거워 마실 수가 없습니다.

This coffee is too hot for me to drink.

32) 블랙커피로 주세요.

I'll take my coffee black.

33) 차는 뜨거울 때 드십시오.

You should drink your tea while it's hot.

34) 점심도시락 2개 싸주세요.

Please make two lunch boxes to take out.

35) 주문하신 것을 다시 확인하겠습니다.

May I repeat your order?

I'd like to repeat your order.

Let me confirm your order.

36) 내가 주문한 것 빨리 주세요.

Rush my order, please.

37) 나는 급합니다. (나는 급하지 않습니다.)

I'm in a hurry. (I'm in no hurry.)

38) 기다리게 해서 죄송합니다.

I'm sorry to have kept you waiting.

I'm sorry for keeping you waiting.

39) 늦어서 대단히 죄송합니다.

I'm very sorry for being late.

Pardon me for being late.

40) 주문하신 요리 나왔습니다.

Here is your order (menu), sir.

41) 식사(저녁) 맛있게 드십시오.

Enjoy your meal (dinner), sir.

42) (음식이) 아주 먹음직스럽습니다.

It tempts my appetite.

It looks very delicious.

43) 죄송합니다만 이것은 제가 주문한 것이 아닙니다.

Excuse me, but this is not what I ordered.

44) 제 생각엔 생선이 다 익은 것 같지 않습니다.

I think this fish is not cooked all the way.

45) 이 수돗물을 마셔도 됩니까? (이 수돗물을 마셔도 괜찮습니까?)

Is this faucet water fit to drink?

46) 이 빵이 굳었습니다. (신선하지 않습니다.)

This bread is stale.

47) 식사(저녁) 맛있게 드셨습니까?

Have you enjoyed your meal (dinner)?

Did you enjoy your meal (dinner)?

48) 잔(접시)을 치워드릴까요?

May I take your glasses (dishes) away?

Shall I remove your glasses (dishes)?

49) 죄송합니다만 지금 지배인님이 안 계십니다.

I'm sorry but our manager is not in now.

50) 원하시면 지배인을 모셔오겠습니다.

I'll get our manager if you wish.

51) 죄송합니다만 그는 점심식사하러 갔습니다.

I'm sorry but he's stepped out for lunch.

52) 언제 돌아오는지 아십니까?

Do you know when he is coming back?

Do you know when he comes in?

Do you know when he returns?

53) 이것 좀 싸주시겠습니까?

Can you wrap it up, please?

54) 죄송합니다만 우리는 분실물에 대해 책임을 지지 않습니다.

Sorry but we can't accept (take, bear, assume) responsibility for lost property.

부록

Appendix

1) 주종별 주세율(2020.09.01.기준)

주종		주세율	교육세
주정	주정	57,000원/KL	비과세
발효주	탁주	41.7원/리터	비과세
	약주, 청주, 과실주	30%	(관세액+주세액)×10% 약주는 교육세 비과세
	맥주	830.3원/리터	(관세액+주세액)×30%
증류주	소주, 위스키, 브랜디, 일반증류주, 리큐르	72%	(관세액+주세액)×30%
기타 주류	발효에 의해 제성한 주류로서 발효주가 아닌 것	72%	(관세액+주세액)×30%
	발효에 의해 숙성한 주류로 탁주, 청주, 맥주, 과실주 이외의 것	30%	(관세액+주세액)×10%

2) 수입와인의 출고가 계산(예 : 와인)

세금부과 기준	계산방법	금액(원)	누계금액
1. CIF가격(운임, 보험료 포함가격)	10,000	10,000	
2. 관세 　1) 와인 : CIF가격의 15% 　2) 증류주와 리큐르 : CIF가격의 30% 　3) 맥주 : CIF가격의 30%	10,000×15% = 1,500	1,500	11,500
3. 주세 　(CIF가격+관세)×30%(주종별 주세율)	11,500×30% = 3,450	3,450	14,950
4. 교육세 : (관세액 + 주세액)×10% 　1) 주세율 70% 이하 : (관세액+주세액)×10% 　2) 주세율 70% 이상 : (관세액+주세액)×30%	(1,500+3,450)×10%	495	15,445
5. 부가가치세 : 누계금액의 10% 　(CIF가격 + 관세 + 주세 + 교육세)×10%	15,445×10%	1,544	16,989
6. 출고가 : (1 + 2 + 3 + 4 + 5)			16,989

※ FTA체결국가에서 수입하는 주류는 관세율 0%, 또는 협상된 연차별 감축 관세율 적용

2. 주요 증류주 제조공정도

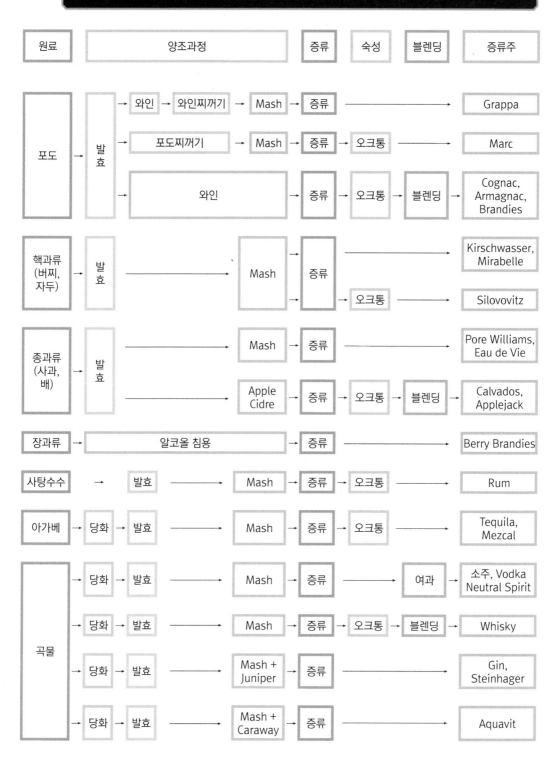

원료	양조과정	증류	숙성	블렌딩	증류주

3. 세계의 주요 혼성주

종류	리큐르명	향(향료)	색깔	알코올(%)	생산지
크렘 리큐르 Creme Liqueur	Crème de Almond	Almond	Red, White	27~28	Many
	Crème de Ananas	Pineapple	White	24~28	"
	Crème de Banana	Banana	Yellow	25~30	"
	Crème de Cacao	Cocoa	Dark Brown, White	"	"
	Crème de Cafe	Coffee	Dark Brown, White	"	"
	Crème de Cassis	Black Currant	Red Brown	"	"
	Crème de Celery	Celery	Yellow, White	"	"
	Crème de Menthe	Mint	Green, White	"	"
	Crème de Moka	Coffee	Dark Brown	"	"
	Crème de Noyaux	Almond	Red, Blue	"	"
	Crème de Rose	Rose	Light Red	"	"
	Crème d'Yvette	Violet	Lavender	"	"
크림 리큐르 Cream Liqueur	Bailey's Irish Cream	Irish Whisky, Cream	Beige	17	Ireland
	Devonshire Cream	Scotch, Cream	"	"	Scotland
	Dunphy's Original	Irish Whisky, Cream	"	"	Ireland
	Emmet Irish Cream	"	"	"	"
	Carolan's Irish Cream	"	"	"	"
	Greensleeves Cream	"	"	"	"
	Venetian Cream	Brandy, Cream	"	20	Italy
	Waterford Cream	Irish Whisky, Cream	"	17	Ireland
아니스 리큐르 Anise Base	Anesone	Anise, Licorice	White	45	Italy
	Anisette(Anise)	Anise	White	25~30	Many
	Absinthe	Anise, Herbs	Yellow, Green	55, 60	Many
	Berger	"	White	25~30	France
	Chinchon	"	"	"	Spain
	Fior d'Alpi	Anise, Fruit	Yellow	46	Italy
	Masti Cha	Anise	White	25~30	Greece
	Ojen	"	"	"	Spain
	Ouzo	"	"	"	Greece
	Pastis	"	"	22.5	France
	Pernod	"	"	25~30	France
	Raki	"	"	"	Turkey
	Ricard	"	"	"	France
	Sambuca	Anise, Banilla	"	42	Italy
계란 리큐르 Egg Base	Advokaat	Egg Yolk	Creamy Yellow	15	Holland
	Advokatt	"	"	15	Germany
	Eier Lik•r	"	"		Germany
	VOV	"	"	18	Italy

종류	리큐르명	향(향료)	색깔	알코올(%)	생산지
꽃 리큐르 Flower Base	Rosolio	Rose	Red	30	Italy
	Parfait Amour	Violet	Lavender	25~30	Many
커피 리큐르 Coffee Base	Café Brizard	Coffee	Brown	25	France
	Coffee Lolita	"	"	20.0	USA
	Coffee Liqueur	"	"	24~28	Many
	Gala Café	Coffee, Cream	Dark Red	26.5	Italy
	Irish Velvet	Irish Whisky, Coffee	Amber	23	Ireland
	Kahlua	Coffee	Dark Brown	26.5	Mexico
	Pasha	"	Brown	26.5	Turkey
	Tiamaria	"	Dark Brown	26.5	Jamaica
코코아 리큐르 Cocoa Base	Ashanti Gold	Cacao	Chocolate	28	Denmark
	Chocolate Liqueur	"	"	25~28	Many
	Cocoribe	"	White	21	USA
	Grasshopper	Cacao, Mint	Green	27.5	Many
	Haagen Daze	Cacao	Beige	17	Holland
	Sabra	Cacao, Orange	Brown	26	Israel
	Vandermint	Cacao, Mint	Dark Brown	26	Turkey
바닐라 리큐르 Vanilla Base	Licor 43	Vanilla, Citrus	Yellow	34	Spain
	Praline	Vanilla, Pecan	Amber	20	USA
	Tuaca	Vanilla, Caramel	Gold	42	Italy
	Cuarenta Y Tres	Vanilla		34	Spain
기타 리큐르 Others	Ambrosia	Caramel	Amber	28	Canada
	Douzico	Caraway Seed	White	30~40	Greece
	Echt	"	"	30~42	Germany
	Kümmel	"	"	27~35	Many
	Iced Tea	Tea	Dark Gold	30	USA
	Ginger Schnapps	Ginger	White	30	Many
	Honey Dew Melon	Honey Dew	Lime	25	USA
	Malibu	Coconut	White	28	Barbados
	Mead	Apple, Honey	Amber	24	England
	Midori	Melon	Green	23	Japan
	Melon Liqueur	Melon	Green	15	Many
	Tilus	Truffle	Amber	30	Italy
	Cordial Medoc	Brandy, Fruits	Red	40	France
	Irish Mist	Irish Whisky, Honey	Amber	35	Ireland
	Izarra	Brandy, Honey	Yellow, Green	43, 50	USA
	Rock & Rye	Whisky, Fruits	Gold	24~40	USA
	Rumona	Honey, Spices	Amber	31.5	Jamaica
	Wild Turkey Liqueur	Whisky, Fruits	Amber	40	USA
	Yukon Jack	Whisky, Fruits	Amber	50	Canada

4. 주요 전통주 및 전통주류 명인

1) 시도별 주요 민속주(무형 문화재)

(2020. 09. 01. 기준)

구분	무형문화재명	민속주	기능보유자	알코올(%)	주종
1	중요 무형문화재 제 86-가호	김포 문배주	이기춘	40	증류식소주
2	중요 무형문화재 제 86-나호	면천 두견주	면천두견주보존회	18	약주
3	중요 무형문화재 제 86-다호	경주 교동법주	최 경	16	약주
4	서울 무형문화재 제 2호	서울 송절주	이성자	16	약주
5	서울 무형문화재 제 8호	삼해주 약주	권희자	18	약주
6	서울 무형문화재 제 8호	삼해주 소주	이동복	45	소주
7	서울 무형문화재 제 9호	서울 향온주	박현숙	40	소주
8	경기 무형문화재 제 1호	남양주 계명주	최옥근	11	탁주
9	경기 무형문화재 제 2호	부의주(동동주)	지정해제	11	기타주류
10	경기 무형문화재 제 12호	군포당정 옥로주	유민자	45	증류식소주
11	경기 무형문화재 제 13호	남한산성소주	강석필	40	증류식소주
12	경남 무형문화재 제 35호	함양 송순주	박흥선	13	약주
13	경북 무형문화재 제 11호	김천 과하주	송강호	16	약주
14	경북 무형문화재 제 12호	안동 소주	조옥화	45	증류식소주
15			박재서	45	증류식소주
16	경북 무형문화재 제 18호	문경 호산춘	송일지	18	약주
17	경북 무형문화재 제 20호	안동 송화주	김영한	15~18	약주
18	대구 무형문화재 제 11호	달성 하향주	박환희	17	약주
19	대전 무형문화재 제 9호	대전 송순주	윤자덕	25	약주
20	대전 무형문화재 제 9-2호	대전 국화주	김정순	17	약주
21	전남 무형문화재 제 25호	해남 진양주	최옥림	16	약주
22	전남 무형문화재 제 26호	진도 홍주	허화자(사망)	40	일반증류주
23	전남 무형문화재 제 45호	보성 강하주	도화자(사망)	15	약주
24	전북 무형문화재 제 6-1호	김제 송순주	지정해제		약주
25	전북 무형문화재 제 6-2호	전주 이강주	조정형	25	리큐르
26	전북 무형문화재 제 6-3호	정읍 죽력고	송명섭	32	일반증류주
27	전북 무형문화재 제 6-4호	완주 송화백일주	조영귀	38	리큐르
28	전북 무형문화재 제 64호	익산 호산춘	이연호	18	약주
29	제주 무형문화재 제 3호	제주 오메기술	김을정	8	탁주
30	제주 무형문화재 제 11호	제주 고소리술	김을정	40	증류식소주

구분	무형문화재명	민속주	기능보유자	알코올 (%)	주종
31	충남 무형문화재 제 3호	한산 소곡주	우희열	18	약주
32	충남 무형문화재 제 7호	공주 계룡백일주	이성우	16	약주
33	충남 무형문화재 제 11호	아산 연엽주	최황규	14	약주
34	충남 무형문화재 제 19호	금산 인삼백주	김창수	43	일반증류주
35	충남 무형문화재 제 30호	청양 둔송구기주	임영순	16	약주
36	충북 무형문화재 제 2호	충주 청명주	김영기	17	약주
37	충북 무형문화재 제 3호	보은 송로주	임경순	48	일반증류주
38	충북 무형문화재 제 4호	청원 신선주	박남희	16,40	약주,증류주

자료 : 문화재청

2) 각 지역별 주요 민속주

(2020.09.01. 기준)

구분	민속주명	제조장소재지	알코올 (%)	주종	주 원 료
1	춘천 강냉이술	강원 춘천	16	약 주	찹쌀, 옥수수, 누룩
2	평창 감자술	강원 평창	11	약 주	멥쌀, 감자, 누룩
3	홍천 옥선주	강원 홍천	40	일반증류주	멥쌀, 옥수수
4	횡성 율무주	강원 횡성	13	약 주	멥쌀, 율무, 누룩
5	남한산성 소주	경기 광주	40	증류식 소주	멥쌀, 누룩
6	김포 문배주	경기 김포	40	증류식 소주	수수, 좁쌀입국
7	남양주 계명주	경기 남양주	11	탁 주	옥수수, 수수, 엿기름
8	안양 옥미주	경기 안양	11	약 주	현미, 옥수수, 고구마, 엿기름
9	군포 당정옥로주	경기 용인	45	증류식 소주	멥쌀, 소맥, 율무
10	민속촌 동동주	경기 용인	11	약 주	찹쌀, 누룩
11	파주 감홍로	경기 파주	40	일반증류주	쌀, 한약재
12	남해 유자주	경남 남해	15	약 주	멥쌀, 유자, 솔잎
13	함양 국화주	경남 함양	16	약 주	찹쌀, 국화, 생지황
14	함양 송순주	경남 함양	13	약 주	백미, 송순
15	경주 교동법주	경북 경주	16	약 주	찹쌀, 누룩
16	경주 황금주	경북 경주	14	약 주	멥쌀, 찹쌀, 국화
17	김천 과하주	경북 김천	16	약 주	찹쌀, 누룩
18	문경 호산춘	경북 문경	18	약 주	멥쌀, 찹쌀, 솔잎, 생약재
19	안동 송화주	경북 안동	15~18	약 주	찹쌀, 멥쌀, 솔잎, 국화
20	안동소주	경북 안동(박재서)	45	증류식 소주	멥쌀, 누룩
21	안동소주	경북 안동(조옥화)	45	증류식 소주	멥쌀, 누룩
22	달성 하향주	대구 달성	17	약 주	멥쌀, 찹쌀, 누룩, 국화

23	대전 송순주	대전 대덕	25	약 주	멥쌀, 찹쌀, 송순
24	금정산 막걸리	부산 금정산성	8	탁 주	멥쌀, 누룩
25	삼해주 약주	서울 서초구	18	약 주	멥쌀, 찹쌀, 누룩
26	서울 송절주	서울 서초구	16	약 주	멥쌀, 찹쌀, 송절
27	서울 향온주	서울 송파구	40	증류식 소주	멥쌀, 찹쌀
28	삼해주 소주	서울 양천구	45	증류식 소주	멥쌀, 찹쌀, 누룩
29	인천 칠선주	인천 송도	16	약 주	멥쌀, 갈근, 인삼
30	이화주	전국	12	탁 주	백미
31	낙안 사삼주	전남 낙안읍성	14	약 주	찹쌀, 사삼, 누룩
32	담양 추성주	전남 담양	25	일반증류주	멥쌀, 구기자, 오미자 등
33	보성 강하주	전남 보성	15	약 주	찹쌀, 대추, 생강 등
34	진도 홍주	전남 진도	40	일반증류주	멥쌀, 보리, 지초
35	해남 진양주	전남 해남	16	약 주	찹쌀, 누룩, 물
36	김제 송순주	전북 김제	30	기타 주류	쌀보리, 찹쌀, 송순
37	송죽 오곡주	전북 완주	16	약 주	오곡, 댓잎, 솔잎, 한약재
38	송화 백일주	전북 완주	38	리큐르	오곡, 댓잎, 솔잎, 한약재, 꿀
39	전주 과하주	전북 전주	35	기타 주류	찹쌀, 산약, 인삼
40	전주 모주	전북 전주	1.5	탁 주	쌀, 대추, 생강 등
41	전주 이강주	전북 전주	25	리큐르	소주, 소맥분, 배, 생강
42	태인 죽력고	전북 태인	32	일반증류주	소주, 꿀, 생강
43	고소리술	제주 성읍민속촌	40	증류식 소주	차좁쌀, 멥쌀입국
44	오메기주	제주 성읍민속촌	8	탁 주	차좁쌀, 누룩
45	계룡 백일주	충남 공주	16	약 주	찹쌀, 멥쌀, 솔잎, 국화, 오미자
46	금산 삼송주	충남 금산	16	약 주	멥쌀, 인삼, 솔잎
47	금산 인삼주	충남 금산	43	일반증류주	멥쌀, 인삼, 솔잎
48	가야곡 왕주	충남 논산	25, 40	리큐르	찹쌀, 누룩, 국화, 구기자, 솔잎
49	면천 두견주	충남 당진	18	약 주	찹쌀, 진달래꽃, 누룩
50	한산 소곡주	충남 서천	18	약 주	멥쌀, 찹쌀, 엿기름
51	아산 연엽주	충남 아산	14	약 주	멥쌀, 찹쌀, 연엽
52	청양 둔송 구기주	충남 청양	16	약 주	멥쌀, 찹쌀, 누룩, 구기자
53	보은 송로주	충북 보은	48	일반증류주	멥쌀, 관솔, 생밤
54	옥천 한주	충북 옥천	35	증류식 소주	멥쌀, 찹쌀, 솔잎
55	청원 신선주	충북 청원	16	약 주	멥쌀, 생약재
56			40	일반증류주	멥쌀, 생약재
57	산성 대추술	충북 청주	16	약 주	멥쌀, 대추, 솔잎
58	충주 청명주	충북 충주	17	약 주	찹쌀, 누룩

3) 전통식품 명인(주류) 지정 현황

(2020. 09 .01. 기준)

구분	지정번호	성명	지정 민속주	지정일	소재지	비고
1	제1호	조영귀	송화백일주	1994.08.06	전북 전주	지방무형문화재
2	제2호	김창수	금산인삼백주	1994.08.06	충남 금산	지방무형문화재
3	제3호	이한영	옥선주	2000.08 지정해제	충남 금산	-
4	제4호	지복남	계룡백일주	2009.11 지정해제	충남 공주	지방무형문화재
5	제5호	이기양	감홍로주	2000.10 지정해제	전북 전주	
6	제6호	박재서	안동소주	1995.07.15	경북 안동	-
7	제7호	이기춘	문배주	1995.07.15	경기 김포	국가무형문화재
8	제8호	송재성	김천과하주	1999.06 지정해제	전북 전주	
9	제9호	조정형	전주이강주	1996.04.04	전북 전주	지방무형문화재
10	제10호	유민자	옥로주	1996.04.04	경기 용인	지방무형문화재
11	제11호	임영순	구기자주	1996.04.04	충북 청양	지방무형문화재
12	제12호	최옥근	계명주	1996.04.04	경기 남양주	지방무형문화재
13	제13호	남상란	가야곡왕주	1997.12.15	충남 논산	-
14	제15호	박승규	면천두견주	2001.12 지정해제	충남 당진	-
15	제17호	송강호	김천과하주	1999.09.20	경북 김천	지방무형문화재
16	제19호	우희열	한산소곡주	1999.12.08	충남 서천	지방무형문화재
17	제20호	조옥화	안동소주	2000.09.18	경북 안동	지방무형문화재
18	제22호	양대수	추성주	2000.12.17	전남 담양	-
19	제24호	임용순	옥선주	2001.05.07	강원 홍천	-
20	제27호	박흥선	송순주	2005.08.04	경남 함양	-
21	제4-가호	이성우	계룡백일주	2010.01.04	충남 공주	-
22	제43호	이기숙	감홍로	2012.10.09	경기 파주	-
23	제48호	송명섭	죽력고	2012.10.09	전북 정읍	지방무형문화재
24	제49호	유청길	산성막걸리	2013.12.03	부산 금정	-
25	제61호	김견식	병영소주	2014.12.23	전남 강진	-
26	제68호	강경순	오메기술	2015.09.23	제주 서귀포	-
27	제69호	김택상	삼해소주	2016.12.08	서울 종로	지방무형문화재
28	제74호	곽우선	설련주	2016.12.08	경북 칠곡	-
29	제79호	김용세	연잎주	2018.11.30	충남당진	-
30	제84호	김희숙	고소리술	2018.11.30	제주 서귀포	지방무형문화재

※ 총 지정인 30명. 지정해제인 5명(사망). 현재 25명   자료 : 농림축산식품부

칵테일명	Alexander's Sister Cocktail
주재료	Dry Gin 3/4oz
부재료	Creme de Menthe Green 3/4oz Light Milk 3/4oz
장식	Nutmeg Powder
글라스	Cocktail Glass
조주기법	Shake

칵테일명	Angel's Face
주재료	Gin 1oz Apricot Brandy 1oz Calvados 1oz
장식	없음
글라스	Cocktail Glass
조주기법	Shake

칵테일명	Angel's Kiss
주재료	Creme de Cacao White 1/4part Sloe Gin 1/4part Light Milk 1/4part Brandy 1/4part
장식	없음
글라스	Liqueur Glass
조주기법	Float

칵테일명	B&B
주재료	Benedictine D.O.M 1oz
부재료	Brandy 1oz
장식	없음
글라스	Stemmed Liqueur Glass or Brandy Snifter
조주기법	Float

칵테일명	Blue Lagoon
주재료	Vodka 1oz Curacao Blue 1oz
부재료	Lemonade or Collins Mix
장식	Orange Slice with Cherry
글라스	Parfait Glass
조주기법	Build

칵테일명	Chi Chi
주재료	Vodka $1\frac{1}{2}$ oz
부재료	Pinacolada Mix 2oz
	Pineapple Juice 2oz
장식	A Wedge of Pineapple and Cherry
글라스	Footed Pilsner Glass
조주기법	Blend

칵테일명	Cowboy Cocktail
주재료	Bourbon Whiskey $1\frac{1}{2}$ oz
부재료	Fresh Milk 1oz
장식	없음
글라스	Old–Fashioned Glass or Cocktail Glass
조주기법	Build or Shake

칵테일명	French Connection
주재료	Cognac $1\frac{1}{2}$ oz
부재료	Amaretto di Saronno 3/4oz
장식	없음
글라스	Old–Fashioned Glass
조주기법	Build

칵테일명	Frozen Daiquiri
주재료	White Rum $1\frac{3}{4}$ oz
부재료	Lime Juice 3/4oz Powdered Sugar 1tsp
장식	없음
글라스	Flute Champagne Glass
조주기법	Blend

칵테일명	Frozen Margarita
주재료	Tequila $1\frac{1}{2}$ oz
부재료	Triple Sec 1/2oz Lime Juice 1/2oz (or Lemon Juice)
장식	A Slice of Lime or Lemon
글라스	Saucer Champagne Glass
조주기법	Blend

칵테일명	Garibaldi
주재료	Campari 1oz
부재료	Fill with Orange Juice
장식	A Slice of Orange
글라스	Highball Glass
조주기법	Build

칵테일명	Gibson
주재료	Dry Gin 1½oz
부재료	Dry Vermouth 3/4oz
장식	Pearl Onion
글라스	Cocktail Glass
조주기법	Stir

칵테일명	Gin and Tonic
주재료	Dry Gin 1oz
부재료	Fill with Tonic Water
장식	Lemon Slice
글라스	Highball Glass
조주기법	Build

칵테일명	God Father
주재료	Scotch Whisky 1½oz
부재료	Amaretto di Saronno 3/4oz
장식	없음
글라스	Old-Fashioned Glass
조주기법	Build

칵테일명	God Mother
주재료	Vodka 1½oz
부재료	Amaretto di Saronno 3/4oz
장식	없음
글라스	Old-Fashioned Glass
조주기법	Build

칵테일명	Golden Cadillac
주재료	Galliano 1oz Creme de Cacao White 2oz
부재료	Light Milk 1oz
장식	없음
글라스	Cocktail Glass(Saucer형)
조주기법	Shake(Blending 시 Saucer Champagne Glass 사용)

칵테일명	Golden Dream
주재료	Galliano 1oz
부재료	Cointreau 1/2oz Orange Juice 1/2oz Light Milk 1/2oz
장식	없음
글라스	Cocktail Glass
조주기법	Shake

칵테일명	Horse's Neck
주재료	Brandy 1½oz
부재료	Ginger Ale 1/3oz Angostura Bitters 1dash
장식	가늘고 길게 자른 레몬 껍질
글라스	Highball Glass
조주기법	Build

칵테일명	Hot Buttered Rum
주재료	White Rum 1½oz
부재료	Powdered Sugar 1tsp Portion Butter 1ea Fill with Hot Water
장식	Netmeg
글라스	Old-Fashioned Glass
조주기법	Build

칵테일명	Kamikaze
주재료	Vodka 1oz
부재료	Triple Sec 1oz Fresh Lime Juice 1oz
장식	없음
글라스	Cocktail Glass
조주기법	Shake

칵테일명	Mojito
주재료	White Rum 1½oz
부재료	Fresh Lime Juice(1/2개) Mint잎 4장 Sugar 2tsp
장식	Mint Spring & Lemon Slice
글라스	Beer Mug
조주기법	민트잎과 설탕을 머그잔에서 으깬 후 라임 1/2개를 짜넣음. 럼 1½oz, Cracked Ice를 넣고 소다수로 채우고 민트잎으로 장식

칵테일명	Orange Blossom
주재료	Dry Gin 1½oz
부재료	Orange Juice 1½oz Sugar Syrup 1tsp
장식	없음
글라스	Cocktail Glass
조주기법	Shake

칵테일명	Paradise
주재료	Dry Gin 1oz

부재료	Apricot Brandy 1/2oz Orange Juice 1oz
장식	없음
글라스	Cocktail Glass
조주기법	Shake

칵테일명	Pink Lady
주재료	Dry Gin 1oz
부재료	Egg White 1ea Light Milk 1oz Grenadine Syrup 1tsp
장식	없음
글라스	Cocktail Glass(Saucer형)
조주기법	Shake

칵테일명	Rob Roy
주재료	Bourbon Whiskey $1\frac{1}{2}$oz
부재료	Sweet Vermouth 1/2oz Angostura Bitter 1dash
장식	Cherry
글라스	Cocktail Glass
조주기법	Stir

칵테일명	Salty Dog (소금링이 없으면 Greyhound)
주재료	Dry Gin $1\frac{1}{2}$oz
부재료	Fill with Grapefruit Juice
장식	Rimming with Salt
글라스	Highball Glass
조주기법	Build

칵테일명	Screw Driver
주재료	Vodka $1\frac{1}{2}$oz
부재료	Fill with Orange Juice
장식	없음
글라스	Highball Glass
조주기법	Build

칵테일명	Sombrero
주재료	Coffee Liqueur(Kahlua) $1\frac{1}{2}$oz
부재료	Light Milk 1oz
장식	없음
글라스	Old-Fashioned Glass
조주기법	Build

칵테일명	Stinger
주재료	Brandy $1\frac{1}{2}$oz
부재료	Creme de Mint White 1/2oz
장식	없음
글라스	Cocktail Glass
조주기법	Shake

칵테일명	Strawberry Colada
주재료	White Rum 1oz Pinacolada Mix 2oz
부재료	Fresh Strawberry Juice 2oz Pineapple Juice 1oz
장식	A Wedge of Pineapple and Strawberry
글라스	Hurricane Glass
조주기법	Blend

칵테일명	Tom Collins
주재료	Dry Gin 2oz
부재료	Lemon Juice 3/4oz Powdered Sugar 1tsp
장식	Lemon & Cherry
글라스	Collins Glass
조주기법	Shake and Fill with Soda Water

칵테일명	White Russian
주재료	Vodka 2oz
부재료	Coffee Liqueur(Kahlua) 1oz Light Milk 1oz
장식	없음
글라스	Old-Fashioned Glass
조주기법	Build

Alcoholic Coffee

칵테일명	Gaelic Coffee
주재료	Creme de Cacao Brown $1\frac{1}{2}$oz
부재료	Irish Whiskey 3/4oz Bailey's Irish Cream 3/4oz Light Milk 2oz Instant Coffee가루 1tsp
장식	Creme de Mint Green 1/4oz
글라스	Irish Coffee Glass
조주기법	재료를 블렌딩한 후 글라스에 따르고 휘핑크림을 얹은 다음 그 위에 C.D.M. Green을 따라 장식한다.

칵테일명	Irish Coffee
주재료	Irish Whiskey 1oz
부재료	Fill with Hot Coffee Brown Sugar 1tsp Whipped Cream
장식	Rimming with Brown Sugar
글라스	Irish Coffee Glass
조주기법	Build

칵테일명	Italian Coffee
주재료	Amaretto 1/2oz
부재료	Fill with Hot Coffee Coffee Ice Cream
장식	Coriander가루
글라스	Irish Coffee Glass
조주기법	Build

칵테일명	Jamaica Coffee
주재료	Coffee Liqueur(Tia Maria) 1oz
부재료	White Rum 3/4oz Fill with Hot Coffee Top with Whipped Cream
장식	Nutmeg
글라스	Irish Coffee Glass
조주기법	Build

칵테일명	Kioke Coffee(Coffee Nudge)
주재료	Brandy 1/2oz
부재료	Coffee Liqueur 1/2oz Creme de Cacao Brown 1/2oz Fill with Hot Coffee
장식	Top with Whipped Cream & Chocolate Powder
글라스	Irish Coffee Glass
조주기법	Build

칵테일명	Mexican Coffee
주재료	Coffee Liqueur(Kahlua) 1oz
부재료	Tequila 1/2oz Fill with Hot Coffee Top with Whipped Cream
장식	없음
글라스	Irish Coffee Glass
조주기법	Build

Champagne Cocktail

칵테일명	Bellini
주재료	Champagne 3oz
부재료	Fill with Peach Juice
장식	없음
글라스	Tulip Champagne Glass
조주기법	Build

칵테일명	Black Velvet
주재료	Champagne 2oz
부재료	Dark Beer 2oz
장식	없음
글라스	Tulip Champagne Glass
조주기법	Build

칵테일명	Champagne Cocktail
주재료	Champagne 4oz
부재료	Cubed Sugar 1ea Angostura Bitter 2dash
장식	Twist of Lemon Peel
글라스	Tulip Champagne Glass
조주기법	Build

칵테일명	Kir Royal
주재료	Champagne 4oz
부재료	Creme de Cassis 1/2oz
장식	없음
글라스	Tulip Champagne Glass
조주기법	Build

칵테일명	Mimosa(Buck's Fizz)
주재료	Champagne 2oz
부재료	Orange Juice 2oz
장식	없음
글라스	Tulip Champagne Glass
조주기법	Build

칵테일명	Wine Spritzer
주재료	White Wine 3oz
부재료	Fill with Soda Water
장식	없음
글라스	Highball Glass
조주기법	Build

칵테일명	Shandy (Ginger Ale사용 시 – Shandy Gaff)
주재료	Beer 3oz(1/2part)
부재료	Cider or Sprite 3oz(1/2part)
장식	없음
글라스	Footed Pilsner Glass
조주기법	Build

칵테일명	Red Eye(Tom Boy)
주재료	Beer 3oz(1/2part)
부재료	Tomato Juice 3oz(1/2part)
장식	없음
글라스	Footed Pilsner Glass
조주기법	Build

Non-Alcoholic Cocktail

칵테일명	Fruit Smoothie
주재료	Fruit Smoothie Syrup 2oz
부재료	Fresh Fruit(시럽과 같은 과일) Fresh Milk 3oz Blend with Cubed Ice 10ea
장식	없음
글라스	Hurricane Glass
조주기법	Blend(믹서기로 40초간 분쇄)

칵테일명	Lemonade (Plain)
주재료	Lemon Juice 1oz
부재료	Powdered Sugar 2tsp Fill with Water
장식	Lemon Slice
글라스	Collins Glass
조주기법	Build

칵테일명	Lemonade (Carbonated)
주재료	Lemon Juice 1oz
부재료	Powdered Sugar 2tsp Fill with Club Soda
장식	Lemon Slice
글라스	Collins Glass
조주기법	Build

칵테일명	Lemon Squash
주재료	Fresh Lemon 1/2ea Juice
부재료	Powdered Sugar 2tsp Fill with Club Soda
장식	Lemon Slice or Wedge
글라스	Collins Glass
조주기법	Build

칵테일명	Shirley Temple
주재료	Ginger Ale 4oz
부재료	Grenadine Syrup 1/4oz
장식	Cherry
글라스	Highball Glass
조주기법	Build

칵테일명	Virgin Mary
주재료	Tomato Juice 4oz
부재료	Lemon Juice 1dash Worcestershire Sauce 1/2tsp Tabasco Sauce 2drop Salt and Pepper 적당량
장식	A Wedge of Lemon or Lime
글라스	Collins Glass
조주기법	Build

칵테일명	Virgin Colada
주재료	Pineapple Juice 4oz
부재료	Pinacolada Mix 2oz
장식	A Wedge of Pineapple and Cherry
글라스	Footed Pilsner Glass
조주기법	Blend

6. 조주기능사 출제기준

【 출제기준(필기) 】

직무분야	음식서비스	중직무분야	조리	자격종목	조주기능사	적용기간	2019. 1. 1 ~ 2021. 12. 31

○ **직무내용** : 주류, 비주류, 다류 등 음료 전반에 대한 재료 및 제법의 지식을 바탕으로 칵테일을 조주하고 호텔과 외식업체의 주장관리, 고객관리, 고객서비스, 경영관리, 케이터링 등의 업무를 수행하는 직무

필기검정방법	객관식	문제수	60	시험시간	1시간

필기과목명	문제수	주요항목	세부항목	세세항목
양주학개론 주장관리개론 기초영어	60	1. 음료론	1. 음료의 개념	1. 음료의 개념
			2. 음료의 역사	1. 음료의 역사
			3. 음료의 분류	1. 음료의 분류
		2. 양조주	1. 양조주의 개념	1. 양조주의 개념
			2. 양조주의 분류 및 특징	1. 양조주의 분류 및 특징 2. 양조주의 제조방법
			3. 와인	1. 각국 와인의 특징 2. 각국 와인의 등급 3. 각종 와인의 제조방법
			4. 맥주	1. 각국 맥주의 특징 2. 맥주의 제조방법
		3. 증류주	1. 증류주의 개념	1. 증류주의 개념
			2. 증류주의 분류 및 특징	1. 증류주의 분류 및 특징 2. 증류주의 제조방법
		4. 혼성주	1. 혼성주의 개념	1. 혼성주의 개념
			2. 혼성주의 분류 및 특징	1. 혼성주의 분류 및 특징 2. 혼성주의 제조방법
		5. 전통주	1. 전통주의 특징	1. 전통주의 역사와 특징
			2. 지역별 전통주	1. 지역별 전통주의 종류, 특징 및 제조법
		6. 비알코올성 음료	1. 기호음료	1. 차 2. 커피
			2. 영양음료	1. 과실·채소 등 주스류 2. 우유 및 발효음료
			3. 청량음료	1. 탄산음료 2. 무탄산음료

필기과목명	문제수	주요항목	세부항목	세세항목
		7. 칵테일	1. 칵테일의 개론	1. 칵테일의 개론
			2. 칵테일 만드는 기법	1. 칵테일 만드는 기법
			3. 칵테일 부재료	1. 칵테일 부재료
			4. 칵테일 장식법	1. 칵테일 장식법
			5. 칵테일 잔과 기구	1. 칵테일 잔과 기구
			6. 칵테일 계량 및 단위	1. 칵테일 계량 및 단위
		8. 주장관리	1. 주장의 개요	1. 주장의 개요
			2. 주장의 조직과 직무	1. 주장의 조직과 직무
			3. 주장 운영 관리	1. 구매 2. 검수 3. 저장과 출고 4. 바의 시설과 기물관리 5. 바의 경영관리
			4. 식품위생 및 관련법규	1. 위생적인 주류 취급방법 2. 주류판매 관련 법규
			5. 고객서비스	1. 테이블매너 2. 바 종사원의 자세 3. 주문받는 요령 4. 음료별 적정 서비스
		9. 술과 건강	1. 술과 건강	1. 술이 인체에 미치는 영향
		10. 고객서비스 영어	1. 음료	1. 양조주 2. 증류주 3. 혼성주 4. 칵테일 5. 비알코올성 음료 6. 전통주 7. 기타 주류 영어
			2. 주장관련 영어	1. 주장 서비스 영어 2. 호텔외식관련 영어

【 출제기준(실기) 】

직무분야	음식서비스	중직무분야	조리	자격종목	조주기능사	적용기간	2019. 1. 1 ~ 2021. 12. 31

○ **직무내용** : 주류, 비주류, 다류 등 음료 전반에 대한 재료 및 제법의 지식을 바탕으로 칵테일을 조주하고 호텔과 외식업체의 주장관리, 고객관리, 고객서비스, 경영관리, 케이터링 등의 업무를 수행하는 직무

○ **수행준거** : 1. 숙련된 조주기법으로 칵테일에 필요한 알맞은 재료 및 도구를 선정할 수 있다.
2. 칵테일의 제조에 필요한 레시피를 정확하게 숙지하여 칵테일을 만들 수 있다.
3. 칵테일을 만드는 기구를 정확하게 사용할 수 있다.
4. 고객에 대하여 최상의 서비스를 제공할 수 있다.
5. 개인위생 및 주장위생을 위생적으로 관리할 수 있다.

실기검정방법	작업형	시험시간	7분 정도

실기과목명	주요항목	세부항목	세세항목
칵테일 조주작업	1. 위생관리	1. 음료영업장 청결유지 · 관리하기	1. 음료영업장의 청결을 조직적으로 수행하기 위해서 일정별 홀, 바의 청결, 정리정돈을 할 수 있다. 2. 음료영업장의 청결유지를 위해서 영업종료 시 정리정돈, 청결상태를 확인할 수 있다.
		2. 음료영업장 기물위생 관리하기	1. 음료의 위생적 보관을 위해서 음료 진열장의 청결을 유지할 수 있다. 2. 기물, 기구의 위생관리를 위해서 언더 바, 수납공간을 정리정돈 할 수 있다.
		3. 개인위생 관리하기	1. 근무하기 전에 청결한 복장을 유지할 수 있다. 2. 이물질에 의한 오염을 막기 위해서 음료를 만들 때 손을 항상 청결하게 유지할 수 있다.
	2. 음료특성 분석	1. 음료 분류하기	1. 알코올성 비알코올성 음료를 분류할 수 있다. 2. 양조방법에 따라 음료를 분류할 수 있다. 3. 청량음료, 영양음료, 기호음료를 분류할 수 있다. 4. 주세법에 따른 음료를 분류할 수 있다.
		2. 음료특성 파악하기	1. 다양한 발효주의 테이스팅을 통하여 음료의 특성을 설명할 수 있다. 2. 다양한 증류주의 테이스팅을 통하여 음료의 특성을 설명할 수 있다. 3. 다양한 혼성주의 테이스팅을 통하여 음료의 특성을 설명할 수 있다. 4. 테이스팅을 통해서 청량음료, 영양음료, 기호음료의 특성을 설명할 수 있다.
		3. 음료 활용하기	1. 비알코올성 음료를 칵테일 조주에 활용할 수 있다. 2. 알코올성 음료를 칵테일 조주에 활용할 수 있다. 3. 다양한 재료를 칵테일 조주에 활용할 수 있다.

실기과목명	주요항목	세부항목	세세항목
	3. 칵테일 조주	1. 칵테일 특성 파악하기	1. 고객에게 서비스를 제공하기 위해서 칵테일의 역사 및 유래를 설명할 수 있다. 2. 칵테일 조주를 위해 칵테일 기구의 사용법을 습득할 수 있다. 3. 칵테일 분류를 통해서 칵테일 기본지식을 습득할 수 있다.
		2. 칵테일 기법 수행하기	1. 셰이킹(Shaking) 기법을 수행할 수 있다. 2. 빌딩(Building) 기법을 수행할 수 있다. 3. 스터링(Stiring) 기법을 수행할 수 있다. 4. 플로팅(Floating) 기법을 수행할 수 있다. 5. 블렌딩(Blending) 기법을 수행할 수 있다. 6. 머들링(Muddlering) 기법을 수행할 수 있다.
		3. 칵테일 조주하기	1. 동일한 맛을 유지하기 위해서 표준 레시피를 조주할 수 있다. 2. 다양한 칵테일을 제공하기 위해서 조주방법에 대한 장단점을 비교할 수 있다. 3. 고객 서비스 만족을 위해서 신속 정확하게 조주할 수 있다. 4. 칵테일 특성을 강화하기 위해서 양질의 얼음을 활용할 수 있다.
		4. 칵테일 관능평가 하기	1. 칵테일의 색을 통해서 외양을 평가할 수 있다. 2. 칵테일의 향을 통해서 특성을 평가할 수 있다. 3. 칵테일의 맛을 통해서 재료의 밸런스를 평가할 수 있다. 4. 전체적인 조화를 통해서 칵테일의 완성도를 평가할 수 있다.
	4. 고객 서비스	1. 고객 응대하기	1. 고객을 영접할 수 있다. 2. 고객의 요구사항을 신속하게 처리할 수 있다. 3. 고객을 환송할 수 있다.
		2. 주문 서비스하기	1. 고객의 만족을 위해 메뉴를 파악하고 설명할 수 있다. 2. 신고객의 특징을 파악해서 신속하고 정확한 서비스를 수행할 수 있다. 3. 계절 및 시간, 상황에 맞는 서비스를 수행할 수 있다.
	5. 음료영업장 관리	1. 음료 영업장 시설관리 하기	1. 직원들의 원활한 서비스를 위해 시설물의 상태를 점검할 수 있다. 2. 효과적인 시설물의 배치와 활용으로 바텐더의 조주능력을 향상시킬 수 있다.
		2. 음료영업장 기구·글라스 관리하기	1. 음료영업장에서 사용되는 기구·글라스 등을 효과적으로 유지, 보관, 관리할 수 있다. 2. 음료영업장 운영에 필요한 적정수량의 기구를 확보할 수 있다.
		3. 음료 관리하기	1. 원가관리 및 효율적인 재고관리를 위해 인벤토리를 작성할 수 있다. 2. 파스탁(par stock)에 의한 음료를 구매할 수 있다. 3. 음료의 선입선출(F.I.F.O) 관리를 수행할 수 있다. 4. 음료의 특성에 맞는 적정 온도를 유지할 수 있다.

【 출제기준(필기) 】

직무분야	음식서비스	중직무분야	조리	자격종목	조주기능사	적용기간	2022.1.1. ~ 2024.12.31.

○ **직무내용** : 다양한 음료에 대한 이해를 바탕으로 칵테일을 조주하고 영업장관리, 고객관리, 음료서비스 등의 업무를 수행하는 직무이다.

필기검정방법	객관식	문제수	60	시험시간	1시간

필기과목명	문제수	주요항목	세부항목	세세항목
음료특성, 칵테일조주 및 영업장 관리	60	1. 위생관리	1. 음료 영업장 위생 관리	1. 영업장 위생 확인
			2. 재료 · 기물 · 기구 위생 관리	1. 재료 · 기물 · 기구 위생 확인
			3. 개인위생 관리	1. 개인위생 확인
			4. 식품위생 및 관련법규	1. 위생적인 주류 취급 방법 2. 주류판매 관련 법규
		2. 음료 특성 분석	1. 음료 분류	1. 알코올성 음료 분류 2. 비알코올성 음료 분류
			2. 양조주 특성	1. 양조주의 개념 2. 양조주의 분류 및 특징 3. 와인의 분류 4. 와인의 특징 5. 맥주의 분류 6. 맥주의 특징
			3. 증류주 특성	1. 증류주의 개념 2. 증류주의 분류 및 특징
			4. 혼성주 특성	1. 혼성주의 개념 2. 혼성주의 분류 및 특징
			5. 전통주 특성	1. 전통주의 특징 2. 지역별 전통주
			6. 비알코올성 음료 특성	1. 기호음료 2. 영양음료 3. 청량음료
			7. 음료 활용	1. 알코올성 음료 활용 2. 비알코올성 음료 활용 3. 부재료 활용
			8. 음료의 개념과 역사	1. 음료의 개념 2. 음료의 역사
		3. 칵테일 기법 실무	1. 칵테일 특성 파악	1. 칵테일 역사 2. 칵테일 기구 사용 3. 칵테일 분류

필기과목명	문제수	주요항목	세부항목	세세항목
			2. 칵테일 기법 수행	1. 셰이킹(Shaking) 2. 빌딩(Building) 3. 스터링(Stirring) 4. 플로팅(Floating) 5. 블렌딩(Blending) 6. 머들링(Muddling) 7. 그 밖의 칵테일 기법
		4. 칵테일 조주 실무	1. 칵테일 조주	1. 칵테일 종류별 특징 2. 칵테일 레시피 3. 얼음 종류 4. 글라스 종류
			2. 전통주 칵테일 조주	1. 전통주 칵테일 표준 레시피
			3. 칵테일 관능평가	1. 칵테일 관능평가 방법
		5. 고객 서비스	1. 고객 응대	1. 예약 관리 2. 고객응대 매뉴얼 활용 3. 고객 불만족 처리
			2. 주문 서비스	1. 메뉴 종류와 특성 2. 주문 접수 방법
			3. 편익 제공	1. 서비스 용품 사용 2. 서비스 시설 사용
			4. 술과 건강	1. 술이 인체에 미치는 영향
		6. 음료영업 장 관리	1. 음료 영업장 시설 관리	1. 시설물 점검 2. 유지보수 3. 배치 관리
			2. 음료 영업장 기구 · 글라 스 관리	1. 기구 관리 2. 글라스 관리
			3. 음료 관리	1. 구매관리 2. 재고관리 3. 원가관리
		7. 바텐더 외국어 사용	1. 기초 외국어 구사	1. 음료 서비스 외국어 2. 접객 서비스 외국어
			2. 음료 영업장 전문용어 구사	1. 시설물 외국어 표현 2. 기구 외국어 표현 3. 알코올성 음료 외국어 표현 4. 비알코올성 음료 외국어 표현
		8. 식음료 영업 준비	1. 테이블 세팅	1. 영업기물별 취급 방법
			2. 스테이션 준비	1. 기물 관리 2. 비품과 소모품 관리
			3. 음료 재료 준비	1. 재료 준비 2. 재료 보관
			4. 영업장 점검	1. 시설물 유지관리
		9. 와인장비 · 비품 관리	1. 와인글라스 유지 · 관리	1. 와인글라스 용도별 사용
			2. 와인비품 유지 · 관리	1. 와인 용품 사용

【 출제기준(실기) 】

직무분야	음식서비스	중직무분야	조리	자격종목	조주기능사	적용기간	2022.1.1. ~ 2024.12.31.

○ **직무내용** : 다양한 음료의 특성을 이해하고 조주에 관계된 지식, 기술, 태도의 습득을 통해 음료 서비스, 영업장 관리를 수행하는 직무이다.

○ **수행준거** : 1. 고객에게 위생적인 음료를 제공하기 위하여 음료 영업장과 조주에 활용되는 재료 · 기물 · 기구를 청결히 관리하고 개인위생을 준수할 수 있다.
2. 다양한 음료의 특성을 파악 · 분류하고 조주에 활용할 수 있다.
3. 칵테일 조주를 위한 기본적인 지식과 기법을 습득하고 수행할 수 있다.
4. 칵테일 조주 기법에 따라 칵테일을 조주하고 관능평가를 수행할 수 있다.
5. 고객영접, 주문, 서비스, 다양한 편익제공, 환송 등 고객에 대한 서비스를 수행할 수 있다.
6. 음료 영업장 시설을 유지보수하고 기구 · 글라스를 관리하며 음료의 적정 수량과 상태를 관리할 수 있다.
7. 기초 외국어, 음료 영업장 전문용어를 숙지하고 사용할 수 있다.
8. 본격적인 식음료서비스를 제공하기 전 영업장환경과 비품을 점검함으로써 최선의 서비스가 될 수 있도록 준비할 수 있다.
9. 와인서비스를 위해 와인글라스, 디캔터와 그 외 관련비품을 청결하게 유지 · 관리할 수 있다.

실기검정방법	작업형	시험시간	7분 정도

실기과목명	주요항목	세부항목	세세항목
바텐더 실무	1. 위생관리	1. 음료 영업장 위생 관리 하기	1. 음료 영업장의 청결을 위하여 영업 전 청결상태를 확인하여 조치할 수 있다. 2. 음료 영업장의 청결을 위하여 영업 중 청결상태를 유지할 수 있다. 3. 음료 영업장의 청결을 위하여 영업 후 청결상태를 복원할 수 있다.
		2. 재료 · 기물 · 기구 위생 관리 하기	1. 음료의 위생적 보관을 위하여 음료 진열장의 청결을 유지할 수 있다. 2. 음료 외 재료의 위생적 보관을 위하여 냉장고의 청결을 유지할 수 있다. 3. 조주 기물의 위생 관리를 위하여 살균 소독을 할 수 있다.
		3. 개인위생 관리	1. 이물질에 의한 오염을 막기 위하여 개인 유니폼을 항상 청결하게 유지할 수 있다. 2. 이물질에 의한 오염을 막기 위하여 손과 두발을 항상 청결하게 유지할 수 있다. 3. 병원균에 의한 오염을 막기 위하여 보건증을 발급받을 수 있다.
	2. 음료 특성 분석	1. 음료 분류 하기	1. 알코올 함유량에 따라 음료를 분류할 수 있다. 2. 양조방법에 따라 음료를 분류할 수 있다. 3. 청량음료, 영양음료, 기호음료를 분류할 수 있다. 4. 지역별 전통주를 분류할 수 있다.

실기과목명	주요항목	세부항목	세세항목
		2. 음료 특성 파악하기	1. 다양한 양조주의 기본적인 특성을 설명할 수 있다. 2. 다양한 증류주의 기본적인 특성을 설명할 수 있다. 3. 다양한 혼성주의 기본적인 특성을 설명할 수 있다. 4. 다양한 전통주의 기본적인 특성을 설명할 수 있다. 5. 다양한 청량음료, 영양음료, 기호음료의 기본적인 특성을 설명할 수 있다.
		3. 음료 활용하기	1. 알코올성 음료를 칵테일 조주에 활용할 수 있다. 2. 비알코올성 음료를 칵테일 조주에 활용할 수 있다. 3. 비터와 시럽을 칵테일 조주에 활용할 수 있다.
	3. 칵테일 기법 실무	1. 칵테일 특성 파악하기	1. 고객에서 정보를 제공하기 위하여 칵테일의 유래와 역사를 설명할 수 있다. 2. 칵테일 조주를 위하여 칵테일 기구의 사용법을 습득할 수 있다. 3. 칵테일별 특성에 따라서 칵테일을 분류할 수 있다.
		2. 칵테일 기법 수행하기	1. 셰이킹(Shaking) 기법을 수행할 수 있다. 2. 빌딩(Building) 기법을 수행할 수 있다. 3. 스터링(Stirring) 기법을 수행할 수 있다. 4. 플로팅(Floating) 기법을 수행할 수 있다. 5. 블렌딩(Blending) 기법을 수행할 수 있다. 6. 머들링(Muddling) 기법을 수행할 수 있다.
	4. 칵테일 조주 실무	1. 칵테일 조주하기	1. 동일한 맛을 유지하기 위하여 표준 레시피에 따라 조주할 수 있다. 2. 칵테일 종류에 따라 적절한 조주 기법을 활용할 수 있다. 3. 칵테일 종류에 따라 적절한 얼음과 글라스를 선택하여 조주할 수 있다.
		2. 전통주 칵테일 조주하기	1. 전통주 칵테일 레시피를 설명할 수 있다. 2. 전통주 칵테일을 조주할 수 있다. 3. 전통주 칵테일에 맞는 가니쉬를 사용할 수 있다.
		3. 칵테일 관능평가하기	1. 시각을 통해 조주된 칵테일을 평가할 수 있다. 2. 후각을 통해 조주된 칵테일을 평가할 수 있다. 3. 미각을 통해 조주된 칵테일을 평가할 수 있다.
	5. 고객 서비스	1. 고객 응대하기	1. 고객의 예약사항을 관리할 수 있다. 2. 고객을 영접할 수 있다. 3. 고객의 요구사항과 불편사항을 적절하게 처리할 수 있다. 4. 고객을 환송할 수 있다.
		2. 주문 시 비스하기	1. 음료 영업장의 메뉴를 파악할 수 있다. 2. 음료 영업장의 메뉴를 설명하고 주문 받을 수 있다. 3. 고객의 요구나 취향, 상황을 확인하고 맞춤형 메뉴를 추천할 수 있다.

실기과목명	주요항목	세부항목	세세항목
		3. 편익 제공 하기	1. 고객에 필요한 서비스 용품을 제공할 수 있다. 2. 고객에 필요한 서비스 시설을 제공할 수 있다. 3. 고객 만족을 위하여 이벤트를 수행할 수 있다.
	6. 음료영업장 관리	1. 음료 영업 장 시설 관 리하기	1. 음료 영업장 시설물의 안전 상태를 점검할 수 있다. 2. 음료 영업장 시설물의 작동 상태를 점검할 수 있다. 3. 음료 영업장 시설물을 정해진 위치에 배치할 수 있다.
		2. 음료 영업 장 기구ㆍ 글라스 관 리하기	1. 음료 영업장 운영에 필요한 조주 기구, 글라스를 안전하게 관리할 수 있다. 2. 음료 영업장 운영에 필요한 조주 기구, 글라스를 정해진 장소에 보관할 수 있다. 3. 음료 영업장 운영에 필요한 조주 기구, 글라스의 정해진 수량을 유지할 수 있다.
		3. 음료 관리 하기	1. 원가 및 재고 관리를 위하여 인벤토리(inventory)를 작성할 수 있다. 2. 파스탁(par stock)을 통하여 적정재고량을 관리할 수 있다. 3. 음료를 선입선출(F.I.F.O)에 따라 관리할 수 있다.
	7. 바텐더 외국 어 사용	1. 기초 외국어 구사하기	1. 기초 외국어 습득을 통하여 외국어로 고객을 응대를 할 수 있다. 2. 기초 외국어 습득을 통하여 고객 응대에 필요한 외국어 문장을 해석할 수 있다. 3. 기초 외국어 습득을 통해서 고객 응대에 필요한 외국어 문장을 작성할 수 있다.
		2. 음료 영업장 전문용어 구사하기	1. 음료영업장 시설물과 조주 기구를 외국어로 표현할 수 있다. 2. 다양한 음료를 외국어로 표현할 수 있다. 3. 다양한 조주 기법을 외국어로 표현할 수 있다.
	8. 식음료 영업 준비	1. 테이블 세 팅하기	1. 메뉴에 따른 세팅 물품을 숙지하고 정확하게 준비할 수 있다. 2. 집기 취급 방법에 따라 테이블 세팅을 할 수 있다. 3. 집기의 놓는 위치에 따라 정확하게 테이블 세팅을 할 수 있다. 4. 테이블세팅 시에 소음이 나지 않게 할 수 있다. 5. 테이블과 의자의 균형을 조정할 수 있다. 6. 예약현황을 파악하여 요청사항에 따른 준비를 할 수 있다. 7. 영업장의 성격에 맞는 테이블크로스, 냅킨 등 린넨류를 다룰 수 있다. 8. 냅킨을 다양한 방법으로 활용하여 접을 수 있다.

실기과목명	주요항목	세부항목	세세항목
		2. 스테이션 준비하기	1. 스테이션의 기물을 용도에 따라 정리할 수 있다. 2. 비품과 소모품의 위치와 수량을 확인하고 재고 목록표를 작성 할 수 있다. 3. 회전율을 고려한 일일 적정 재고량을 파악하여 부족한 물품이 없도록 확인할 수 있다. 4. 식자재 유통기한과 표시기준을 확인하고 선입선출의 방법에 따라 정돈 사용할 수 있다.
		3. 음료 재료 준비하기	1. 표준 레시피에 따라 음료제조에 필요한 재료의 종류와 수량을 파악하고 준비 할 수 있다. 2. 표준 레시피에 따라 과일 등의 재료를 손질하여 준비할 수 있다. 3. 덜어 쓰는 재료를 적합한 용기에 보관하고 유통기한을 표시할 수 있다.
		4. 영업장 점검하기	1. 영업장의 청결을 점검 할 수 있다. 2. 최적의 조명상태를 유지하도록 조명기구들을 점검할 수 있다. 3. 고정 설치물의 적합한 위치와 상태를 유지할 수 있도록 점검할 수 있다. 4. 영업장 테이블 및 의자의 상태를 점검할 수 있다. 5. 일일 메뉴의 특이사항과 재고를 점검할 수 있다.
	9. 와인장비 · 비품 관리	1. 와인글라스 유지 · 관리하기	1. 와인글라스의 파손, 오염을 확인할 수 있다. 2. 와인글라스를 청결하게 유지 · 관리할 수 있다. 3. 와인글라스를 종류별로 정리 · 정돈할 수 있다. 4. 와인글라스의 종류별 재고를 적정하게 확보 · 유지할 수 있다.
		2. 와인디캔터 유지 · 관리하기	1. 디캔터의 파손, 오염을 확인할 수 있다. 2. 디캔터를 청결하게 유지 · 관리할 수 있다. 3. 디캔터를 종류별로 정리 · 정돈할 수 있다. 4. 디캔터의 종류별 재고를 적정하게 확보 · 유지할 수 있다.
		3. 와인비품 유지 · 관리하기	1. 와인오프너, 와인쿨러 등 비품의 파손, 오염을 확인할 수 있다. 2. 와인오프너, 와인쿨러 등 비품을 청결하게 유지 · 관리할 수 있다. 3. 와인오프너, 와인쿨러 등 비품을 종류별로 정리 · 정돈할 수 있다. 4. 와인오프너, 와인쿨러 등 비품을 적정하게 확보 · 유지할 수 있다.

7. 조주기능사 실기시험문제

국가기술자격 실기시험문제

자격종목	조주기능사	과제명	칵테일

※ 문제지는 시험종료 후 본인이 가져갈 수 있습니다.

비번호		시험일시		시험장명	

※ 시험시간 : 7분

1. 요구사항

※ 다음의 칵테일 중 감독위원이 제시하는 3가지 작품을 조주하여 제출하시오.

번호	칵테일	번호	칵테일	번호	칵테일	번호	칵테일
1	Pousse Cafe	11	Whiskey Sour	21	Grasshopper	31	Apricot Cocktail
2	Manhattan Cocktail	12	New York	22	Seabreeze	32	Honeymoon Cocktail
3	Dry Martini	13	Harvey Wallbanger	23	Apple Martini	33	Blue Hawaiian
4	Old Fashioned	14	Daiquiri	24	Negroni	34	Kir
5	Brandy Alexander	15	Kiss of Fire	25	Long Island Iced Tea	35	Tequila Sunrise
6	Bloody Mary	16	B-52	26	Side Car	36	Healing
7	Singapore Sling	17	June Bug	27	Mai Tai	37	Jindo
8	Black Russian	18	Bacardi Cocktail	28	Pina Colada	38	Puppy Love
9	Margarita	19	Sloe Gin Fizz	29	Cosmopolitan Cocktail	39	Geumsan
10	Rusty Nail	20	Cuba Libre	30	Moscow Mule	40	Gochang

2. 수험자 유의사항

1) 시험시간 전 2분 이내에 재료의 위치를 확인합니다.
2) 감독위원이 요구한 3가지 작품을 7분 내에 완료하여 제출합니다.
3) 검정장시설과 지급재료 이외의 도구 및 재료를 사용할 수 없습니다.
4) 시설이 파손되지 않도록 주의하며, 실기시험이 끝난 수험자는 본인이 사용한 기물을 3분 이내에 세척·정리하여 원위치에 놓고 퇴장합니다.
5) 채점 대상에서 제외되는 경우는 다음과 같습니다.
   가) 오작 :
      1) 3가지 과제 중 2가지 이상의 주재료(주류) 선택이 잘못된 경우
      2) 3가지 과제 중 2가지 이상의 조주법(기법) 선택이 잘못된 경우
      3) 3가지 과제 중 2가지 이상의 글라스 사용 선택이 잘못된 경우
      4) 3가지 과제 중 2가지 이상의 장식 선택이 잘못된 경우
      5) 1과제 1) 내에 재료(주부재료) 선택이 2가지 이상 잘못된 경우
   나) 미완성 : 요구된 과제 3가지 중 1가지라도 제출하지 못한 경우

1. 다음 중 기호음료가 아닌 것은?

    가. 오렌지주스   나. 커피
    다. 코코아   라. 티

2. 일반적으로 음료(Beverages)는 무엇을 뜻하는가?

    가. 알코올성 음료만을 뜻한다.
    나. 알코올성과 비알코올성 음료만을 뜻한다.
    다. 알코올성과 비알코올성 그리고 물까지 포함한다.
    라. 순수한 비알코올성 음료만을 뜻한다.

3. 알코올 함량 계산의 설명으로 올바른 것은?

    가. 알코올 농도라 함은 온도 15℃일 때 원용량 100분 중에 함유되어 있는 에틸알코올의 용량을 말한다.
    나. 84Proof는 주정도 84%(84도)를 의미한다.
    다. 100g의 액체 중 에틸알코올이 60g 들어 있으면 40%의 술이라고 표시한다.
    라. 100g의 액체 중 에틸알코올이 40g 들어 있으면 40%의 술이라고 표시한다.

4. 다음 주류에 들어 있는 알코올의 총량이 다른 것은?

    가. Whisky(40% Vol) Straight 1 Glass
    나. Wine(10% Vol) 1 Glass
    다. Beer(5% Vol) 1 Glass
    라. 소주(20% Vol) 2 Glass

5. 음료(Beverages)의 개념에 대한 설명이 잘못된 것은?

    가. 음료는 마시는 것 중 에너지 섭취가 주목적이 아닌 것이다.
    나. 액체상태로 되어 있어도 에너지 섭취가 주목적인 것은 식료(Food)이다.
    다. 액체라도 약으로 등록된 의약품은 음료로 취급되지 않는다.
    라. 우유나 맑은 수프를 차게 해서 마실 경우 음료로 취급된다.

6. 알코올성 음료를 나타내는 용어가 아닌 것은?

    가. Drinks   나. Liquor
    다. Beverages   라. Spirits

7. 우리나라 「주세법」에 의한 주류의 종류 중 '발효주류'의 명칭이 아닌 것은?

    가. 탁주   나. 약주
    다. 과실주   라. 민속주

8. 병행복발효 방식으로 제조되는 주류가 아닌 것은?

    가. 청주   나. 맥주
    다. 약주   라. 탁주

정답

1. 가 2. 다 3. 라 4. 라 5. 라 6. 다 7. 라 8. 나

9. 우리나라에서 주류의 유통에 대한 설명 중 잘못된 것은?

　가. 와인은 법적 유통기간이 없다.
　나. 국산 병맥주의 법적 유통기간은 1년이다.
　다. 국산 병맥주의 법적 품질유지기한은 1년이다.
　라. 모든 와인병에는 알코올 도수를 표기해야 한다.

10. American Whisky "86 proof"는 우리나라의 주정 도수로는 몇 도인가?

　가. 23도　　　　나. 33도
　다. 43도　　　　라. 53도

11. 술 제조과정 분류방법으로 맞는 것은?

　가. 양조주, 혼성주, 증류주
　나. 양조주, 증류주, 과실주
　다. 증류주, 발효주, 양조주
　라. 혼합주, 증류주, 양조주

12. Wine의 장기저장 장소로 적당하지 않은 것은?

　가. 시원한 장소(12~15℃)
　나. 진동이 없는 조용한 장소
　다. 직사광선이 들어오는 밝은 장소
　라. 환기가 잘 되는 습하지 않은 장소

13. 스파클링 와인(Sparking Wine)이 아닌 것은?

　가. Champagne　나. Sekt
　다. Cava　　　　라. Armagnac

14. 다음 중 양조주에 대해 잘못 설명된 것은?

　가. 알코올 도수가 대부분 20도 이하로 낮다.
　나. 증류주와 혼성주의 제조원료가 되기도 한다.
　다. 발효주라고도 하며 효모로만 발효시켜 만든다.
　라. 보존기간이 비교적 짧고 유통기간이 있는 것이 많다.

15. 음료에서 드라이(Dry)라는 뜻과 동일한 용어는?

　가. Extra Sec　　나. Sec
　다. Doux　　　　라. Demi-Sec

16. 다음 중 Port Wine을 가장 잘 설명한 것은?

　가. 붉은 포도주를 총칭한다.
　나. 포르투갈 도우루(Douro) 지방 포도주를 말한다.
　다. 항구에서 노역하는 서민들의 포도주를 일컫는다.
　라. 백포도주로서 식사 전에 흔히 마신다.

17. Red Wine의 서브 온도로 가장 알맞은 것은?

　가. 20~24℃　　나. 16~18℃
　다. 10~12℃　　라. 8~10℃

18. 식전주(Aperitif)로 가장 잘 어울리는 음료는?

정답　　9. 나　10. 다　11. 가　12. 다　13. 라　14. 다　15. 나　16. 나　17. 나　18. 다

가. Calvados Brandy　나. Eau de Vie
다. Sherry Wine　라. Tequila

19. 보리를 주원료로 만든 발효주(양조주)는?

가. Wine　　　　나. Beer
다. Brandy　　　라. Whisky

20. 클라렛(Claret)이란?

가. 독일산의 유명한 백포도주(White Wine)
나. 프랑스 보르도산 적포도주(Red Wine)
다. 포르투갈산 포트와인(Port Wine)
라. 이탈리아산 스위트 베르무트(Sweet Vermouth)

21. 다음은 어떤 포도 품종인가?

작은 포도알, 깊은 적갈색, 두꺼운 껍질, 많은 씨앗이 특징이며 씨앗은 타닌함량을 풍부하게 하고 두꺼운 껍질은 색깔을 깊이 있게 나타낸다. 블랙커런트, 체리, 자두향의 프랑스 보르도 품종이다.

가. 메를로(Merlot)
나. 카베르네 소비뇽(Cabernet Sauvignon)
다. 샤르도네(Chardonnay)
라. 피노 누아르(Pinot Noir)

22. 포도주를 저장할 때 주의할 사항은?

가. 찌꺼기 제거를 위해 거꾸로 보관한다.
나. 적포도주는 백포도주보다 차갑게 보관한다.
다. 포도주는 종류에 관계없이 늘 냉장 보관한다.
라. 코르크 마개가 마르지 않도록 눕혀서 보관한다.

23. 프랑스 와인의 원산지 통제 증명법의 약어는?

가. DOC　　　　나. AOP
다. DOCG　　　라. QmP

24. 다음 중 셰리(Sherry)에 대하여 맞게 쓴 것은?

가. 스페인산 백포도주
나. 프랑스산 백포도주
다. 이탈리아산 백포도주
라. 독일산 백포도주

25. 순수한 포도만으로 양조한 비포말성 와인으로 알코올 함유량이 14% 이하인 것은?

가. Sparkling Wine
나. Fortified Wine
다. Aromatized Wine
라. Natural Still Wine

26. Dom Perignon은 무엇과 관계가 있는가?

가. Champagne　나. Bordeaux
다. Martini Rossi 라. Menu

27. 와인제조 시 Malolactic Fermentation은?

가. 알코올발효　　　나. 1차발효
다. 젖산발효　　　　라. 타닌발효

28. 스틸(Still)와인을 바르게 설명한 것은?

　　가. 발포성 와인　　나. 식사 전 와인
　　다. 비발포성 와인 라. 식사 후 와인

29. 이탈리아 와인의 주요 생산지가 아닌 것은?

　　가. Toscana　　　나. Rioja
　　다. Veneto　　　 라. Piemonte

30. 앙트레(Entree)에는 무슨 술을 제공하는가?

　　가. 칵테일주　　　나. 셰리주
　　다. 적포도주　　　라. 브랜디

31. Fortified Wine의 종류가 아닌 것은?

　　가. 이탈리아의 아마로네(Amarone)
　　나. 프랑스의 뱅 드 리쾨르(Vin de Liqueur)
　　다. 포르투갈의 포트와인(Port Wine)
　　라. 스페인의 셰리와인(Sherry Wine)

32. 특별히 잘된 해의 포도로 만든 와인은 그 수확연도를 상표에 표시한다. 그 명칭은?

　　가. Aged Wine　　나. Claret
　　다. Vintage　　　라. Dry Wine

33. 다음 중 서로 관련이 없는 것은?

　　가. Apple-Cider 나. Pear-Perry
　　다. Malt-Gin　　라. Grape-Wine

34. 각 나라별 와인등급 중 가장 높은 등급 순위가 아닌 것은?

　　가. 프랑스 VDP
　　나. 이탈리아 DOCG
　　다. 독일 QmP
　　라. 스페인 DOCa

35. Noble Rot 포도를 사용하지 않는 와인은?

　　가. Sauternes Sweet
　　나. Tokaji Aszu
　　다. Trockenbeerenauslese
　　라. Tawny Port

36. 프랑스의 위니블랑을 이탈리아에서 부르는 말은?

　　가. 트레비아노　　나. 산조베제
　　다. 바르베라　　　라. 네비올로

37. 와인셀러(Wine Cellar)란?

　　가. 포도주 소매업자
　　나. 포도주 도매업자
　　다. 포도주 저장실
　　라. 포도주를 주재로 한 칵테일

38. 그레이트 와인(Great Wine)이란 보존연도가 몇 년 되는 것을 뜻하는가?

　　가. 5년 이하　　　나. 5년 이상
　　다. 10년 이상　　라. 15년 이상

39. 멕시코의 토속주를 무엇이라 부르는가?

　　가. Old Tom　　　나. Pulque
　　다. Kummel　　　라. Vodka

정답　28. 다　29. 나　30. 다　31. 가　32. 다　33. 다　34. 가　35. 라　36. 가　37. 다　38. 라　39. 나

40. 다음 중 각국 와인의 설명이 잘못된 것은?

    가. 모든 와인생산 국가는 의무적으로 와인의 등급을 표기해야 한다.

    나. 프랑스는 와인의 Terroir를 강조한다.

    다. 스페인과 포르투갈에서는 강화와인도 생산한다.

    라. 독일은 기후의 영향으로 White Wine의 생산량이 Red Wine보다 많다.

41. 독일의 와인 생산지가 아닌 것은?

    가. Ahr(아르지역)

    나. Mosel(모젤지역)

    다. Rheingau(라인가우 지역)

    라. Penedes(페네데스 지역)

42. 경우에 따라 고객에게 제공할 때 미리 병마개를 따놓는 알코올 음료로 적당한 것은?

    가. 샴페인   나. 적포도주

    다. 맥주   라. 위스키

43. 레드와인 제조과정이 가장 알맞게 연결된 것은?

    가. 수확–분쇄–압착–발효–숙성–여과–병입

    나. 수확–분쇄–발효–압착–숙성–여과–병입

    다. 수확–분쇄–압착–숙성–발효–여과–병입

    라. 수확–압착–분쇄–발효–숙성–여과–병입

44. 와인의 보관방법이 잘못된 것은?

    가. Sparkling Wine은 눕혀서 보관한다.

    나. Table Wine은 눕혀서 보관한다.

    다. Fortified Wine은 눕혀서 보관한다.

    라. 장기간 보관할 경우 자주 이동시키지 않는다.

45. 와인에 대한 설명 중 잘못된 것은?

    가. White Wine은 산뜻한 맛과 섬세한 향으로 향이 약한 생선요리에 어울린다.

    나. Red Wine은 타닌(Tannin)이 단백질을 응고시켜 입안을 가셔주므로 육류요리에 어울린다.

    다. 와인의 폴리페놀 성분은 심장병 예방에 도움을 준다.

    라. 와인은 소화를 촉진시키므로 위산과다 또는 위궤양 환자의 소화를 도와준다.

46. Vermouth에 대한 설명이 잘못된 것은?

    가. 제조방법상 혼성주에 속하기 때문에 리큐르로 유통된다.

    나. 와인에 쑥을 비롯한 수많은 재료를 넣어 만든다.

    다. Dry한 White Vermouth와 Sweet한 Red Vermouth가 있다.

    라. 쑥의 독일어인 "Wermut", 이탈리아어인 "Vermut"에서 유래되었다.

정답   40. 가 41. 라 42. 나 43. 나 44. 다 45. 라 46. 가

47. 와인의 Tasting방법으로 옳은 것은?

　가. 와인을 오픈한 후 공기와 접촉되는 시간을 최소화하여 따른 후 바로 마신다.

　나. 와인에 얼음을 넣어 냉각시킨 후 마신다.

　다. 와인잔을 흔든 후 아로마나 부케의 향을 맡는다.

　라. 검은 종이를 테이블에 깔아 투명도 및 색을 확인한다.

48. White Wine용 백포도 품종이 아닌 것은?

　가. Chardonnay　나. Sauvignon Blanc
　다. Merlot　　　라. Semillon

49. 영업 준비 시 Draft Beer잔이나 Bottle Beer잔을 보관하는 가장 이상적인 위치는?

　가. 따뜻한 햇볕이 잘 드는 장소
　나. 시원한 냉장고
　다. 냉동고
　라. Glass Rack에 쌓아 놓는다.

50. 미살균된 생맥주의 보관온도로 적합한 것은?

　가. 2~3℃　　　나. 4~5℃
　다. 5~6℃　　　라. 5~7℃

51. 에일(Ale)이란?

　가. 와인의 일종이다.
　나. 증류주의 일종이다.
　다. 맥주의 일종이다.

　라. 혼성주의 일종이다.

52. 다음 중 연결이 잘못된 것은?

　가. Still Wine – Table Wine
　나. Sparkling Wine – Dessert Wine
　다. Fortified Wine – Champagne
　라. Aromatized Wine – Vermouth

53. 샴페인의 취급절차 설명 중 틀린 것은?

　가. 얼음을 채운 바스켓에 칠링(Chilling)한다.

　나. 호스트(Host)에게 상표를 확인시킨다.

　다. '펑' 소리와 거품을 최대한 많이 내야 한다.

　라. 서브는 여자 손님부터 시계방향으로 한다.

54. 와인의 정화(Fining)에 사용되지 않는 것은?

　가. 규조토　　　나. 계란의 흰자
　다. 카제인　　　라. 아황산 용액

55. 다음 중 강화와인이 아닌 것은?

　가. Sherry Wine　나. Vermouth
　다. Port Wine　　라. Blush Wine

56. 대규모 와인 생산지 중 기후가 다른 지역은?

　가. 지중해 연안
　나. 캘리포니아 연안
　다. 남아프리카공화국 남서부
　라. 아르헨티나

정답　　47. 다　48. 다　49. 다　50. 가　51. 다　52. 다　53. 다　54. 라　55. 라　56. 라

57. 레드와인용 적포도 품종이 아닌 것은?

가. Syrah
나. Pinot Noir
다. Cabernet Sauvignon
라. Muscadet

58. Sweet Wine을 만드는 방법이 아닌 것은?

가. 귀부포도(Noble Rot Grape) 사용
나. 발효 시 주정강화
다. 보당(Chaptalisation)
라. 햇빛에 말린 포도 사용

59. 포도주의 색깔 분류에서 잘못된 것은?

가. 화이트 와인(White Wine)
나. 로제와인(Rosé Wine)
다. 레드와인(Red Wine)
라. 스틸와인(Still Wine)

60. 키안티(Chianti)는 어느 나라 포도주인가?

가. 프랑스   나. 이탈리아
다. 미국   라. 독일

61. French Vermouth에 대한 설명이 옳은 것은?

가. 특유한 풍미를 가지고 있는 담색의 무감미주
나. 특유한 풍미를 가지고 있는 담색 감미주
다. 특유한 풍미를 가지고 있는 적색 감미주
라. 특유한 풍미를 가지고 있는 적색 무감미주

62. 각 나라별 발포성 와인의 명칭이 잘못된 것은?

가. 프랑스 – Cremant
나. 이탈리아 – Spumante
다. 독일 – Sekt
라. 스페인 – Vin Mousseux

63. 독일의 Riesling Wine을 잘못 설명한 것은?

가. 독일의 대표적 와인
나. 살구향, 사과향의 과실향
다. 대부분 무감미 와인(Dry Wine)
라. 대부분 낮은 알코올 도수

64. Wine 서비스 방법 중 틀린 것은?

가. 손님의 오른쪽에서 정중히 서브한다.
나. 소믈리에(Sommelier)가 주문을 받는다.
다. 와인라벨을 손님에게 설명한다.
라. Bartender가 주문과 서브를 담당한다.

65. 와이너리(Winery)란?

가. 포도주 양조장
나. 포도주 저장소
다. 포도주의 통칭
라. 포도주용 용기

정답   57. 라 58. 다 59. 라 60. 나 61. 가 62. 라 63. 다 64. 라 65. 가

66. Wine의 장기 저장관리 방법 중 부적당한 것은?

　가. 포도주 병을 경사지게 눕혀서 보관한다.
　나. 직사광선을 피해 보관한다.
　다. 적당한 습기가 있는 곳에 보관한다.
　라. 온도차와 진동이 심한 장소는 피한다.

67. 맥주의 보관방법 중 틀린 것은?

　가. 장기 보관하면 맛이 좋아진다.
　나. 맥주가 얼지 않도록 보관한다.
　다. 직사광선을 피한다.
　라. 적정온도(4~10도)에 보관한다.

68. 맥주의 대부분은 어떤 방법으로 만들어지는가?

　가. 고온발효　　　나. 상온발효
　다. 하면발효　　　라. 상면발효

69. 위생적인 맥주 취급절차로 적절하지 못한 것은?

　가. 맥주를 따를 때는 넘치지 않게 글라스에 7부 정도 채우고 나머지 3부 정도를 거품이 솟아오르도록 한다.
　나. 맥주를 따를 때는 맥주병이 글라스에 닿지 않도록 1~2㎝ 정도 띄어서 따르도록 한다.
　다. 글라스에 채우고 남은 병은 상표가 고객 앞으로 향하도록 맥주 글라스 위쪽에 놓는다.
　라. 맥주와 맥주 글라스는 반드시 차갑게 보관하지 않아도 무방하다.

70. 생맥주 관리법 중 틀린 것은?

　가. 생맥주는 생선회와 같아서 신선할 때 빨리 소비한다.
　나. 생맥주를 다룰 때 넘치는 거품을 깨끗한 용기에 받아서 따로 판매한다.
　다. 거품이 약할 때는 CO_2 가스를 체크한다.
　라. 정기적으로 노후된 생맥주 관을 교체해 준다.

71. 양조주의 특징이 잘못 설명된 것은?

　가. 대부분 알코올 도수가 20도 이하이다.
　나. 양조주는 모두 숙성시킬수록 품질이 좋아진다.
　다. 증류주에 비해 변질의 위험이 크며 유통기간이 있는 것이 많다.
　라. 증류주에 비해 원료의 향이 더 많이 나타난다.

72. 맥주를 따를 때 글라스 위쪽에 생성된 거품이 하는 작용이 아닌 것은?

　가. 탄산가스의 발산을 막아준다.
　나. 산화작용을 억제시킨다.
　다. 맥주의 신선도를 유지시킨다.
　라. 맥주 용량을 줄일 수 있다.

정답　　66. 가　67. 가　68. 다　69. 라　70. 나　71. 나　72. 라

73. 맥주를 서비스하는 방법 중 옳지 않은 것은?

  가. 맥주병을 굴리거나 뒤집지 말아야 한다.
  나. 맥주를 따를 때 Glass와 병의 간격은 2~3cm가 적당하다.
  다. 맥주는 흔들어서 따라야 제맛이 난다.
  라. 맥주를 따를 때는 Glass를 기울이지 말아야 한다.

74. Draft Beer 취급요령 중 잘못 설명된 것은?

  가. 2~3℃의 온도를 유지할 수 있는 저장시설을 갖추어야 한다.
  나. 술통 속의 압력은 12~14pound로 일정하게 유지해야 한다.
  다. 신선도 유지를 위해 재고순환을 철저히 실행해야 한다.
  라. 향취를 높여 황금기의 맛을 즐길 수 있도록 7℃ 정도의 온도로 글라스에 따라서 제공한다.

75. 통(Keg)에 든 생맥주 취급에 관한 주의사항 중 틀린 것은?

  가. 미살균 맥주로서 장기저장이 불가능하다.
  나. 저장온도는 10~13℃로 유지 보관하여야 한다.
  다. 머그(Mug)는 기름기가 없도록 세척하여야 한다.
  라. 재고순환을 철저히 하여야 한다.

76. 맥주의 4대 원료가 아닌 것은?

  가. 보리(Malt)
  나. 호프(Hop)
  다. 알코올(Alcohol)
  라. 효모(Yeast)

77. 단식증류기(Pot Still)의 특징을 잘못된 것은?

  가. 증류 시 대부분 알코올 도수를 80도 이하로 낮게 증류한다.
  나. 원료 고유의 향을 잘 얻을 수 있다.
  다. 적은 양을 빠른 시간에 증류하므로 시간이 적게 걸린다.
  라. 대부분 고급 증류주의 제조 시 이용한다.

78. 위스키의 종류 중 증류방법에 의한 분류는?

  가. Malt Whisky
  나. Patent Whisky
  다. Grain Whisky
  라. Blended Whisky

79. 일반적으로 Hard Liquor란 무엇을 일컫는가?

  가. 탄산음료   나. 칵테일
  다. 비알코올 음료   라. 증류주

80. 증류주에 대한 설명이 잘못된 것은?

  가. 대부분 알코올 도수가 20도 이상이다.

정답   73. 다 74. 라 75. 나 76. 다 77. 가 78. 나 79. 라 80. 다

나. 알코올 도수가 높아 잘 부패되지 않는다.

다. 장기보관 시 변질되므로 유통기간이 있다.

라. 갈색의 증류주는 대부분 오크통에서 숙성시킨 것이다.

81. 다음 중 Bourbon Whiskey는 어느 것인가?

가. I.W. Harper   나. Ballantine's
다. Old Bushmills   라. Lord Calvert

82. 25년 저장된 위스키가 병에 담겨 5년이 경과됐다. 이때 숙성 정도는?

가. 이미 퇴화가 시작된 것이므로 가치가 없다.

나. 병에서는 숙성하지 않으므로 25년 때의 상태인 것이다.

다. 병에서 새로이 숙성하므로 30년 숙성과 같다.

라. 병에 담은 연수 중 처음 1년만 더 숙성한다.

83. Irish Whisky는 어느 나라에서 무엇으로 만들어지는가?

가. 독일의 쌀이나 감자
나. 프랑스의 포도나 밀보리
다. 아일랜드의 보리나 밀
라. 미국의 고구마나 밀

84. Whisky를 만드는 과정이 바르게 배열된 것은?

가. Fermentation-Mashing-Distillation-Aging

나. Distillation-Mashing-Fermentation-Aging

다. Mashing-Fermentation-Distillation-Aging

라. Mashing-Distillation-Fermentation-Aging

85. 스카치 위스키가 아닌 것은?

가. Black & White   나. Cutty Sark
다. Canadian Club   라. Ballantine's

86. Malt Whisky를 바르게 설명한 것은?

가. 대량의 양조주를 연속으로 증류해 만든 위스키

나. 단식증류기를 사용하여 1회의 증류과정을 거쳐 만든 위스키

다. 이탄으로 건조한 맥아의 당액을 발효해서 증류한 스코틀랜드의 위스키

라. 옥수수를 원료로 대맥의 맥아를 사용하여 당화시켜 개량솥으로 증류한 위스키

87. Scotch Whisky에 대한 설명이 잘못된 것은?

가. Malt Whisky는 대부분 Pot Still을 사용하여 증류한다.

나. Blended Whisky는 Malt Whisky와 Grain Whisky를 혼합한 것이다.

다. 주원료인 보리는 이탄(Peat)의

정답 81. 가 82. 나 83. 다 84. 가 85. 다 86. 다 87. 라

연기로 건조시킨다.

라. 고급 위스키일수록 원료의 향이 소실되지 않도록 1회만 증류한다.

88. Scotch Whisky의 특징을 잘못 설명한 것은?

가. Malt의 건조 시 Peat를 사용한다.

나. Malt Whisky는 Pot Still로 2~3회 증류한다.

다. 법적으로 Oak통에서 6년 이상 숙성시켜야 한다.

라. Grain Whisky는 Blending용으로 사용한다.

89. Straight Whisky의 설명 중 잘못된 것은?

가. 원료곡물 중 한 가지를 51% 이상 사용해야 한다.

나. 스코틀랜드에서 생산되는 Whisky 이다.

다. 알코올 도수를 40도 이상으로 병입해야 한다.

라. White Oak통에서 2년 이상 숙성시켜야 한다.

90. 다음 중 스카치 위스키는 어느 것인가?

가. Canadian Club   나. Ballantine's
다. Seagram V.O   라. Old Crown

91. Blended Whisky에 대한 설명 중 가장 옳은 것은?

가. Whisky와 Whisky를 섞는 것

을 말한다.

나. 브랜드가 유명한 Whisky를 말한다.

다. Malt Whisky와 Grain Whisky 를 섞어 만든다.

라. 주로 아일랜드에서 생산되는 위스키를 말한다.

92. 위스키의 상품명 중 Johnnie Walker는 어떠한 종류의 위스키를 말하는가?

가. 아이리시 위스키(Irish Whisky)

나. 스카치 위스키(Scotch Whisky)

다. 아메리칸 위스키(American Whisky)

라. 캐나디안 위스키(Canadian Whisky)

93. Bourbon 위스키는 어느 나라의 술인가?

가. 영국   나. 프랑스
다. 미국   라. 캐나다

94. Bourbon Whiskey는 Corn을 몇 % 이상 사용해야만 하는가?

가. Corn 90%   나. Corn 80%
다. Corn 51%   라. Corn 40%

95. Jack Daniel's라는 테네시 위스키와 버번 위스키의 차이점은?

가. 51% 이상의 옥수수를 사용한다.

나. 단풍나무숯으로 여과과정을 거친다.

다. 내부를 불로 그을린 오크통에서 숙성시킨다.

라. 미국에서 생산되는 위스키이다.

정답   88. 다 89. 나 90. 나 91. 다 92. 나 93. 다 94. 다 95. 나

96. 다음 중 독일의 진(German Gin)으로 일컬어지는 Spirits는?

　가. 스타인헤거(Steinhager)

　나. 힘버가이스트(Himbeergeist)

　다. 키르슈(Kirsch)

　라. 프랑부아즈(Framboise)

97. 풀케(Pulque)를 증류해서 만든 술은?

　가. 럼　　　　　나. 보드카

　다. 테킬라　　　라. 아쿠아비트

98. 올드 톰 진(Old Tom Gin)이란?

　가. 드라이 진에 당분을 섞어서 만든 영국 진이다.

　나. 오랜 전통의 영국식 드라이 진이다.

　다. 오렌지로 착향시킨 영국 진이다.

　라. 홀란드(Holland)에서 수출되는 드라이 진이다.

99. 감자를 주원료로 해서 만드는 북유럽의 스칸디나비아 술로 유명한 것은?

　가. Aquavit　　　나. Calvados

　다. Steinhager　　라. Grappa

100. Juniper Berry를 넣은 술은 무엇인가?

　가. Irish Whisky

　나. Gin

　다. American Whisky

　라. Vodka

101. 다음 중 숙성(Aging)시키지 않는 증류주는?

　가. Scotch Whisky

　나. Brandy

　다. Vodka

　라. Bourbon Whisky

102. 증류주 중에서 곡류의 전분을 원료로 하지 않는 것은?

　가. 진(Gin)

　나. 럼(Rum)

　다. 보드카(Vodka)

　라. 위스키(Whisky)

103. 무색, 무미, 무취의 증류주는?

　가. Gin

　나. Vodka

　다. White Rum

　라. Tequila Blanco

104. 사탕수수를 원료로 하며 카리브해의 쿠바, 자메이카 등 섬에서 생산되는 것은?

　가. Gin　　　　　나. Tequila

　다. Vodka　　　　라. Rum

105. 화이트 스피리츠(White Spirits)가 아닌 것은?

　가. Vodka　　　　　나. Grappa

　다. Tequila Reposado　라. Kirsch

106. Tequila에 대한 설명이 잘못된 것은?

　가. Agave Tequiliana Weber종으로 만든다.

　나. Tequila는 멕시코 전 지역에서

정답　96. 가　97. 다　98. 가　99. 가　100. 나　101. 다　102. 나　103. 나　104. 라　105. 다　106. 나

생산된다.

다. Reposado는 1년 이하 숙성시
킨 것이다.

라. Aㆍejo는 1년 이상 숙성시킨 것
이다.

**107. 가장 오랫동안 숙성된 브랜디(Brandy)
는?**

가. VO   나. VSOP
다. XO   라. Extra

**108. 브랜디의 숙성 정도의 표시로 그 약자
가 옳게 설명되지 못한 것은?**

가. V – Very   나. P – Pale
다. S – Special   라. X – Extra

**109. 오드비(Eau-de-Vie)와 관련 있는 것
은?**

가. Tequila   나. Grappa
다. Gin   라. Brandy

110. 다음 중 브랜디는 어느 것인가?

가. Johnnie Walker
나. John Jameson
다. Remy Martin
라. White Horse

111. 칼바도스(Calvados)는?

가. 프랑스 보르도산 백포도주
나. 사과로 만든 증류주
다. 프랑스산 드라이 진의 상표
라. 아이리시 위스키의 일종

**112. 세계 4대 화이트 스피리츠(White Spirits)
가 아닌 것은?**

가. Tequila   나. Vodka
다. Aquavit   라. Bourbon

**113. Tequila는 Agave에 들어 있는 (   )라
고 하는 전분을 발효시킨 후 증류해 만든
다. (   )에 맞는 것은?**

가. 설탕(Sucrose)
나. 젖당(Lactose)
다. 포도당(Dextrose)
라. 이눌린(Inulin)

114. 다음 중 뜻이 전혀 다른 것은?

가. 슈납스(Schnaps)
나. 바서(Wasser)
다. 가이스트(Geist)
라. 무쇠(Mousseux)

115. 다음 중 증류주인 것은?

가. 베르무트(Vermouth)
나. 샴페인(Champagne)
다. 셰리주(Sherry)
라. 럼(Rum)

116. Brown Spirits가 아닌 것은?

가. Whisky   나. Calvados
다. Cognac   라. Kirsch

117. 리큐르(Liqueur)의 설명 중 틀린 것은?

가. 영국, 미국에서는 코디얼(Cordials)
이라고도 부른다.

정답   107. 라   108. 다   109. 라   110. 다   111. 나   112. 라   113. 라   114. 라   115. 라   116. 라   117. 라

나. 술 분류상 혼성주 범주에 속한다.

다. 주정(Base Liquor)에 약초, 과일, 씨, 뿌리의 즙 등을 넣어서 만든다.

라. 브랜디(Brandy)가 대표적인 술이다.

118. 혼성주의 제조방법이 아닌 것은?

가. 발효법(Fermentation)

나. 증류법(Distillation)

다. 에센스법(Essence)

라. 침출법(Infusion)

119. 혼성주의 제조방법 중 시간이 가장 많이 소요되는 방법은?

가. 증류법(Distillation Process)

나. 침출법(Infusion Process)

다. 추출법(Percolation Process)

라. 배합법(Essence Process)

120. 다음 중 혼성주에 속하는 것은?

가. London Dry Gin

나. Creme de Cacao

다. Schnaps

라. Moet et Chandon

121. 다음 중 리큐르가 아닌 것은?

가. Apricot Brandy

나. Cherry Brandy

다. Cognac

라. Creme de Menthe

122. 살구 냄새가 나는 달콤한 혼성주는 어느 것인가?

가. Apricot Brandy

나. Anisette

다. Cherry Brandy

라. Amer Picon

123. Liqueur 종류라고 볼 수 없는 것은?

가. Creme de Cacao

나. Curacao

다. Lord Calvert

라. Kummel

124. Benedictine D.O.M에서 D.O.M의 의미는?

가. 완전한 사랑

나. 최선 최대의 신에게

다. 쓴맛

라. 순록의 머리

125. 다음 중 Liqueur와 관계가 없는 것은?

가. 코디얼(Cordials)

나. 아르노 드 빌뇌브(Arnaud de Villeneuve)

다. 베네딕틴(Benedictine)

라. 돔 페리뇽(Dom Perignon)

126. 오렌지를 주원료로 만든 술이 아닌 것은?

가. Triple Sec　　나. Tequila

다. Grand Marnier　라. Cointreau

정답　118. 가　119. 나　120. 나　121. 다　122. 가　123. 다　124. 나　125. 라　126. 나

127. 혼성주에 속하는 것은?

　가. 고량주　　　나. 리큐르

　다. 브랜디　　　라. 포도주

128. 식전주로 알맞은 것은?

　가. 맥주(Beer)

　나. 드램부이(Drambuie)

　다. 캄파리(Campari)

　라. 코냑(Cognac)

129. Sloe Gin의 설명 중 옳은 것은?

　가. 리큐르의 일종이며 Gin의 종류
　　　이다.

　나. Vodka에 그레나딘 시럽을 첨
　　　가한 것이다.

　다. 아주 천천히 분위기 있게 먹는
　　　칵테일이다.

　라. 오얏나무 열매 성분을 Gin에
　　　첨가한 것이다.

130. 다음 liqueur 중 베일리스가 생산되는
곳은?

　가. 스코틀랜드　　나. 아일랜드

　다. 잉글랜드　　　라. 뉴질랜드

131. 다음 중 주된 향을 얻기 위한 원료가 다
른 것은?

　가. Anisette　　　나. Amaretto

　다. Pernod　　　라. Sambuca

132. 다음 중 알코올 도수가 가장 약한 것으
로 권유할 때는 무엇으로 해야 하는가?

　가. 진(Gin)

　나. 위스키(Whisky)

　다. 브랜디(Brandy)

　라. 슬로 진(Sloe Gin)

133. 다음 중 리큐르는 어떤 것인가?

　가. Burgundy

　나. Bacardi Rum

　다. Cherry Brandy

　라. Canadian Club

134. 다음 주류 중 성격이 다른 것은?

　가. Campari

　나. Underberg

　다. Jägermeister

　라. Cointreau

135. 다음 중 Bitter가 아닌 것은?

　가. Angostura

　나. Campari

　다. Galliano

　라. Jägermeister

136. 다음 중 혼성주(Compounded Liquor)
에 속하는 음료는 무엇인가?

　가. 위스키(Whisky)

　나. 테킬라(Tequila)

　다. 럼(Rum)

　라. 베네딕틴(Benedictine)

137. 다음 중 혼성주에 해당하는 것은?

　가. 아르마냑(Armagnac)

정답　127. 나　128. 다　129. 라　130. 나　131. 나　132. 라　133. 다　134. 라　135. 다　136. 라　137. 다

나. 콘 위스키(Corn Whisky)
다. 쿠앵트로(Cointreau)
라. 자메이칸 럼(Jamaican Rum)

138. Creme de Menthe의 설명 중 틀린 것은?

가. 오렌지 향이 난다.
나. 페퍼민트 칵테일 제조 시 사용된다.
다. 녹색, 백색, 홍색의 3색이 있다.
라. 박하향이 난다.

139. 우리나라 전통주 설명으로 틀린 것은?

가. 증류주의 제조기술은 몽고침략 때 전해졌다.
나. 탁주는 쌀 등 곡물로 만들어졌다.
다. 민속주는 탁주, 약주, 소주의 순서로 발전되었다.
라. 청주는 쌀의 향을 얻기 위해 현 미만 사용하였다.

140. 각 지방의 특산 전통주가 잘못 연결된 것은?

가. 금산 – 인삼주
나. 홍천 – 옥선주
다. 안동 – 송화주
라. 전주 – 오곡주

141. 우리나라 대표적인 고급위스키로 간주 되는 것으로 고려시대에 왕실에 진상되 었으며, 이것은 일체의 첨가물 없이 조와 찰수수만으로 전래의 비법에 따라 빚어 내는 순곡의 증류식 소주는?

가. 문배주   나. 백세주

다. 두견주   라. 과하주

142. 우리나라 민속주에 대한 설명이 잘못된 것은?

가. 각 지역별로 다양한 민속주가 생산된다.
나. 탁주, 약주, 소주 등 곡물을 주원 료로 사용하는 민속주가 많다.
다. 증류주의 제조방법은 고려시대 몽고에 의해 전해졌다.
라. 해방 후 민속주의 부활을 위해 정 부에서 생산을 적극 장려하였다.

143. 다음 민속주 중 증류식 소주가 아닌 것은?

가. 문배주   나. 제주 고소리술
다. 안동소주   라. 경주 법주

144. 다음 중 약주가 아닌 것은?

가. 한산 소곡주   나. 아산 연엽주
다. 김천 과하주   라. 금산 인삼주

145. 다음 전통주 중 증류식 소주가 아닌 것은?

가. 문배주   나. 안동소주
다. 옥로주   라. 이강주

146. 우리나라 전통주의 설명으로 틀린 것은?

가. 증류주의 제조기술은 몽고침략 때 전해졌다.
나. 탁주는 쌀 등 곡물로 만들어졌다.
다. 민속주는 탁주, 약주, 소주의 순서로 발전되었다.
라. 청주는 쌀의 향을 얻기 위해 현

정답 138. 가 139. 라 140. 라 141. 가 142. 라 143. 라 144. 라 145. 라 146. 라

미만을 사용하였다.

147. 현재 일반인들에게 많이 알려진 소주는 어디에 포함되는가?

가. 희석식 소주　나. 전통 민속주
다. 증류식 소주　라. 전통 약용소주

148. 다음 전통주는 모두 무형문화재이다. 이 중 중요무형문화재는?

가. 전주 이강주　나. 계룡 백일주
다. 서울 문배주　라. 한산 소곡주

149. 충남 서북부 해안지방의 전통 민속주로 고려 개국공신 복지겸이 백약이 무효인 병을 앓고 있을 때 백일기도 끝에 터득한 비법에 따라 찹쌀, 아미산의 진달래, 안샘 물로 빚은 술을 마심으로써 질병을 고쳤다는 신비의 전설과 함께 전해 내려오는 것으로 『산림경제』, 『임원경제지』, 『동국세시기』에 언급된 약용주는?

가. 두견주　　나. 송순주
다. 문배주　　라. 백세주

150. 우리 조상들이 곡물로 만들어 농번기에 주로 먹었던 막걸리의 제조방법은?

가. 혼성주　　나. 증류주
다. 양조주　　라. 화주

151. 다음 중 청주의 주재료는?

가. 옥수수　　나. 감자
다. 보리　　　라. 쌀

152. 부드러우며 뒤끝이 깨끗한 한국 고유의 약주로서 쌀로 빚으며 소주에 배, 생강, 울금 등 한약재를 넣어 숙성시킨 호남의 명주로 알려진 전북 전주의 전통주는?

가. 두견주　　나. 국화주
다. 이강주　　라. 춘향주

153. 특히 여름에만 마시는 것으로 소주에 젯밥을 넣고 여기에 계피, 건강, 향인 등을 넣어 장마가 지고 습한 기운이 있을 때 소화를 돕고 향료가 있는 맛 좋은 고유의 술은?

가. 연엽주　　나. 춘향주
다. 과하주　　라. 송순주

154. 우리나라 전통주의 특징이 아닌 것은?

가. 탁주류, 약주류, 소주류 등 다양한 민속주가 생산된다.
나. 주로 쌀과 보리 등 곡물을 이용한 민속주가 많다.
다. 삼국시대부터 증류주가 제조되었다.
라. 교통과 유통이 발달하지 못해 최근까지 각 생산지역을 중심으로 소비되었다.

155. 다음 전통주 중 약주류가 아닌 것은?

가. 한산 소곡주
나. 경주 교동법주
다. 아산 연엽주
라. 진도 홍주

156. 얼음, 생크림, 계란, 과일 등을 혼합해서 만들기도 하고 프로즌 스타일의 칵테일을 만들 때 전기기구를 이용해서 만드는 조주법은?

　가. Shaking　　　나. Building
　다. Blending　　　라. Floating

157. 칵테일 조주방법에서 재료의 비중을 이용하여 내용물을 차례로 위에 띄우거나 쌓는 방법은?

　가. Floating　　　나. Shaking
　다. Blending　　　라. Stirring

158. 다음에서 칵테일 조주의 특징이 아닌 것은?

　가. 식욕의 증진과 부드러운 맛 제공
　나. 분위기와 예술적 가치
　다. 색(Colour), 맛(Taste), 향(Flavour)의 조화(Harmony)
　라. 감미의 증진과 가격의 효과

159. 조주기법 중 "Float"기법이란?

　가. 재료의 비중을 이용하여 섞이지 않도록 띄우는 방법
　나. 재료를 믹서기로 갈아서 만드는 방법
　다. 글라스에 직접 재료를 넣어서 조주
　라. 혼합하기 쉬운 술끼리 휘저어서 조주

160. 칵테일에 대한 설명 중 잘못된 것은?

　가. Twist는 과일껍질에 있는 향과 오일(Oil)을 칵테일 위에 뿌려주는 것이다.
　나. 칵테일의 장식은 칵테일의 맛과 멋을 증진시켜야 한다.
　다. 칵테일은 단맛, 신맛, 쓴맛 등이 최대로 강조되어야 한다.
　라. 일반적으로 칵테일은 알코올을 함유한 칵테일을 의미한다.

161. Straight Up이란 용어는 무엇을 뜻하는가?

　가. 술의 비중을 이용하여 섞이지 않게 마시는 것
　나. 얼음을 넣지 않은 상태로 마시는 것
　다. 얼음만 넣고 그 위에 술을 따라 마시는 것
　라. 글라스 위에 장식하여 마시는 것

162. Shaking기법에 대해 잘못 설명된 것은?

　가. 잘 섞이지 않는 재료들을 Shaker에 넣고 세차게 흔들어 섞는 조주기법이다.
　나. 계란, 우유, 크림, 당분이 많은 리큐르 등으로 칵테일을 만들 때 많이 사용된다.
　다. Shaker에 재료를 넣고 순서대로 Cap을 Strainer에 씌운 다음 Body에 덮는다.
　라. Shaker에 얼음을 충분히 넣어 빠른 시간 안에 잘 섞이고 차게 한다.

정답　　　156. 다　157. 가　158. 라　159. 가　160. 다　161. 나　162. 다

163. 칵테일 용어 설명 중 틀린 것은?

가. Stir – 잘 섞이도록 저어주는 것

나. Float – 한 가지의 술에 다른 술이 혼합되지 않게 띄우는 것

다. Double – 칵테일에서 2온스를 말한다.

라. Strainer – 과육을 제거하고 껍데기만을 짜넣는다는 의미

164. 조주를 하는 목적과 가장 거리가 먼 것은?

가. 술과 술을 섞어서 두 가지 향의 배합으로 색다른 맛을 얻을 수 있다.

나. 술과 소프트드링크의 혼합으로 좀 더 부드럽게 마실 수 있다.

다. 술과 기타 부재료를 가미하여 좀더 독특한 맛과 향을 창출해 낼 수 있다.

라. 원가를 줄여서 이익을 극대화하기 위하여

165. 의사의 처방전이나 요리의 양목표처럼 칵테일에도 재료 배합의 기준량이나 조주하는 기준을 표시하는 것을 무엇이라고 하는가?

가. Half & Half 나. Recipe

다. Drop 라. Dash

166. Stirring기법에 대해 잘못 설명된 것은?

가. 기물은 Mixing Glass나 Shaker 를 사용한다.

나. 잘 섞이는 재료로 칵테일을 만들 때 사용하는 기법이다.

다. Mixing Glass의 윗부분을 잡고 Bar Spoon으로 잘 저어 Strainer를 씌워 따른다.

라. 대표적인 칵테일로는 Manhattan, Gibson, Martini 등이 있다.

167. 칵테일 조주에서 가장 기본이 되는 술을 베이스(Base)라고 하는데, 다음에서 Base로 합당치 못한 것은?

가. 위스키(Whisky)

나. 소다수(Soda Water)

다. 보드카(Vodka)

라. 진(Gin)

168. Long Drinks Cocktail인 것은?

가. Mai Tai 나. Martini

다. Daiquiri 라. Alexander

169. 쿨러(Cooler)의 종류에 해당되지 않는 것은?

가. Wine Cooler 나. Beer Cooler

다. Cup Cooler 라. Jigger Cooler

170. Highball은 어느 잔에 담아야 하는가?

가. Champagne Glass

나. Cocktail Glass

다. Tumbler

라. Goblet

171. 칵테일에서 Long Drink로 제공되는 것은?

　가. Manhattan
　나. Whisky Highball
　다. Martini
　라. Bacardi Cocktail

172. 주로 블렌더(Blender)를 사용하여 만드는 칵테일은?

　가. Mai Tai
　나. Seven and Seven
　다. Rusty Nail
　라. Angel's Kiss

173. 전기 블렌더(Electric Blender)를 사용하는 칵테일은?

　가. Manhattan
　나. Whisky Sour
　다. Bloody Marry
　라. Frozen Daiquiri

174. Long Drink에 해당하는 것은?

　가. Sidecar　　나. Stinger
　다. Royal Fizz　라. Manhattan

175. Dry Martini를 만드는 방법은?

　가. Build　　나. Stir
　다. Shake　　라. Float

176. Floating 기법이 사용되지 않은 칵테일은?

　가. Pousse Café

　나. Angel's Kiss
　다. Tequila Sunrise
　라. Sidecar

177. Building기법으로 만든 칵테일이 아닌 것은?

　가. Rob Roy　　나. Negroni
　다. Old Fashioned　라. Kir Royal

178. Frosting기법이 사용되지 않는 칵테일은?

　가. Margarita
　나. Kiss of Fire
　다. Harvey Wallbanger
　라. Irish Coffee

179. Frappé에 사용하는 얼음은?

　가. Lumped Ice　　나. Cracked Ice
　다. Cubed Ice　　라. Shaved Ice

180. Blending기법에 사용하는 얼음은?

　가. Lumped Ice　　나. Crushed Ice
　다. Cubed Ice　　라. Shaved Ice

181. 얼음(Ice)의 선택사항에 해당되지 않는 것은?

　가. 칵테일과 얼음은 밀접한 관계가 성립된다.
　나. 칵테일에 많이 사용되는 것은 각얼음(Cubed Ice)이다.
　다. 얼음은 재사용할 수 있고 얼음 속에 공기가 들어 있는 것이 좋다.

정답　171. 나　172. 가　173. 라　174. 다　175. 나　176. 라　177. 가　178. 다　179. 라　180. 나　181. 다

라. 투명하고 단단한 얼음이어야 한다.

182. 계란이 사용되지 않는 칵테일은?

가. Pink Lady
나. Golden Cadillac
다. Million Dollar
라. Eggnog

183. 탄산음료가 사용되지 않는 칵테일은?

가. Negroni 나. Wine Cooler
다. Old Fashioned 라. Gin Rickey

184. Lemon Twist의 의미는?

가. 레몬 1개를 비틀어 칵테일에 주스를 짜 넣는다.
나. 레몬껍질을 리본모양으로 묶어 칵테일에 넣는다.
다. 레몬을 원형으로 얇게 잘라 반으로 꺾어 칵테일에 넣는다.
라. 레몬껍질을 가늘게 썰어 칵테일 위에서 비틀어 오일을 짜 넣는다.

185. 바텐더의 창의성을 가장 요하는 것은?

가. 가니쉬(장식)
나. 향신료(부재료) 선택
다. 글라스 선택
라. 기주 선택

186. Jigger는 어디에 사용하는 기물인가?

가. Juice를 따를 때 사용한다.

나. 주류의 분량을 측정하기 위하여 사용한다.
다. Wine을 테이스팅(Tasting)할 때 사용한다.
라. 과일을 깎을 때 사용하는 칼이다.

187. Jigger를 설명한 것 중 틀린 것은?

가. 일명 Measure Cup이라 한다.
나. 양쪽에 용량이 다른 2개의 삼각형 컵이 있다.
다. 작은 쪽 컵은 1oz이다.
라. 큰 쪽의 컵은 3oz이다.

188. 음료 서브 시 사용하는 비품이 아닌 것은?

가. Napkin 나. Coaster
다. Serving Tray 라. Bar Spoon

189. Mixing Glass의 설명으로 옳은 것은?

가. 칵테일 조주 시 음료를 혼합할 수 있는 기물이다.
나. 칵테일 조주 시 사용되는 글라스의 총칭이다.
다. 믹서기에 부착된 혼합용기를 말한다.
라. 칵테일에 혼합되는 과일을 으깰 때 사용한다.

190. 바(Bar)의 용구 중 Ice Scooper는?

가. 얼음을 집는 기구이다.
나. 얼음을 담는 기구이다.
다. 얼음을 푸는 기구이다.
라. 얼음을 부수는 기구이다.

191. Martini를 만들 때 필요치 않은 기물은?

  가. Mixing Glass　나. Bar Strainer
  다. Bar Spoon　　라. Ice Pick

192. Pannier란?

  가. Wine Cradle　나. Squeezer
  다. Bar Spoon　　라. Strainer

193. Shaker의 구성 3개 부분으로 틀린 것은?

  가. Cap　　　　　나. Strainer
  다. Body　　　　　라. Head

194. Cork Screw의 용도는?

  가. 잔 받침대용
  나. 와인 보관 그릇용
  다. 병 마개용
  라. 와인병 따개용

195. Shaker의 사용방법으로 가장 옳은 것은?

  가. 씻어서 사용한다.
  나. 술을 먼저 넣고 그 다음에 얼음을 채운다.
  다. 얼음을 채운 후에 술을 따른다.
  라. 부재료를 넣고 술을 넣은 후에 얼음을 채운다.

196. 비중이 가벼운 술을 바스푼으로 재빠르게 혼합할 때 쓰이는 유리제 글라스로 비커와 같이 술을 따르는 주둥이가 나와 있는 기구는?

  가. Mixing Glass　나. Bar Spoon
  다. Jigger　　　　라. Blender

197. 포러(Pourer)의 설명으로 바른 것은?

  가. 쓰고 남은 청량음료를 밀폐시키는 병마개
  나. 칵테일을 마시기 쉽게 하기 위한 빨대
  다. 술병 입구에 끼워 술의 양을 일정하게 하는 기구
  라. 물을 담아놓고 쓰는 손잡이가 달린 물병

198. 과일의 즙을 낼 때 사용하는 기구는?

  가. Measure Cup
  나. Squeezer
  다. Mixing Glass
  라. Strainer

199. 물건을 운반하기 위해 쓰이는 기물은?

  가. Dispenser　　나. Trolley
  다. Ice Box　　　라. Decanter

200. Bar Spoon의 용도가 틀린 것은?

  가. Floating Cocktail을 만들 때 사용한다.
  나. 믹싱 글라스를 이용하여 칵테일을 만들 때 휘젓는 용으로 사용한다.
  다. 글라스의 내용물을 섞을 때 사용한다.
  라. 얼음을 아주 잘게 부술 때 사용

정답　191. 라　192. 가　193. 라　194. 라　195. 다　196. 가　197. 다　198. 나　199. 나　200. 나

한다.

201. Decanter는 특히 무엇에 쓰이는 용기
인가?

　가. 얼음물을 제공하는 용기
　나. 적포도주를 제공하는 유리병
　다. 식탁용 유리물병
　라. 맥주를 제공하는 대형 물 주전자

202. Recipe를 보고 알 수 없는 것은?

　가. 칵테일의 색깔
　나. 칵테일의 분량
　다. 칵테일의 성분
　라. 칵테일의 판매량

203. Strainer의 설명 중 틀린 것은?

　가. 철사망으로 되어 있다.
　나. 얼음이 글라스에 떨어지지 않
　　게 하는 기구이다.
　다. 믹싱글라스와 함께 사용된다.
　라. 재료를 섞거나 소량을 잴 때 사
　　용된다.

204. Glass를 Handling 시 해서는 안 되는
것은?

　가. 뜨거운 물을 통해 준비한다.
　나. 레몬즙을 뜨거운 물에 짜서 넣
　　는다.
　다. 깨끗한 Cloth를 준비한다.
　라. 특히 더러운 곳은 입김을 불어
　　닦는다.

205. 다음 중 Glass의 종류라고 할 수 없는
것은?

　가. On the Rocks Glass
　나. Highball Glass
　다. Tall Highball Glass
　라. Gin Glass

206. Glassware의 취급요령이 틀린 것은?

　가. Glassware는 서브하기 전 반
　　드시 닦아서 서브한다.
　나. Glassware는 닦을 때 반드시
　　뜨거운 물에 담가 닦는다.
　다. 글라스는 자주 닦으면 좋지 않다.
　라. 글라스에서 냄새가 날 때는 레
　　몬 슬라이스를 물에 넣어서 닦
　　으면 냄새를 제거할 수 있다.

207. Glass의 분류방법 중 3대 종류가 아닌
것은?

　가. Tumbler Glass
　나. Stemmed Glass
　다. Footed Glass
　라. Cocktail Glass

208. 같은 용도로 사용할 수 없는 Glass는?

　가. Collins Glass
　나. Pilsner Glass
　다. Zombie Glass
　라. Tall Highball Glass

209. 모양이 다른 글라스를 사용하는 칵테일
은?

가. Apple Martini

나. Cosmopolitan

다. Manhattan

라. B-52

210. Straight Glass로 부르지 않는 것은?

가. Single Glass

나. Whisky Glass

다. Cocktail Glass

라. Shot Glass

211. 다음 글라스의 용량 중 올드패션 칵테일을 제공하는 데 가장 적당한 것은?

가. 30~60mL 나. 100~150mL

다. 180~300mL 라. 360~420mL

212. Old-Fashioned Glass를 가장 많이 사용해서 마시는 술은?

가. Whisky 나. Beer

다. Champagne 라. Red Eye

213. 탄산음료나 샴페인을 사용하고 남은 일부를 보관 시 사용되는 기물은?

가. 스토퍼(Stopper)

나. 포러(Pourer)

다. 코르크(Cork)

라. 코스터(Coaster)

214. 다음 중 Tumbler Glass는 어느 것인가?

가. Champagne Glass

나. Cocktail Glass

다. Highball

라. Brandy Snifter

215. 일반적으로 가장 많이 사용하는 Cocktail Glass의 용량은 몇 mL인가?

가. 30mL 나. 60mL

다. 90mL 라. 120mL

216. 유리잔(Glass)을 취급하는 방법으로 틀린 것은?

가. Wine Glass는 Stem의 아랫부분을 잡는다.

나. Old Fashioned Glass는 잔의 높이가 낮으므로 윗부분을 잡는다.

다. Brandy Snifter는 잔의 받침(Foot)과 볼(Bowl) 사이에 손가락을 넣어 감싸 잡는다.

라. 냉장고에서 차게 해둔 Glass라도 사용 전에 반드시 파손과 청결상태를 확인한다.

217. 기물의 취급방법이 잘못된 것은?

가. Floating 시 Bar Spoon을 뒤집어 Bar Spoon의 등에 술을 따른다.

나. Coaster는 물기가 잘 흡수되는 종이나 천으로 만든 것을 사용한다.

다. Muddler는 레몬과 같은 과일을 잘 찍을 수 있도록 끝이 뾰족한 것을 사용한다.

라. 계량의 정확성과 안정성을 위해 Pourer를 술병에 꽂아 사용

정답   210. 다   211. 다   212. 가   213. 가   214. 다   215. 나   216. 나   217. 다

하는 것이 좋다.

218. 계란, 설탕 등이 들어가는 칵테일을 혼합할 때 사용하는 기구는?

　가. Hand Shaker
　나. Mixing Glass
　다. Strainer
　라. Jigger

219. 다음 중 칵테일의 Garnish는?

　가. Cocktail Umbrella
　나. Straw
　다. Lemon
　라. Grenadine Syrup

220. Cherry로 장식하지 않는 칵테일은?

　가. Angel's Kiss
　나. Manhattan
　다. Rob Roy
　라. Martini

221. Manhattan Cocktail Dry를 제공하기 위해 준비해야 하는 고명(Garnish)은?

　가. Lemon　　　나. Cherry
　다. Pearl Onion　라. Cocktail Olive

222. 오렌지주스를 사용한 칵테일에 잘 어울리는 장식재료는?

　가. Cherry　　　나. Olive
　다. Orange　　　라. Lemon

223. Garnish를 상하지 않게 보관하는 곳은?

　가. 혼합용 용기　　나. 냉장고
　다. 냉동실　　　　라. 얼음통

224. 칵테일 가니쉬로 적당치 않은 것은?

　가. 체리　　　　나. 오렌지
　다. 올리브　　　라. 콜리플라워

225. 따뜻하게 하면 달콤한 향이 나는 것이 특징이며, 강한 냄새를 억제시켜 주며, 일반적으로 Hot Drink에 사용하는 칵테일 부재료는?

　가. Nutmeg　　　나. Cinnamon
　다. Mint　　　　라. Clove

226. Gin 또는 Vodka를 주재로 내용물과 함께 Stir하여 Cocktail Glass에 담아 Onion으로 장식하는 칵테일은?

　가. Martini　　　나. Gibson
　다. Bacardi　　　라. Knuckle Head

227. 셀러리(Celery)가 장식으로 사용되는 칵테일은?

　가. Chi Chi
　나. Grasshopper
　다. Hawaiian Cocktail
　라. Bloody Mary

228. 다음 칵테일 중 Straw가 필요한 칵테일은?

　가. Cuba Libre　나. Mint Frappé

다. Tom Collins   라. Eggnog

229. 칵테일의 장식이 잘못된 것은?

가. Gibson에 사용되는 Onion은 완성된 칵테일에 잠기게 한다.

나. Pink Lady에 사용되는 Nutmeg는 완성된 칵테일 위에 뿌린다.

다. Bloody Mary에 사용되는 Pepper는 완성된 칵테일 위에 뿌린다.

라. Angel's Kiss에 사용되는 Red Cherry는 완성된 칵테일 잔 위에 올려놓는다.

230. 장식이 필요 없는 칵테일은?

가. 김렛   나. 맨해튼
다. 올드패션드   라. 싱가포르슬링

231. Cocktail의 종류 중 작품 완성 후 Nutmeg를 뿌려 제공하는 것은?

가. Eggnog   나. Fizz
다. Sour   라. Sling

232. Frozen Daiquiri의 주재료와 부재료는 어느 것인가?

가. Grenadine과 Lime Juice
나. Vodka와 Lime Juice
다. Rum과 Lime Juice
라. Brandy와 Grenadine

233. Dry Martini 칵테일의 장식은?

가. Cherry   나. Olive

다. Sliced Orange   라. Nutmeg

234. 과일과 과즙의 선택과 보관방법 중 틀린 것은?

가. 캔(Can)에 있는 과일을 사용하는 것이 좋다.
나. 과일은 잘 익고 신선해야 한다.
다. 신선도 유지를 위하여 냉장고에 넣어 보관한다.
라. 과일을 자를 때 칼을 잘 닦아 사용한다.

235. 칵테일 부재료는 어떻게 보관하는가?

가. Open한 부재료는 냉장고에 보관한다.
나. 쓰다 남은 부재료를 상온에 보관한다.
다. 모든 부재료는 냉동고에 보관한다.
라. 햇볕이 많이 들어오는 곳에 보관한다.

236. 칵테일에 사용되지 않는 시럽(Syrup)은?

가. Plain Syrup
나. Gum Syrup
다. Grenadine Syrup
라. Maple Syrup

237. 조주의 부재료에서 석류열매의 색과 향을 가진 시럽류는?

가. Grenadine Syrup

나. Maple Syrup

다. Gum Syrup

라. Plain Syrup

238. 진(Gin)에 혼합하는 탄산음료 중 가장 많이 사용되는 것은?

가. Cola   나. Collins Mix

다. Fanta Grape   라. Cider

239. 테킬라에 오렌지주스를 배합한 후 붉은 색 시럽을 뿌려서 가라앉은 모양이 마치 일출의 장관을 연출하는 희망과 환희의 칵테일은?

가. Stinger

나. Tequila Sunrise

다. Screw Driver

라. Pink Lady

240. Grenadine이 필요한 칵테일은?

가. 위스키 사워(Sour)

나. 바카디(Bacardi)

다. 카루소(Caruso)

라. 마가리타(Margarita)

241. Gin Fizz에는 어느 것이 필요한가?

가. Whisky   나. Cola

다. Cider   라. Soda Water

242. 맨해튼, 올드패션드 칵테일에 쓰이며 향료로써 뛰어난 풍미와 향기가 있는 고미제는?

가. Clove

나. Cinnamon

다. Angostura Bitter

라. Orange Bitter

243. Aperitif Cocktail이 아닌 것은?

가. Negroni

나. Campari Orange

다. Whisky Sour

라. Stinger

244. 계란이 들어가는 칵테일에 뿌리는 부재료는?

가. Nutmeg Powder

나. Lemon Powder

다. Cinnamon Powder

라. Chocolate Powder

245. Chilled White Wine과 Club Soda로 만드는 칵테일은?

가. Wine Cooler

나. Mimosa

다. Hot Springs Cocktail

라. Spritzer

246. 파티 때 디저트(Dessert) 코스로 서브하기에 부적당한 것은?

가. Cointreau

나. Creme de Cacao

다. Sloe Gin

라. Beer

247. Gin을 기주(Base)로 한 칵테일이 아닌

것은?

　가. Martini　　나. Bronx
　다. Pink Lady　라. Screw Driver

248. 한 Table에서 아래 4가지 주문이 들어 왔을 때 Bartender가 가장 마지막에 만 들 품목은?

　가. Bottle Beer
　나. Whisky with Soda Water
　다. Salty Dog
　라. Dry Martini Straight up Lemon Twist

249. 얼음덩이와 함께 세게 셰이크해서 마실 수 있는 리큐르(Liqueur)는 어느 것인가?

　가. Absinthe
　나. Creme de Cacao
　다. Apricot Brandy
　라. Chartreuse

250. 다음의 내용물로 조주하는 칵테일은?

1.5oz 보드카, 3oz 토마토주스, 1dash 레몬주스, 1/2tsp 우스터소스, 2drop 타바스코소스, 후추 & 소금 약간

　가. B&B
　나. Bloody Mary
　다. Black Russian
　라. Daiquiri

251. 브랜디 알렉산더(Alexander) 조주 시

필요한 재료 중 틀린 것은?

　가. Cacao Brown　나. Brandy
　다. Heavy Cream　라. Bitters

252. Zombie Cocktail의 주재료는?

　가. Vodka　　나. Gin
　다. Scotch　　라. Rum

253. Bacardi Cocktail을 Straight Up상태 로 제공 시 알맞은 서브 온도는?

　가. 3℃ 정도　나. 6℃ 정도
　다. 9℃ 정도　라. 12℃ 정도

254. 다음 Sea-breeze의 알코올 도수로 가 장 적당한 것은?

Vodka(40도) 1.5oz
Cranberry Juice 3oz
Grapefruit Juice 1/2oz

　가. 6도　　나. 12도
　다. 18도　　라. 24도

255. 가장 많은 종류의 주류를 사용하는 칵 테일은?

　가. Kir
　나. Long Island Iced Tea
　다. Black Russian
　라. Sea-breeze

256. 다음은 Pousse Cafe의 재료들이다. 마 지막에 따르는 재료는 어느 것인가?

정답　248. 나　249. 가　250. 나　251. 라　252. 라　253. 가　254. 나　255. 나　256. 가

가. Brandy

나. Creme de Cacao

다. Peppermint

라. Violet

257. 비터나 리큐르를 비터병에 넣어 정해진 양만을 거꾸로 해서 뿌리거나 끼얹는 것은?

가. Drop

나. Double

다. Dry

라. Dash

258. 다음 중 용량이 다른 것은?

가. 1 Ounce

나. 1/2 Finger

다. 1 Shot

라. 1 Pony

259. 주류의 용량이 잘못 표시된 것은?

가. Whisky 1 Quart = 32 Ounce

나. Whisky 1 Pint = 16 Ounce

다. Wine 1 Fifth = 50 Ounce

라. Wine 1 Magnum =
    2 Bottle(1.5 Liter)

260. 1 Dash의 용량이 틀리게 표시된 것은?

가. 1/6 Teaspoon

나. 1/32 Ounce

다. 5~6방울

라. 1 Bar Spoon

261. 1쿼트(Quart)는 몇 온스(Ounce)를 말하는가?

가. 1온스

나. 16온스

다. 32온스

라. 64온스

262. 다음 중 1단위가 가장 적은 바 계량 단위는?

가. Table Spoon

나. Pony

다. Jigger

라. Dash

263. 1Gallon이 128oz이면 1Pint는 몇 oz인가?

가. 32oz

나. 16oz

다. 26.6oz

라. 12.8oz

264. Whisky Straight Double의 용량은?

가. 1oz

나. 2oz

다. 3oz

라. 4oz

265. 테이블와인 1잔(Wine 1Glass)의 용량은?

가. 3oz

나. 4oz

다. 5oz

라. 6oz

266. Fortified Wine 한 잔(1 Glass)의 용량은?

가. 1oz

나. 3oz

다. 5oz

라. 7oz

267. 테이블와인 매그넘 1병은 와인 몇 잔인가?

가. 6잔

나. 8잔

다. 10잔

라. 12잔

268. 조주 시 기본이 되는 단위는?

가. cc(시시)

나. g(그램)

다. oz(온스)

라. mg(밀리그램)

269. 조주 계량상 1티스푼(Teaspoon or Bar Spoon)이란?

가. 3/8온스
나. 1/2온스
다. 1/8온스
라. 1/3온스

270. 조주상 사용되는 표준계량이 틀린 것은?

가. 1티스푼(Teaspoon) = 1/8온스
나. 1스플리트(Split) = 6온스
다. 1파인트(Pint) = 10온스
라. 1포니(Pony) = 1온스

271. 생강을 주원료로 만든 탄산음료는?

가. Soda Water
나. Tonic Water
다. Perrier Water
라. Ginger Ale

272. 영국인에 의해 개발된 보건 음료로서 퀴닌(Quinine)성분이 첨가된 것은?

가. Soda Water
나. Tonic Water
다. Collins Water
라. Ginger Ale

273. 다음 중 성질이 다른 하나는?

가. Ginger Ale
나. Tonic Water
다. Soda Water
라. Brandy

274. 다음 중 Chaser와 관계있는 주류는?

가. Champagne
나. Whisky
다. Cocktail
라. Draft Beer

275. 발효방법에 따른 차의 종류가 잘못 연결된 것은?

가. 비발효차 – 녹차
나. 반발효차 – 오룡차(우룽차)
다. 발효차 – 말차
라. 후발효차 – 흑차

276. 홍차가 아닌 것은?

가. English Breakfast
나. Robusta
다. Dazeeling
라. Uva

277. 커피의 품종이 아닌 것은?

가. Arabica
나. Robusta
다. Riberica
라. Earl Grey

278. 차에 대한 설명이 잘못된 것은?

가. 녹차는 찻잎을 찌거나 덖어서 만든다.
나. 녹차는 끓는 물로 신속히 우려 낸다.
다. 홍차는 레몬을 넣어 마셔도 잘 어울린다.
라. 홍차에 우유를 넣을 때는 뜨겁게 한다.

279. 알코올성 커피는?

가. 카페로얄(Cafe Royal)

정답 269. 다 270. 다 271. 라 272. 나 273. 라 274. 나 275. 다 276. 나 277. 라 278. 나 279. 가

나. 비엔나 커피(Vienna Coffee)

다. 데미타세 커피(Demi-Tasse Coffee)

라. 카페오레(Cafe au Lait)

280. 천연광천수 중 탄산수가 아닌 것은?

가. 셀처워터(Seltzer Water)

나. 에비앙워터(Evian Water)

다. 초정약수

라. 페리에워터(Perrier Water)

281. 음료에 대한 설명이 잘못된 것은?

가. Collins Mixer는 키니네(Quinine)를 함유한 탄산음료이다.

나. Cola(Coke)는 콜라닌(Kolanin)과 카페인을 함유한 탄산음료이다.

다. 유산균 음료는 법적으로 유산균이 1mL당 100만 개 이상이어야 한다.

라. Cider는 생강을 함유한 맥주이다.

282. 음료에 사용되지 않는 살균방법은?

가. 저온장시간살균법(LTLT)

나. 자외선살균법

다. 고온단시간살균법(HTST)

라. 초고온단시간살균법(UHT)

283. 청량음료로 탄산음료에 해당하는 것은?

가. 진저에일(Ginger Ale)

나. 생수(Mineral Water)

다. 비시수(Vichy Water)

라. 에비앙 워터(Evian Water)

284. 탄산음료 중 설명이 옳지 못한 것은?

가. 탄산가스가 함유된 천연광천수

나. 천연과즙에 탄산가스를 함유한 것

다. 순수한 탄산가스를 함유한 것

라. 음료수에 천연감미료를 탄 것

285. 음료에 대한 설명이 잘못된 것은?

가. Ginger Ale은 착향 탄산음료이다.

나. Tonic Water는 착향 탄산음료이다.

다. 세계 3대 기호음료는 커피, 코코아, 차이다.

라. 유럽에서 Cider(Cidre)는 착향 탄산음료이다

286. 다음 중 과일음료가 아닌 것은?

가. 토마토주스   나. 농축과즙

다. 과즙음료   라. 천연과즙

287. 바람직한 Bartender상이 아닌 것은?

가. 바(Bar)내에 필요한 물품 재고를 항상 파악한다.

나. 일일 판매할 주류가 적당한지 확인한다.

다. 바(Bar)의 환경 및 기물 등의 청결을 깨끗이 유지 관리한다.

라. 칵테일 조주 시 Jigger를 사용하지 않는다.

288. Bartender의 업무규칙 중 잘못 설명된 것은?

정답   280. 나   281. 가   282. 나   283. 가   284. 라   285. 라   286. 가   287. 라   288. 라

가. 칵테일은 규정된 레시피에 의해 만들어야 한다.

나. 요금의 영수관계를 명확히 해야 한다.

다. 단골고객이나 동료 종사원에게 음료를 무료로 제공하는 것을 금한다.

라. 빈 술병은 허락 없이 고객이나 동료에게 줄 수 있다.

289. 주류저장 관리제도 중 틀린 것은?

가. 주문 시에는 서면구매청구서를 사용한다.

나. 검수 시에는 송장(Invoice)과 구매청구서를 대조 체크한다.

다. 영속적인 재고조사(Perpetual Inventory) 시스템을 둔다.

라. 업장 바의 창고(Bar Wells)에는 한 달분의 재료를 저장한다.

290. Bartender가 영업 개시 전에 준비하지 않아도 되는 것은?

가. 레드와인(Red Wine)을 냉각시킨다.

나. 칵테일용 얼음을 준비한다.

다. 글라스(Glass)의 청결도를 점검한다.

라. 적정재고를 점검한다.

291. "Inventory"의 의미는?

가. 재고 관리   나. 구매 관리

다. 출고 관리   라. 생산 관리

292. 주장 서비스의 부정요소와 관계가 먼 것은?

가. 개인용 음료판매 가능

나. 칵테일 표준량의 속임

다. 무료 서비스의 남용

라. 요금계산의 정확성

293. 영업이 끝난 후에 Inventory는 주로 누가 작성하는가?

가. Waiter

나. Bartender

다. Bar Manager

라. Bar Helper

294. 바(Bar)에서 사용하는 고객내용카드(Guest History Card)의 용도는?

가. 후불관리제도용

나. 대외선전용

다. 고객 신용조사용

라. 대고객 서비스용

295. 주장에서 Standard Recipe란 뜻은?

가. 표준검수법   나. 표준저장법

다. 표준조주법   라. 표준봉사법

296. 영업종료 후 남은 주스류는 어디에 보관하는 것이 합당한가?

가. 냉동고(Freezer)

나. 냉장고(Refrigerator)

다. 술 보관장소(Bar Wells)

라. 바 선반(Bar Shelves)

정답   289. 라   290. 가   291. 가   292. 라   293. 나   294. 라   295. 다   296. 나

297. 식음재료의 저장관리 원칙 중 틀린 것은?

가. 분류저장의 원칙
나. 납기보장의 원칙
다. 재고순환의 원칙
라. 공간활용의 원칙

298. 파스톡(Par Stock)이란 무엇인가?

가. 적정 재고량
나. 총판매량
다. 매출원가
라. 재고정리

299. 위생적인 면에서 알맞은 얼음취급방법은?

가. 얼음을 글라스에 넣을 때 손으로 집는다.
나. 사용했던 얼음은 씻어서 다시 사용할 수 있다.
다. 얼음을 냅킨으로 싸서 집는다.
라. 얼음을 아이스 텅(Ice Tongs)으로 집는다.

300. Bar의 위치별 명칭이 아닌 것은?

가. Front Bar
나. Under Bar
다. Side Bar
라. Back Bar

301. Glass의 위생적인 취급방법이 아닌 것은?

가. Glass는 불쾌한 냄새나 기름기가 없고 환기가 잘되는 곳에 보관해야 한다.
나. Glass는 비눗물에 닦고 뜨거운 물과 맑은 물에 헹구어 사용하면 된다.
다. Glass를 차게 할 때는 냄새가 전혀 없는 냉장고에서 Frosting 시킨다.
라. 얼음으로 Frosting시킬 때는 냄새가 없는 얼음인가를 반드시 확인해야 한다.

302. Bar Manager의 수행업무가 아닌 것은?

가. 풍부한 지식으로 직원의 교육훈련을 담당한다.
나. 고객서비스를 지휘 감독한다.
다. 고객에 대한 접객서비스는 직원에게 위임한다.
라. 원가계산을 할 수 있어야 하며 월말재고조사를 한다.

303. 주류의 구매관리가 적절하지 못한 것은?

가. 최대 저장량은 2개월분이 적당하다.
나. 다량의 주류저장은 도난 위험이 있으므로 비효율적이다.
다. 증류주는 변질의 우려가 있으므로 다량 구매의 장점을 살린다.
라. 재고로 발생된 비용은 자금 회전율을 늦추게 되므로 유의한다.

304. 조주 보조원(Bar Helper)의 주임무는?

가. 고객에게 주문을 받고 음료를 조주하여 제공한다.
나. 제빙기, 냉장고 등 기물의 고장 상태를 점검한다.
다. 주장(Bar)에서 필요한 주류 및

정답   297. 나 298. 가 299. 라 300. 다 301. 나 302. 다 303. 다 304. 다

보급품의 준비와 영업에 필요
한 준비를 한다.

라. 주장에 오는 고객을 영송한다.

305. Catering Manager의 임무는?

가. 호텔 내외부의 행사나 연회 업
무를 주관한다.

나. 바(Bar) 접객원의 업무를 지휘,
감독한다.

다. 조주원(Bartender)의 업무를
지휘, 감독한다.

라. 바(Bar) 근무자의 직무교육을
주관한다.

**306. Standard Yields 설정은 어떤 관리목
적에 기여하는가?**

가. 생산고   나. 판매고
다. 구매가   라. 저장가

307. 주류창고에서 쓰이는 Bin Card의 용도는?

가. 품목별 불출입 재고 기록
나. 품목별 상품특성 및 용도기록
다. 품목별 수입가와 판매가 기록
라. 품목별 생산지와 빈티지 기록

**308. 만찬 연회 시 칵테일 파티는 어느 때 하
는가?**

가. 식사 전에   나. 식사 중에
다. 식사 후에   라. 메인코스 후에

**309. 위스키(Whisky)의 선택요령 중 잘못된
것은?**

가. 상표선택은 관리인이나 지배인
의 추천에 의해 인기 있는 상표
를 선택한다.

나. 상표가 다른 위스키를 섞어서
사용하는 것을 절대로 금한다.

다. 조주원은 항상 고객과 회사의
이익을 고려하여 위스키를 선
택한다.

라. 특정한 상표를 지정하여 주문
한 위스키가 없을 때는 그것과
유사한 위스키로 대치한다.

310. Flair에 대한 설명이 틀린 것은?

가. 재주, 솜씨란 의미가 있다.

나. 다양한 칵테일 동작으로 볼거
리를 제공한다.

다. 묘기를 위해 재료를 흘리는 것
이 용인된다.

라. 조주시간이 너무 오래 걸리지
않아야 한다.

**311. 알코올 음료 판매 시 가장 중요하게 감
안되어야 할 사항은?**

가. 고객의 기호
나. 재료의 선택
다. 고객의 건강과 업소의 수익
라. 고객의 기호와 업소의 수익

**312. 음료의 보관기간이 긴 것부터 나열된
것은?**

가. Lime Juice – Milk – Tonic
Water

나. Tonic Water – Lager Beer –

Milk

다. Lager Beer – Lime Juice – Milk

라. Milk – Toic Water – Lager Beer

313. 식품위해요소 중점관리기준이라 불리는 위생관리 시스템은?

가. HAPPC   나. HACCP

다. HACPP   라. HNCPP

314. Bar에서 Happy Hour란?

가. 손님이 가장 많은 시간

나. 영업 중 시간을 정해 가격을 낮춰 영업하는 시간

다. 영업 중 특별행사로 가격을 올려 영업하는 시간

라. 단골고객에게 선물을 주는 시간

315. 다음 중 지칭하는 대상이 다른 하나는?

가. Appetizer   나. Antipasti

다. Hors d'Oeuvre   라. Entree

316. 다음 B에 알맞은 대답은?

A : What do you do for a living?

B : _____

가. I'm writing a letter to my mother.

나. I can't decide.

다. I work at bank.

라. Yes, thank you.

317. 다음 ( ) 안에 들어갈 가장 적당한 표현은?

If you ( ) him, he will help you.

가. asked   나. will ask

다. ask   라. be ask

318. 다음 ( ) 안에 적당한 말은?

I'd like a table ( ) three, please.
(3인용 테이블 하나 원합니다.)

가. against   나. to

다. from   라. for

319. Which one is the cocktail containing "Midori"?

가. Cacao fizz   나. June bug

다. Rusty nail   라. Blue note

320. 다음 ( ) 안에 들어갈 적당한 말은?

"Let me see the wine list. You have both domestic and ( ), don't you?" (국산과 수입품)

가. imported   나. international

다. export   라. external

321. 다음 전치사 중에서 ( ) 안에 알맞은 것은?

You are Wanted ( ) the phone.

정답   313. 나   314. 나   315. 라   316. 다   317. 다   318. 라   319. 나   320. 가   321. 나

가. in 나. on
다. of 라. for

322. Which cocktail name means "Freedom"?

가. God mother 나. Cuba libre
다. God father 라. French kiss

323. "Would you like it dry?"에서 dry의 뜻은?

가. not wet 나. sweet
다. not sweet 라. wet

324. Which is the negative characteristic in taste and finish of wine?

가. flat 나. full-bodied
다. elegant 라. pleasant

325. Which one is made with rum, strawberry liqueur, lime juice, grenadine syrup?

가. strawberry daiquiri
나. strawberry comfort
다. strawberry colada
라. strawberry kiss

326. Choose the most appropriate response to the statement.

A : How can I get to the bar?
B : I haven't been there in years!
A : Well, why don't you show me on a map?

B : _____

가. I'm sorry to hear that.
나. No, I think I can find it.
다. You should have gone there.
라. I guess I could.

327. 다음 상황에 가장 적합한 것은?

These days, chances are that among your friends and co-workers there are those who do not consume alcohol at all. It's certainly important that you respect their personal choice not to drink.

가. Fruit Smoothie
나. Maxim
다. The Shoot
라. Icy Rummed Cacao

328. What is the liqueur on apricot pits base?

가. Benedictine 나. Chartreuse
다. Kahlua 라. Amaretto

329. Which is the syrup made by pomegranate?

가. Maple syrup
나. Strawberry syrup
다. Grenadine syrup
라. Almond syrup

정답 322. 나 323. 다 324. 가 325. 가 326. 라 327. 가 328. 라 329. 다

330. 다음에서 설명하는 Bitters는?

It is made from a Trinidadian Secret recipe.

가. Peychaud's Bitters
나. Abbott's Aged Bitters
다. Orange Bitters
라. Angostura Bitters

331. 다음 ( ) 안에 알맞은 것은?

For spirits the alcohol content is expressed in terms of proof, which is twice the percentage figure. Thus a 100−proof whisky is ( ) percent alcohol by volume.

가. 100　　　나. 50
다. 75　　　라. 25

332. Which of the following is made mainly from barley grain?

가. Bourbon whiskey
나. Scotch whisky
다. Rye whiskey
라. Straight whiskey

333. Which is not the name of sherry?

가. Fino　　　나. Oloroso
다. Tio pepe　　라. Tawny port

334. Which one is made with ginger and sugar?

가. Tonic water　나. Ginger ale
다. Sprite　　　라. Collins mix

335. 다음 중 의미가 다른 하나는?

가. It's my treat this time.
나. I'll pick up the tab.
다. Let's go Dutch.
라. It's on me.

336. "This milk has gone bad"의 뜻은?

가. 우유가 상했다.
나. 우유가 맛이 없다.
다. 우유가 신선하다.
라. 우유에 나쁜 것이 있다.

337. "우리 호텔을 떠나십니까?"의 올바른 표현은?

가. Do you start our hotel?
나. Are you leave our hotel?
다. Are you leaving our hotel?
라. Do you go our hotel?

338. "The meeting was postponed until tomorrow morning."의 문장에서 postponed와 가장 가까운 뜻은?

가. Cancelled　나. Finished
다. Put off　　라. Take off

339. 다음 ( ) 안에 들어갈 알맞은 단어는?

Being a ( ) requires far more than memorizing a few recipes and learning to use some basic tools.

정답　　330. 라　331. 나　332. 나　333. 라　334. 나　335. 다　336. 가　337. 다　338. 다　339. 다

가. Shaker   나. Jigger
다. Bartender   라. Corkscrew

340. Which one is the cocktail containing 'wine'?

가. Sangria   나. Sidecar
다. Sloe Gin   라. Black Russian

341. Which one is the classical French liqueur of aperitif?

가. Dubonnet   나. Sherry
다. Mosel   라. Campari

342. What is the meaning of a la Carte menu?

가. Daily special menu.
나. One of the cafeteria menu.
다. Many items are included on menu.
라. Each item can be ordered separately from the menu.

343. 다음 밑줄 친 단어와 바꾸어 쓸 수 있는 것은?

A : Would you <u>like</u> some more drinks?
B : No, thanks. I've had enough.

가. care on   나. care of
다. care to   라. care for

344. Which is the correct one as a base

of Sidecar in the following?

가. Bourbon Whiskey
나. Brandy
다. Gin
라. Vodka

345. 다음 중 의미가 다른 하나는?

가. Cheers!   나. Give Up
다. Bottoms up!   라. Here's to us

346. (　) 안에 알맞은 리큐르는?

(　) is called the queen of liqueur. This is one of the French traditional liqueur and is made from several years aging after distilling of various herbs added to spirits.

가. Chartreuse
나. Benedictine DOM
다. Kummel
라. Cointreau

347. Select one of the dessert wine in the following.

가. Rose Wine
나. Red Wine
다. White Wine
라. Sweet White Wine

348. "나는 술이 싫다."의 올바른 표현은?

가. I don't like a liquor.

정답   340. 가   341. 가   342. 라   343. 라   344. 나   345. 나   346. 가   347. 라   348. 라

나. I don't like the liquor.

다. I don't like liquors.

라. I don't like liquor.

349. "한 잔 더 주세요."에 가장 정확한 영어 표현은?

가. I'd like other drink.

나. I'd like to have another drink.

다. I want one more wine.

라. I'd like to have the other drink.

350. 다음 (　) 안에 적당한 단어는?

(　) is a generic cordial invented in Italy and made from apricot pits and herbs, yielding a pleasant almond flavor.

가. Anisette　　　나. Amaretto

다. Advocaat　　　라. Amontillado

351. "어서 앉으세요. 손님"에 알맞은 영어는?

가. Sit down.

나. Please be seated.

다. Lie down, sir.

라. Here is a seat, sir.

352. 다음 (　) 안에 적당한 말은?

Bring us another (　) of beer, please.

가. Around　　　나. Glass

다. Circle　　　라. Serve

353. This is produced in Germany and Switzerland alcohol degree 44% also is effective for hangover and digest. Which is this?

가. Unicum　　　나. Orange Bitter

다. Underberg　　라. Peach Bitter

354. "I'm sorry, but Ch. Margaux is not (　) the wine list."에서 (　)에 알맞은 것은?

가. on　　　　나. of

다. for　　　　라. against

355. "It is distilled from the fermented juice or sap of a type of agave plant." 에서 It의 종류는?

가. Aquavit　　　나. Tequila

다. Gin　　　　라. Eau de Vie

356. Select the one which does not belong to aperitif.

가. Sherry Wine 나. Campari

다. Kir　　　　라. Port Wine

357. "초청해 주셔서 감사합니다."의 가장 올바른 표현은?

가. Thank you for inviting me.

나. Thank you for invitation me.

다. It was thanks that you call me.

라. Thank you that you invited me.

358. "디저트를 원하지 않는다."는 의미의 표현으로 옳은 것은?

가. I am eat very little.

나. I have no trouble with my dessert.

다. Please help yourself to it.

라. I don't care for any dessert.

359. "The bar (   ) at seven o'clock every day."에서 (   ) 안에 알맞은 것은?

가. has open

나. opened

다. is open

라. opens

360. "Bring us (   ) round of beer."에서 (   ) 안에 알맞은 것은?

가. each

나. another

다. every

라. all

361. "How would you like your steak?"의 대답으로 적합하지 않은 것은?

가. Rare

나. Medium

다. Rare-done

라. Well-done

362. "How long have you worked for your hotel?"의 대답에 적당하지 않은 것은?

가. For 5 years

나. Since 2005

다. 10 years ago

라. Last 7 years

363. 아래에서 설명하는 용어는?

A wine selected by manager and served unless the customer specifies a different one.

가. Wine List

나. House Wine

다. Vintage

라. White Wine

364. 다음 (   ) 안에 알맞은 것은?

Would you like to have a cocktail, (   ) you are waiting?

가. while

나. where

다. as soon as

라. upon

365. 다음은 어떤 도구에 대한 설명인가?

Looks like a wooden pestle, the flat end of which is used to crush and combine ingredients in a serving glass or mixing glass.

가. Shaker

나. Muddler

다. Bar Spoon

라. Strainer

366. "같은 음료로 드릴까요?"의 표현은?

가. May I bring the same drink for you?

나. Do you need another drink?

다. Do you want to try another one?

정답   358. 라 359. 라 360. 나 361. 다 362. 다 363. 나 364. 가 365. 나 366. 가

라. What would you like to drink?

367. When do you usually serve cognac?

가. Before the meal

나. After meal

다. During the meal

라. With the Soup

368. 아래의 대화에서 (　　)에 가장 알맞은 것은?

A : Come on, Mary. Hurry up and finish your coffee. We have to catch a taxi to the airport.

B : I can't hurry. This coffee's（A）hot for me（B）drink.

가. A : so,　　B : that

나. A : too,　　B : to

다. A : due,　　B : to

라. A : would, B : on

369. Which is not one of the four famous whiskies in the world?

가. Canadian Whisky

나. Scotch Whisky

다. American Whiskey

라. Japanese Whisky

370. What is the alcoholic drink that helps promoting appetite before a meal?

가. Fermented Non−Alcoholic drink

나. Aperitif

다. Liqueur

라. Appetizer

371. 다음 (　　) 안에 들어갈 단어를 순서대로 옳게 나열한 것은?

G1 : This is the bar I told you about.

G2 : Hum... Looks (　　) a very nice one.

W : What kind od drink would you like?

G1 : Let's See. Scotch (　　) the rocks, a double.

가. be, over　　나. liking, off

다. like, on　　라. alike, off

372. What is a sommelier?

가. Bartender　　나. Wine Steward

다. Pub Owner　　라. Waiter

373. Which of the following is not distilled liquor?

가. Vodka　　나. Gin

다. Calvados　　라. Pulque

374. 다음 (　　)에 가장 적합한 단어는?

(　　) goes well with dessert.

가. Ice wine　　나. Red wine

다. Vermouth　라. Dry Sherry

375. 다음 (　)에 들어갈 단어로 옳은 것은?

(　) is the conversion of sugar contained in the mash or must into ethyl alcohol.

가. Distillation
나. Fermentation
다. Infusion
라. Decanting

376. Which of the following is not scotch whisky?

가. Cutty Sark
나. White Horse
다. John Jameson
라. Royal Salute

377. What is the meaning of the following explanation?

When making cocktail, this is the main ingredient into which other things are added.

가. Base　　　나. Glass
다. Straw　　 라. Decoration

378. Which one is made of dry gin and dry vermouth?

가. Martini　　나. Manhattan
다. Paradise　 라. Gimlet

379. Which of the following is a liqueur made by Irish whiskey and Irish cream?

가. Benedictine DOM
나. Galliano
다. Creme de Cacao
라. Baileys

380. "Would you care for dessert?"의 올바른 대답은?

가. Vanilla ice-cream, please.
나. Ice-water, please.
다. Scotch on the rocks.
라. Cocktail, please.

381. 다음 중 나머지 셋과 의미가 다른 하나는?

가. What would you like to have?
나. Would you like to order now?
다. Are you ready to order?
라. Did you order him out?

382. "How often do you drink?"의 대답으로 적합하지 않은 것은?

가. Every day
나. Once a week
다. About three times a month
라. After Work

383. What is the name of famous liqueur on Scotch basis?

가. Drambuie

정답　　375. 나　376. 다　377. 가　378. 가　379. 라　380. 가　381. 라　382. 라　383. 가

나. Cointreau

다. Grand Marnier

라. Curacao

384. Choose the most appropriate response to the statement.

A : How can I get to the bar?

B : I haven't been there in years.

A : Well, why don't you show me on a map?

B : _____

가. I'm sorry to here that.

나. No, I think I can find it.

다. You should have gone there.

라. I guess I could.

385. (   )에 들어갈 단어로 옳은 것은?

(   ) is a late morning meal between breakfast and lunch.

가. Continental Breakfast

나. Buffet

다. American Breakfast

라. Brunch

386. 아래의 대화에서 (   ) 안에 알맞은 단어로 짝지어진 것은?

A : Let's go (   ) a drink after work, will you?

B : I don't (   ) like a drink today.

가. for, feel   나. to, have

다. in, know   라. of, give

387. "All tables are booked tonight."와 같은 것은?

가. All books are on the table.

나. There are a lot of table here.

다. All tables are very dirty tonight.

라. There aren't any available tables tonight.

388. 다음의 (   ) 안에 들어갈 적합한 것은?

(   ) whisky is a whisky which is distilled and produced at just one particular distillery. (   )s are made entirely from one type of malted grain, traditionally barley, which is cultivated in the region of the distillery.

가. Grain   나. Blended

다. Single malt 라. Bourbon

389. 다음의 (   ) 안에 들어갈 적합한 것은?

A : Do you have a new job?

B : Yes, I (   ) for a wine bar now.

가. do   나. take

다. can   라. work

390. Which one is the cocktail containing Creme de Cassis and white wine?

　가. Kir
　나. Kir Royal
　다. Kir Imperial
　라. King Alfonso

391. Which is the liquor made by the rind of grape in Italy?

　가. Marc　　　나. Grappa
　다. Ouzo　　　라. Pisco

392. Which is the best term used for the preparing of daily products?

　가. Bar purchaser
　나. Par stock
　다. Inventory
　라. Order slip

393. ( ) 안에 알맞은 것은?

( ) is a spirits made by distilling wines of fermented mash of fruit.

　가. Liqueur　　나. Bitter
　다. Brandy　　라. Champagne

394. Which is the correct one as a base of bloody mary in the following?

　가. Gin　　　나. Rum
　다. Vodka　　라. Tequila

395. ( ) 안에 적합한 것은?

Are you interested in ( )?

　가. make cocktail
　나. made cocktail
　다. making cocktail
　라. a making cocktail

396. What is the most famous orange flavored cognac liqueur?

　가. Grand marnier
　나. Drambuie
　다. Cherry heering
　라. Galliano

397. ( ) 안에 적합한 것은?

A bartender must ( ) his helpers, waiter and waitress. He must also ( ) various kind of records, such as stock control, inventory, daily sales report, purchasing report and so on.

　가. take, manage
　나. supervise, handle
　다. respect, deal
　라. manage, careful

398. Which country does Campari come from?

　가. Scotland　　나. American
　다. France　　　라. Italy

정답　390. 가　391. 나　392. 나　393. 다　394. 다　395. 다　396. 가　397. 나　398. 라

399. "I am afraid you have the ( )
number."의 (   )에 들어갈 적당한 말
은?

가. incorrect   나. wrong

다. missed   라. busy

400. "기다리게 해서 미안합니다"의 올바른
표현은?

가. I'm sorry to have keeping
you waiting.

나. I'm sorry to kept you waiting.

다. I'm sorry to have not kept
you waiting.

라. I'm sorry not to keep you
waiting.

참고문헌

김의겸, 와인소믈리에실무, 백산출판사, 2010.

김의겸, 호텔연회실무, 백산출판사, 2010.

이석현·김의겸 외, 조주학개론, 2009.

최주호·김의겸 외, 식음료서비스실무, 형설출판사, 2010.

Alexis Bespaloff, New signet book of wine, New Jersey: New American Library, 1986.

Alexis Lichine, Guide to the wines and vineyards of France, 4th edition, New York: Alfred A. Knope, Inc., 1989.

Bob Sennett, Complete World Bartender Guide, Bantam books Inc., 1981.

Bruce Fier, Start and Run a Money-Making Bar, 2nd edition, 1993.

Clifton Fadiman, and Sam Aaron, The joys of wine, New York: Harry N. Abrams, Inc., 1984.

David Peppercorn, and Brian Cooper, Drinking Wine, London: John Calmann and Cooper Ltd., 1979.

Frank E. Johnson, The professional wine reference, New York: Beverage media Ltd., 1983.

Harold J. Grossman, Grossman's guide to wines, beers, and spirits, 7th revised edition, John Wiley & Sons Ltd., 2000.

Hugh Hohnson, The World Atlas of Wine, London: Mitchell Beazley Publishers Ltd., 1977.

Jacques Salle, Dictionnaire des Cocktails, Paris: Larousse, 1989.

K. Zraly, Windows on the World Complete Wine Course, New York: Sterling Publishing Co., 1990.

Mr. Boston Official Bartender's Guide, Boston: Warner Books Reissue edition, 2009.

Robert Joseph, French Wines, London: Dorling Kindersley Book, 1999.

Robert Parker, The wine buyer's guide, London: Dorling Kindersley Book, 1990.

Robert, A. Lipinski, Professional Guide to Alcoholic Beverages, New York: Van Nostrand Reinhold, 1989.

Sondra J. Dahmer, Kurt W. Kahl, Restaurant Service Basics, 2nd edition, John Wiley & Sons, Inc., 2009.

Sylvia Meyer, Edy Schmid, and Christel Spühler, Professional Table Service, New York: Van Nostrand Reinhold, 1991.

Vins et Spiritueux de France, Paris: Sopexa, 1993.

저자소개 김 의 겸

현) 경남정보대학교 호텔관광경영계열 교수
    한국산업인력공단 조주기능사 전문위원
    한국산업인력공단 조주기능사 필기시험 출제 및 검토위원
    한국산업인력공단 조주기능사 실기시험 감독위원

국가직무능력표준(NCS) 소믈리에직무능력 개발위원
국가직무능력표준(NCS) 바텐더직무능력 검토위원

세종대학교 경영대학원 호텔경영학과 호텔경영학 석사
동아대학교 대학원 관광경영학과 경영학 박사

서울 롯데호텔 및 부산 롯데호텔 18년 근무(식음료팀 담당과장)
한국소믈리에협회 창립회원 및 부회장
한국바텐더협회 창립회원 및 부회장
사)한국식음료교육협회(구 한국와인교육협회) 초대회장
경남정보대학교 관광서비스아카데미 원장

주장경영과 칵테일 실무

2015년 1월 10일 초 판 1쇄 발행
2021년 2월 20일 제2판 1쇄 발행

지은이 김의겸
펴낸이 진욱상
펴낸곳 백산출판사
교 정 박시내
본문디자인 신화정
표지디자인 오정은

등 록 1974년 1월 9일 제406-1974-000001호
주 소 경기도 파주시 회동길 370(백산빌딩 3층)
전 화 02-914-1621(代)
팩 스 031-955-9911
이메일 edit@ibaeksan.kr
홈페이지 www.ibaeksan.kr

ISBN 979-11-5763-890-1 93590
값 30,000원